U0257943

权威·前沿·原创

皮书系列为
"十二五""十三五"国家重点图书出版规划项目

网络空间安全蓝皮书

BLUE BOOK OF
CYBERSPACE SECURITY

中国网络空间安全发展报告
（2019）

ANNUAL REPORT ON THE DEVELOPMENT OF CYBERSPACE
SECURITY IN CHINA (2019)

上海社会科学院信息研究所
中国信息通信研究院安全研究所
主　编／惠志斌　覃庆玲
副主编／张　衡　彭志艺

社会科学文献出版社
SOCIAL SCIENCES ACADEMIC PRESS (CHINA)

图书在版编目（CIP）数据

中国网络空间安全发展报告. 2019 / 惠志斌，覃庆玲主编 . –– 北京：社会科学文献出版社，2019. 12
（网络空间安全蓝皮书）
ISBN 978 – 7 – 5201 – 2730 – 1

Ⅰ. ①中…　Ⅱ. ①惠…　②覃…　Ⅲ. ①计算机网络 – 安全技术 – 研究报告 – 中国 – 2019　Ⅳ. ①TP393. 08

中国版本图书馆 CIP 数据核字（2019）第 257396 号

网络空间安全蓝皮书
中国网络空间安全发展报告（2019）

主　　编／惠志斌　覃庆玲
副 主 编／张　衡　彭志艺

出 版 人／谢寿光
责任编辑／吴　敏

出　　版／社会科学文献出版社·皮书出版分社（010）59367127
　　　　　　地址：北京市北三环中路甲 29 号院华龙大厦　邮编：100029
　　　　　　网址：www. ssap. com. cn
发　　行／市场营销中心（010）59367081　59367083
印　　装／天津千鹤文化传播有限公司

规　　格／开　本：787mm × 1092mm　1/16
　　　　　　印　张：25. 5　字　数：380 千字
版　　次／2019 年 12 月第 1 版　2019 年 12 月第 1 次印刷
书　　号／ISBN 978 – 7 – 5201 – 2730 – 1
定　　价／128. 00 元

本书如有印装质量问题，请与读者服务中心（010 – 59367028）联系

上海社会科学院信息研究所

上海社会科学院信息研究所成立于1978年，是专门从事信息社会研究的国内知名智库，现有科研人员40余人，具有高级专业技术职称25人，下设信息安全、信息资源管理、电子政府、知识管理等专业方向和研究团队。近年来，信息研究所坚持学科研究和智库研究双轮互动的原则，针对信息社会发展中出现的重大理论和现实问题，聚焦网络安全与信息化方向开展科研攻关，积极与中国信息安全测评中心、中国信息安全研究院等机构建立合作关系，承接国家社科基金重大项目"大数据和云环境下国家信息安全管理范式与政策路径"（2013）、国家社科重点项目"信息安全、网络监管与中国的信息立法研究"（2001）等十余项国家和省部级研究课题，获得由上海市政府授牌"网络安全管理与信息产业发展"社科创新研究基地，先后出版《信息安全：威胁与战略》（2003）、《网络：21世纪的权力与挑战》（2007）、《网络传播革命：权力与规制》（2010）、《信息安全辞典》（2013）、《全球网络空间安全战略研究》（2013）、《网络舆情治理研究》（2014）等著作，相关专报获国家和上海主要领导的批示。

中国信息通信研究院安全研究所

中国信息通信研究院安全研究所成立于 2012 年 11 月，是专门从事信息通信领域安全技术研究的科研机构，现有科研人员 200 余人，下设科研组织与市场开拓部、网络安全研究部、信息安全研究部、重要通信研究部、信息化与两化融合安全部、数据安全研究部、行业网络安全事业部等部门。中国信息通信研究院安全研究所围绕"实现网络空间可靠、可信、可管、可控"的目标，坚持战略性、前瞻性和方向性研究，在 ICT 安全和两化融合安全领域的国内外动态和战略研究、安全监管、法律法规研究与支撑、技术标准制定、安全能力建设、重大问题和专项研究、试验验证、评估评测等方面构建综合支撑平台和专业技术力量。支撑政府安全管理、服务行业安全保障，为国家网络信息安全发展战略、决策、规范的制定提供强有力的技术支撑。近年来，出色地完成了国家、政府委托的安全监管、安全防护、重大活动保障等重点工作，承担了大量重大网络信息安全专项科研课题，牵头制定了大量国际国内网络信息安全标准系列规范，对前沿信息安全技术的研究有深厚积累，研究领域涵盖通信网网络信息安全、互联网（移动互联网）安全、工业互联网安全、物联网安全、数据安全、重要通信等各个领域。

《中国网络空间安全发展报告（2019）》
编 委 会

主编简介

惠志斌 上海社会科学院互联网研究中心主任，信息研究所信息安全研究中心主任，研究员，管理学博士，全国信息安全标准化委员会委员。主要研究方向为网络安全和数字经济，已出版《全球网络空间信息安全战略研究》《信息安全辞典》等专著和编著共 4 本，发表《我国国家网络空间安全战略的理论构建与实现路径》《数据经济时代的跨境数据流动管理》等专业论文 30 余篇，在《人民日报》《光明日报》《解放军报》等重要媒体发表专业评论文章近 10 篇；主持国家社科基金一般项目"大数据时代国际网络舆情监测研究（2014）"等国家和省部级项目多个，作为核心成员承担国家社科基金重大项目"大数据和云环境下国家信息安全管理范式与政策路径"和上海社科创新研究基地"网络安全管理与信息产业发展"研究工作；提交各级决策专报 20 余篇，多篇获中央政治局常委和政治局委员肯定性批示，先后赴瑞士、印度、美国、德国等国参加网络安全国际会议。

覃庆玲 中国信息通信研究院安全研究所副所长，主要从事数据安全、互联网治理、网络安全等研究。负责和参与了数据跨境流动管理与安全评估研究、互联网行业发展规划、互联网新技术新业务安全评估体系研究、新形势下互联网监管思路与策略建议、基础电信企业考核体系研究、全国互联网信息安全综合管理平台建设运维等及重要法律法规制修订等重大课题研究，发表数据安全、网络安全、互联网治理等领域论文 20 余篇，提交多篇国家级专报，多次获得国家及省部级奖项。

摘　要

2018 年以来，5G 通信、人工智能、区块链、车联网等技术快速发展，带动数字经济竞争进入新时代。与此同时，网络空间安全问题更加复杂：持续升级的贸易争端延伸到网络安全领域，传统地缘政治博弈向网络空间深度扩展；日趋智能化与武器化的网络攻击对经济、政治、社会生活造成愈加严重的威胁；个人数据泄露、虚假信息、加密数字货币等给网络监管带来新的难题。在此背景下，网络空间的安全与发展面临着新的挑战。

我国抓住新一轮信息科技革命的历史机遇，向建设网络强国的战略目标不断前进。2018 年，我国在"网络安全为人民、网络安全靠人民"的网络安全观指导下，加快推动信息领域核心技术突破，围绕提升网络空间综合治理能力的目标，完善网络安全管理体制机制，重点整治网络空间信息环境，积极推动全球互联网治理体系变革。

《中国网络空间安全发展报告（2019）》延续"网络空间安全蓝皮书"系列主要框架，重点讨论全球治理变革和智能技术创新对网络空间安全的影响。全书分为总报告、风险态势篇、政策法规篇、技术产业篇、国际治理篇、附录（大事记）六大部分。总报告提出，进入数字经济时代，数字经济发展及其竞争向各个领域渗透，全球网络空间治理的博弈更加激烈，网络空间安全的议题更加复杂。我国需全面贯彻习近平总书记新时代网络治理论述精神，在新兴技术领域掌握自主可控和规则主导权，推进多元主体协同的网络综合治理模式，以人才建设驱动网络安全产业发展，重点面向"一带一路"等提供网络安全公共产品。各篇章由若干子报告组成，主题包括未成年人网络安全、车联网、安全、云平台责任、产业投融资、区块链安全、新技术与信息监管、数据隐私治理、网络空间国际治理等。大事记对 2018

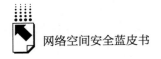

年国内外重大网络安全事件进行了回顾扫描。

本报告认为，2018 年以来，全球制网权博弈继续升温，各国加速进行网络空间战略布局，提升网络军备能力、数字经济竞争力、法治建设水平和信息监管力度，联合政府、产业、学术等领域形成网络安全合作新气象。同时，西方国家在意识形态、安全焦虑等因素影响下，加强对中国网信科技发展的遏制。而我国从顶层设计出发，在网络安全体系建设、网络威胁治理和内容治理等领域取得了重大成就，并且通过加强创新政策促进网络安全产业高速增长、加强网络安全人才培养提升我国能力、推进国际合作深化网络空间命运共同体建设。

"网络空间安全蓝皮书"由上海社会科学院信息研究所与中国信息通信研究院安全研究所联合主编，由中国信息安全测评中心、北京大学互联网发展研究中心、赛博研究院、北京邮电大学、上海国际问题研究院网络空间国际治理研究中心、公安部第三研究所、中国现代国际关系研究院、腾讯公司安全管理部等机构的学者和专家共同策划编撰。本蓝皮书旨在从社会科学视角，以年度报告形式，跨时空、跨学科、跨行业观测国内外网络空间安全现状和趋势，为广大读者提供较为全面的网络空间安全立体图景，为推动我国网络强国建设提供决策支持。

Abstract

Since 2018, competition over the digital economy has been intensified by rapid advances in technologies such as 5G, AI, blockchain, and the Internet of Vehicles. The cyberspace security issue is becoming more complicated: protracted and escalating trade disputes find their way into cyberspace; conventional geopolitical rivalries are manifested in cyberspace; cyber attacks that are increasingly intelligent and weaponized pose grave threats to economic, political, and public life; cyberspace regulators are struggling to keep up with the new problems created by personal data breach, fake information, and encrypted digital currencies. All of these have brought about new challenges to cyberspace security and development.

China seizes the historic opportunities presented by the latest round of information technology revolution to strengthen its capabilities in cyberspace. In 2018, under the vision of "cybersecurity for the people and by the people", China accelerated development of core information technologies, improved regulatory framework to enhance its overall management capacity, made it a priority to foster a healthy information environment online, and promoted reforms of the global Internet governance system.

As part of the series of publications under "Blue Book on Cyberspace Security", the *China Cyberspace Security Report* 2019 concerns itself with how global governance reform and innovations in intelligent technologies shape cyberspace security. It consists of six parts: summary, risks, regulatory policies, technologies and industry, global governance, and appendix (chronology). In the summary, it concludes that global rivalries in cyberspace governance are intensifying and cyberspace security issues are more complicated in an age when almost every aspect of people's life is affected by the digital economy and the competition that comes with it. China needs to implement the general guidelines for cyberspace governance laid out by President Xi Jinping; specifically, it needs to develop independent and controllable technologies and have a say in international rules-making, put in place a governance model of coordination among all stakeholders, build human resources for the cybersecurity industry, and provide public goods for the Belt and Road initiative in cyberspace security.

The various parts are a collection of special reports on topics including safe cyberspace for minors, Internet of Vehicles, security, accountability of cloud platforms, industrial investment and financing, blockchain security, new technologies and information regulation, data privacy governance, and global governance in cyberspace. The chronology reviews the significant cybersecurityevents in and outside China over the year.

This report sees growing global rivalriesover the control of cyberspace, where states roll out cyberspace strategiesand enhance their military preparedness in cyberspace, the digital economy, as well as legislative and regulatory capacity; a new pattern of cooperation is also emerging that involves various stakeholders, such as governments, industries, and academics. It draws attention to the West's attempt to block Internet and information technology advances in China through trade war and technology cold war driven by their ideological biases and security anxieties. The report notes the considerable progress China has made in building a cyberspace security framework, coping with cyber threats, regulating online content, innovating policies to speed up industrial growth, training professionals to enhance cybersecurity capabilities, and contributing to international cooperation on building a community with a shared future in cyberspace.

The Blue Book on Cyberspace Security is jointly produced by the Information Institute of the Shanghai Academy of Social Sciences and the Security Research Institute of the China Academy of Information and Communications Technology, with input from the China Information Technology Security Evaluation Center, the Internet Development Research Institution of Peking University, the Cyber Research Institute, Beijing University of Posts and Telecommunications, the Center for Global Cyberspace Governance of the Shanghai Institutes for International Studies, the Third Research Institute of the Ministry of Public Security, the China Institutes of Contemporary International Relations, and the security management department of Tencent. These annual reports in the Blue

Book aim to describe the landscape and trends of cyberspace security in and outside China from the perspective of social sciences with information from different periods of time, academic disciplines and industries in order to provide a full picture of cybersecurity and advisethe Chinese government on making policies to improve capabilities in cyberspace.

目　录

Ⅰ　总报告

B. 1　数字经济时代的网络空间安全：世界变革与中国路径

　　………………………………… 惠志斌　覃庆玲 / 001

　　一　数字经济时代网络空间安全趋势与特点 ……………… / 002

　　二　2018 年全球网络空间安全总体态势 ………………… / 003

　　三　2018 年中国网络空间安全的主要成就 ……………… / 016

　　四　积极打造新时代网络空间安全治理新格局 …………… / 023

Ⅱ　风险态势篇

B. 2　2018年全球网络空间安全态势盘点与展望

　　………………………………… 李　欣　万欣欣　凌　翔 / 026

B. 3　2018年度国内外网络空间安全动态回顾

　　………………………………………… 张　舒　刘洪梅 / 044

Ⅲ　政策法规篇

B. 4　未成年人网络安全素养及影响因素研究报告

　　………………………………………… 田　丽　韩李云 / 063

B. 5 车联网安全监管策略研究……………………………………… 孙娅苹 / 094

B. 6 安全风险视域下的云平台责任界定与治理探析

…………………………………… 云安全责任研究课题组 / 117

Ⅳ 技术产业篇

B. 7 2018年全球网络安全产业投融资研究报告

………………………… 惠志斌 石建兵 李 宁 夏帅伟 / 150

B. 8 2018年全球网络安全企业竞争力研究报告

…………………………………… 惠志斌 李 宁 石建兵 / 176

B. 9 区块链技术安全应用相关问题研究

…………………… 戴方芳 孟 楠 樊晓贺 赵 爽 崔枭飞 / 201

B. 10 新兴技术发展对网络信息安全管理的影响研究

………………… 谢俐倞 牛金行 张琳琳 闫希敏 张振涛 / 226

B. 11 网络安全产业滚动研究 ……………………………… 赵 爽 / 247

B. 12 智能网联汽车产业发展趋势与安全挑战 ………… 赛博研究院 / 273

Ⅴ 国际治理篇

B. 13 联合国在全球网络空间的治理作用及面临的挑战

…………………………………… 王天禅 鲁传颖 / 298

B. 14 后 GDPR 时代的美国数据隐私保护走向

…………………………………… 黄道丽 胡文华 / 325

B. 15 网络空间国际治理中非国家行为体的定位及作用

…………………………………………… 李 艳 / 339

Ⅵ　附录

B. 16　大事记 …………………………………………………………… / 349

皮书数据库阅读**使用指南**

总 报 告

General Report

B.1

数字经济时代的网络空间安全：
世界变革与中国路径*

惠志斌 覃庆玲**

摘 要： 当前，新一轮数字化浪潮已经到来，全球迈入数字经济时代。在此背景下，网络空间博弈日趋复杂，传统风险与新型风险融合交织，网络空间安全发生重大变化，并呈现新的趋势与特点。由此，本报告对 2018 年全球网络空间安全总体态势与中国网络空间安全主要成就进行系统梳理，分析机遇与挑战，并提出打造新时代网络空间安全治理的中国路径。

---

* 总报告参考了本书分报告相关内容。

** 惠志斌，上海社会科学院互联网研究中心主任，管理学博士，主要研究方向为网络安全和数字经济；覃庆玲，中国信息通信研究院安全研究所副所长、院互联网领域副主席，主要研究方向为电信监管、互联网管理、信息安全。

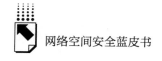

关键词： 数字经济　网络空间　网络安全　中国路径

一　数字经济时代网络空间安全趋势与特点

数字经济①是指以使用数字化的知识和信息作为关键生产要素、以现代信息网络作为重要载体、以信息通信技术的有效使用作为效率提升和经济结构优化的重要推动力的一系列经济活动。当前，新一轮数字化浪潮已经到来，全球迈入数字经济时代，并呈现以下特征：一是现代信息技术对经济发展具有独特的放大、叠加、倍增作用，有研究表明，数字化程度每提高10%，人均 GDP 增长 0.5% ~ 0.62%；二是"云＋管＋端"成为数字经济时代的核心基础设施；三是数据资源成为数字经济时代的关键生产要素，数据流引领技术流、物质流、资金流和人才流。在数字经济时代，网络空间安全也发生重大变化，呈现新的趋势与特点。

一是数字经济与各个领域融合渗透，网络安全扮演重要角色。一方面，全球数字经济蓬勃发展，其与实体经济的各个领域融合渗透，模糊了依托泛在连接技术构建的网络空间的边界，同时也带来了网络形态的持续快速变动，导致人、机器设备、任何物体都有可能成为攻击对象，加大了网络威胁的不可预测性。另一方面，网络安全的基础保障作用和发展驱动效应日益突出，成为关系数字经济发展的根基所在，并同时催生了融合领域网络安全保障新需求。

二是海量数据已成为战略竞争资源，数据安全问题亟待解决。在数字经济时代，5G、云计算、人工智能等技术快速发展，数据资源也将进一步呈

---

① 数字经济的狭义定义仅涉及 ICT 行业，包括电信、互联网、IT 服务、硬件和软件等。其广义定义不仅包括 ICT 行业，还囊括了融合数字技术的传统行业。本文定义取自 2016 年 G20 杭州峰会发布的《G20 数字经济发展与合作倡议》中所提出的广泛概念。该倡议是世界上第一个由多国领导人共同签署的数字经济文件，影响力较大。当前，国内各省份的数字经济规划和政策基本采用该定义所界定的范畴。

现爆炸式增长，到 2022 年，全球知识产权流量预计将达到每秒 150700GB。①海量数据资源的开放共享和分析运用在不断提升数据价值的同时，数据的泄露和滥用的风险也将更加凸显。一旦受到网络攻击会产生"多米诺骨牌"效应，损害范围更广、危害程度更大。

三是传统安全与网络安全风险交织，网络空间"政治化"显现。近年来，世界范围内开始出现保守主义、孤立主义、反全球化、民粹主义等狭隘思想的回潮逆流，"黑天鹅"事件与"灰犀牛"事件频发，地缘政治因素在网络空间发挥作用，大国网络空间博弈日趋复杂，技术风险以外的安全考虑被更多地纳入网络空间治理，网络战、网络"军备竞赛"颇有蔓延之势。

四是新兴技术愈发占据主导性地位，新的安全挑战相继涌现。数字经济时代，5G、IPv6、人工智能等技术发展重构信息基础设施，形成万物互联并带来巨大的经济价值。根据高通预测，到 2035 年 5G 将在全球创造 12.3 万亿美元的经济产出。但与此同时，无处不在的网络接入、海量异构的终端设备、爆炸式的数据传输、新技术的垂直应用场景，都成为新的安全风险点，加之攻击手段的融合化与智能化，网络空间面临严峻挑战。

二 2018年全球网络空间安全总体态势

（一）网络空间博弈日趋复杂，地缘政治与军备竞赛加剧

2018 年，持续升级的贸易争端渗透到网络安全领域，传统地缘政治在网络空间的作用日益凸显，大国网络空间博弈日趋复杂，呈现出网络"军备竞赛"与"科技冷战"的态势。

一是传统治理机制深度介入网络空间，大国加强国际规则制定主导权。1 月，世界经济论坛宣布成立全球网络安全中心，拟建一套独立的最佳实践

---

① 联合国：《2019 年数字经济报告（中文版）》，http：//www.sohu.com/a/340212245_99983415。

库，并将针对不同攻击场景提供指导性意见。7月，联合国秘书长数字合作高级别小组成立，旨在帮助政策制定者、技术专家、企业家、民间社会行动者和社会科学家共同参与互联网治理，分享解决方案。11月，联合国裁军和国际安全委员会批准了美国和俄罗斯各自提出的决议草案，建立负责制订全球网络行为规则的工作组。美国的提案呼吁联合国秘书长在2019年建立一个由世界各地专家组成的工作组，继续研究现有的、潜在的信息和通信技术威胁。俄罗斯的提案要求在2019年建立工作组，针对国家网络活动，制定自愿和非约束性规范，并且特别提到各国在其宪法特权范围内，拥有打击虚假新闻传播的权力和义务。两国均质疑对方提案的有效性。同月，法国总统马克龙在联合国互联网治理论坛开幕式上发起了"巴黎呼吁网络空间的信任和安全"的倡议，试图启动陷入僵局的全球谈判。

二是中美贸易摩擦渗入网络安全领域，技术出口管制与5G竞争成为核心"战场"，美国以单边主义与零和思维，通过加强出口管制、长臂管辖、盟友施压、舆论造势、终止学术合作、打压行业领头企业等方式遏制中国5G高速发展。4月，美国联邦通信委员会公布了一项拟议规则——《通过FCC项目保护通信供应链免受国家安全威胁》，通过限制购买华为设备的供应商获取"普遍服务基金"的补贴，以达到将华为驱逐出美国市场的目的。同月，美国商务部发布公告称，美国政府在未来七年内禁止中兴通讯向美国企业购买敏感产品。6月，美国众议院更新《美国外国投资风险评估现代化法案》（FIRRMA），进一步加强美国国家安全审查机制，并区别对待来自中国的投资。涵盖的投资交易包括与国家安全相关的，涉及关键基础设施、关键技术、敏感公民信息的投资活动。11月，美国商务部工业与安全局提出了一份针对关键技术和相关产品的出口管制框架方案。该文件列出了14个考虑进行管制的领域，包括生物技术、人工智能、数据分析、量子计算、机器人等在内的前沿技术。对此，国际和国内社会对技术创新与自主可控的意识大大增强。如12月，俄罗斯发布一项指令，要求俄罗斯国有企业在收到指令的10日内召开董事会，投票决定在2021年前转用国产软件的计划。由于国家持有主要的股份，大部分国有企业将接受转用国产软件的具体计划。

三是网络空间成为各国抱团结盟全新领域，地缘政治是重要推动因素，北约、欧盟、五眼联盟、英联邦国家等组织在网络空间动作频频，全球网络空间安全力量联盟格局已分化明显。4月，英联邦国家发表声明，全体成员国一致承诺到 2020 年前采取网络安全行动，共同应对网络威胁。同月，北约组织"2018 锁盾"网络防御演习，来自 30 个国家的 1000 多名网络专家参与，演习涉及约 4000 个虚拟化系统和超过 2500 次网络攻击。6月，立陶宛、爱沙尼亚、荷兰等欧盟六国表示将成立"欧盟网络快速响应部队"，以应对网络攻击。9月，美国、英国、澳大利亚、新西兰和加拿大五眼联盟（Five Eyes）国家政府发布联合备忘录，要求各大科技企业向政府提供其加密产品的后门，使执法部门有能力获得访问权。

四是不同国家和地区的网络战演习加剧，网络空间"军备竞赛"持续升级。2月，美国与韩国联合开发网络靶场环境并训练军队，评估完善发起进攻性网络行动的作战程序，以应对来自朝鲜的潜在威胁。3月，斯里兰卡国防部启用网络统一行动中心，整合海、陆、空三军所有的网络行动小组。7月，美国国防部发布 4580 万美元的采购计划，拟开发武器系统"网络航母"，辅助网络部队执行情报侦察、网络攻击等行动。8月，日本提出将建立第一支地方反网络攻击部队，并在 12 月发布的新版《中期防卫力量整备计划》中提出将在 2019～2023 年新设统筹太空及网络空间专业部队的司令部，增强自卫队"网络防卫队"的规模和能力。10月，英国军方宣布未来两年投入 10 亿英镑，用于大幅提升网络战能力和核武器水平。

（二）网络攻击强度保持高位，疑有政府支持的攻击增多

随着数字经济时代的到来，日趋智能化与武器化的网络攻击严重威胁着政治、经济、军事与社会生活。2018 年，网络攻击已成为欧洲、东亚及太平洋、北美地区的头号安全威胁，对高度连通的全球数字经济影响增大，[①] 导致世界经

---

① WEF," Regional Risks for Doing Business 2018", http：//www3. weforum. org/docs/WEF_ Regional_ Risks_ Doing_ Business_ report_ 2018. pdf.

济损失 1.5 万亿美元,① 与此同时,勒索软件攻击较 2017 年增加了 350%。②

一是从网络攻击的数量看,2018 年涉及全球范围的攻击数量激增,攻击强度保持高位。数据显示,2018 年数十亿人受到网络攻击的影响,仅第二季度全球受网络攻击用户就达 7.65 亿;③ 2018 年全球网络攻击犯罪造成了每分钟 290 万美元的损失,全年总计 1.5 万亿美元,其中各大公司每分钟因为安全漏洞支付 25 美元。④ 5 月,一款名为 VPNFilter 的恶意软件感染了 Linksys、MikroTik、Netgear、TP-Link 等厂商的路由器,影响范围覆盖全球 54 个国家、超过 50 万台路由器和网络设备。

二是从网络攻击的对象看,2018 年重点行业的关键基础设施、加密货币、个人数据等成为被攻击的重灾区。在针对能源、电力、交通等关键基础设施的攻击方面,一旦成功实施,可在短时间内对一国经济社会运行造成较大冲击。5 月,丹麦铁路运营商 DSB 遭遇大规模分布式拒绝服务攻击,约 1.5 万名旅客无法通过该公司应用程序、售票机、网站和商店购买火车票。6 月,赛门铁克发布报告称,一个未具名组织入侵了参与地理空间测绘和成像的东南亚电信公司的卫星通信业务。在针对加密货币的攻击方面,无论是在攻击数量还是在造成损失上,均呈爆发态势,借助恶意软件"挖矿"窃取加密货币势头加速上升,盗用云主机计算资源进行"挖矿"的情况显著增多。8 月,巴西超过 20 万台路由器遭遇恶意软件"挖矿"攻击,攻击者针对"MikroTik"路由器漏洞,利用"挖矿"恶意代码"Coinhive"对目标设备进行"零日攻击",该漏洞允许恶意代码在受感染设备访问的每个页面上运行,每天或有数百万个网站被植入"挖矿"恶意代码。在针对个人数

---

① 《俄罗斯储蓄银行预测,2019 年网络攻击造成的世界经济损失将达到 2.5 万亿美元》,http://finance. sina. com. cn/roll/2019 - 04 - 30/doc - ihvhiqax5862089. shtml,2019 年 4 月 30 日。

② "2019 Cybersecurity Almanac:100 Facts, Figures, Predictions and Statistics",https://cybersecurityventures. com/cybersecurity - almanac - 2019/.

③ Mike Snider,"Your Data was Probably Stolen in Cyberattack in 2018 and You should Care",https://www. usatoday. com/story/money/2018/12/28/data - breaches - 2018 - billions - hit - growing - number - cyberattacks/2413411002/.

④ RiskIQ,"The Evil Internet Minute 2019",https://www. riskiq. com/infographic/evil - internet - minute - 2019/.

据的网络攻击方面，数据泄露规模连年加剧。5 月，网络安全公司"火眼"在地下黑客论坛发现一组被出售的数据集，涉及大量网络用户的敏感资料，其中包括超过 2 亿日本网民的个人身份信息。9 月，黑客利用代码漏洞获取了近 5000 万个脸谱网账号，超过 9000 万网络用户受到影响。

三是从网络攻击的类型看，疑似有政府背景的网络攻击日益增多，呈现出明显的地缘政治特征。有统计显示，2018 年监测到的高级持续性威胁相关公开报告共计 478 篇，APT 威胁也不再是 APT 组织与安全厂商之间独有的"猫和老鼠"的游戏，还作为国家与国家之间博弈以及外交舆论层面的手段。[①] 3 月，美国政府首次公开将 NotPetya 勒索软件以及对美国电力、核能、商业、航空、制造业等基础设施的攻击，归咎于俄罗斯政府。7 月，360 披露从 2011 年开始持续至今，高级攻击组织蓝宝菇（APT - C - 12）对我国政府、军工、科研、金融等重点单位和部门进行了持续的网络间谍活动。9 月，美国政府正式指控朝鲜政府，称其是索尼影业黑客事件、WannaCry 勒索软件和孟加拉银行等一系列网络银行劫案背后主使。此外，从攻击的手段看，攻击手段与方式正变得越来越复杂，人工智能被越来越多地应用于网络攻击中，并有向自动化、武器化蔓延的趋势。相关报告显示，2018 年由机器人产生的网络流量占到了所有流量的 37.9%，以僵尸网络等为代表的恶意机器流量占机器流量的 53.8%。[②]

（三）网络空间安全战略更新升级，构筑多领域法律防线

2018 年，美国、加拿大、日本、卢森堡、百慕大、立陶宛等国家和地区更新升级了本国网络安全战略，在网络安全立法、机构设置等方面完善政策体系。

一是从安全战略看，各国进一步明晰网络安全战略的实施计划与防御路径。9 月，美国总统特朗普签署了 15 年来首份全面阐述的《国家网络战

---

① 奇安信威胁情报中心：《全球高级持续性威胁（APT）2018 年总结报告》，https：//www.
freebuf. com/column/193552. html。

② "Bad Bot Report 2019：The Bot Arms Race Continues"，https：//resources. distilnetworks. com/
white - paper - reports/bad - bot - report - 2019。

略》，提出了"加强本土网络安全""促进美国繁荣""以实力维护和平""提升国家影响力"等保护美国免受网络威胁的新举措。11月，欧盟更新《网络防御政策框架》，强调发展网络防御能力的重要性，并将训练与演习、研究与技术、军民合作、国际合作等确定为保护欧盟共同安全的优先事项。在欧洲一体化进程持续推进的背景下，卢森堡、立陶宛分别批准实施新修订的国家网络安全战略，确定了未来网络安全政策的主要方向。此外，在国际电信联盟的支持下，阿塞拜疆、突尼斯、不丹等纷纷启动国家网络安全战略起草工作，制定有助于加强网络安全的必要措施，为应对网络威胁做准备。

二是从网络空间立法看，多国启动或推出网络安全法律法规。2月，新加坡通过《网络安全法》，旨在建立新加坡关键信息基础设施所有者的监管框架、网络安全信息共享机制、网络安全事件的响应和预防机制、网络安全服务许可机制。4月，美国发布新版《提升关键基础设施网络安全的框架》，该框架适用于能源、银行、通信和国防工业等对美国国家与经济安全至关重要的行业。7月，欧洲议会议员投票通过了《网络安全法》草案。该草案通过向欧盟成员国提供认证框架，为网络安全认证提供了制度保障。8月，波兰总统安德烈·杜达签署了《网络安全法案》。该法案为波兰的国家网络安全系统创建了框架。

三是从机构设置看，2018年主要国家通过建立新的网络安全机构以加强监管体系建设。1月，印度尼西亚成立国家网络安全局，并在数月内招募网络安全监管人员数百人，以应对日益增长的网络谣言和网络欺诈行为。5月，菲律宾启动国家网络安全平台联络点，负责处理涉及公共网络和政府网络的安全问题。6月，美国参议院通过《网络外交法案》，将重启国务院网络空间办公室，并将其更名为"网络空间和数字经济办公室"。该办公室负责领导美国国务院的网络空间外交工作，旨在加强美国与国际盟友的合作，进而维护国家安全并推动美国经济发展。9月，德国宣布将在未来五年投入2亿欧元组建网络安全与关键技术创新局，主要致力于推动自主网络安全技术创新。11月，意大利国防部门网络机构进行重组，以实现国防体系统一指令的下达以及采购程序和资源分配的优化。

（四）全球掀起数据安全立法热潮，开启个人隐私保护年

2018 年可称为"数据保护年"，全球范围内有关数据保护的法律法规层出不穷，数据保护工作迈上新台阶。据不完全统计，截至 2018 年，有 90 多个国家已出台了数据安全相关法律法规，但各国法律的严格程度、执行方式以及处罚力度还存在较大差异。

一是在个人数据保护方面，以欧盟《一般数据保护条例》（GDPR）为代表的个人数据保护立法成为全球关注的热点，深刻影响着数字经济产业发展。2 月，澳大利亚的《重要数据泄露应对方案》（NDB）开始实施，若发生可能造成"严重损害"的数据泄露事件，相关机构和组织应以最快速度，通知在该事件中个人信息受到影响的个人。3 月，"剑桥分析"事件曝光后，美国、欧盟各国、加拿大、澳大利亚、韩国、以色列、印度等纷纷就脸谱网涉及个人数据使用与隐私保护问题进行调查。5 月，GDPR 生效，其扩大了用户数据的保护范围，规定全球任何为欧盟居民提供服务的企业均受该法管辖，设置的罚金数额巨大，明确要求互联网公司必须获得用户同意才可以使用用户数据，用户可要求将所有个人数据删除。同月，泰国内阁审议《个人数据保护法（草案）》。该法以欧盟数据保护条例（GDPR）为参考模板。6 月，美国加利福尼亚州通过了全美最严厉的隐私保护法案——《2018 年加州消费者隐私法案》，增强用户对隐私和数据的控制权。7 月，印度"BN Srikrishna"数据保护委员会向电子和信息技术部提交了《2018 年个人数据保护法（草案）》。该草案列出了数据保护的义务、处理个人和敏感个人数据的依据、数据处理的主要权利、管理印度境外数据传输的规定，并提出建立印度数据保护局。8 月，巴西总统米歇尔·特梅尔签署《个人和企业数据保护法案》。该法案旨在保护个人和企业的数据安全，防止在未经相关同意的情况下将个人和企业的姓名、电话号码和地址等信息用于商业目的。11 月，澳大利亚议会通过《2018 年"我的健康记录"修正案（加强隐私法案）》，允许用户可在任何时候永久删除他们的健康记录，系统运营商数字卫生署不会保留任何存档或备份，删除的信息将无法恢复。同月，加拿大

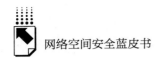
《个人信息保护与电子文件法》（PIPEDA）正式生效，规定了公司应如何在商业活动中处理个人信息，并且要求在收集、使用或披露个人信息时必须获得其同意。发生个人信息数据泄露时，公司必须及时通知用户，否则将面临行政处罚，每次违规的罚款额最高可达 10 万加元。

二是在跨境数据流动与数据本地化方面，2018 年全球"数据割据"和"朋友圈划分"的态势加强。3 月，美国总统特朗普正式签署《澄清域外合法使用数据法案》（CLOUD Act）。该法案更新了执法人员查看存储在互联网上的电子邮件、文档和其他通信内容的规则，其生效实施使执法机构更容易访问存储在国外的数据，同时也将促进部分他国政府向美国境内组织直接发出调取数据的命令。4 月，欧盟对外公布了"电子证据"提案，将允许执法机构向在欧洲运营的企业直接调取其存储在欧盟境外的数据。根据提案，在线服务供应商将被要求在 10 天内回应当局的要求，紧急情况下在 6 小时内回复。这比现有用于索取数据的欧洲调查令的 120 天期限要快得多。6 月，越南国会表决通过《网络安全法》。根据规定，在越南境内提供互联网相关服务的国内外企业，需将用户信息数据存储库设在越南境内，相关外国企业需在越南设立办事处。7 月，欧盟和日本签署了一项个人数据转移协议。根据该协议，双方企业可把在对方当地获得的个人数据灵活地转到区域外，从而有助于减小双方企业遭到 GDPR 等数据保护法律法规制裁的风险和负担，推动双方企业更加便捷地开展国际业务。10 月，欧洲议会投票通过《非个人数据自由流动条例》。该条例有助于在欧盟单一数字市场战略下推动欧盟打造具有竞争力的数字经济。

（五）网络空间信息管控加强，网络内容治理日趋法制化

网络空间内容管控与立法一直是全球争议较多的敏感领域，但自 2016 年"英国脱欧事件"和"俄罗斯涉嫌干预美国 2016 大选事件"以来，美国等西方国家对网络空间内容治理的态度发生了显著的变化。2018 年网络内容立法和治理领域也取得了较大进展。

一是从治理对象看，针对政治选举的虚假新闻、仇恨恐怖言论等是

2018 年网络空间内容治理的重点。在发达国家方面，1 月，德国率先开始实施的《社交媒体管理法》，整合并修订了 2015 年以来德国颁布的相关法令，强化了大平台对"仇恨、煽动性言论和虚假新闻"等内容的管理责任。2月，美国国务院发起了一项耗资 4000 万美元的行动，用于支持"全球参与中心"，旨在打击外国宣传和虚假信息。4 月，俄罗斯推出《互联网诽谤法案》，允许政府封锁发布诽谤公众人物信息的网站，并对违反者处以罚款。8 月，欧盟委员会推出新计划，要求网络巨头必须在一小时内删除其平台上恐怖主义发布的极端内容，否则将面临罚款。11 月，法国通过了《反假新闻法》，赋予法官下令立即删除选举期间虚假新闻的权力，这被认为是西欧国家治理虚假信息的首次尝试。与此同时，发展中国家也加入内容治理法制化的进程中。4 月，马来西亚通过《反假新闻法》，将对制造和分享假新闻的行为处以最高 6 年的监禁。8 月，埃及首部涉及网络安全和打击极端分子利用网络进行违法活动的《反网络及信息技术犯罪法》通过，允许监管部门在获得司法授权的情况下处罚和查封"对国家安全构成威胁"或制造虚假新闻的网站，并监禁相关责任人。同月，阿联酋发布《网络犯罪法（修正案）》，规定有以煽动仇恨为目的，用计算机网络或以信息技术手段建立、管理、经营网站或发布违禁信息，将处以 5 年以下有期徒刑与 50 万~100万迪拉姆罚款。此外，网络空间版权内容也成为关注的焦点。9 月，欧洲议会初步通过备受争议的《版权法指令》，以更新互联网时代的在线版权法律。

二是从治理主体看，平台成为关键的责任主体，政府通过与大型科技巨头合作、革新技术、敦促互联网巨头自查自纠、对违规行为罚款等强化内容治理。1 月，欧盟呼吁互联网企业更有效地取缔非法内容。需要取缔的内容包括极端主义和仇恨言论，同时要求互联网企业打击网络中侵犯知识产权的行为，并敦促企业加强与执法部门的信息共享。2 月，英国内政部公开了一项新的软件工具，该工具利用人工智能能够在线自动检测网络平台上的恐怖分子宣传内容。英国政府计划将软件分发给小公司，以更广泛地解决恐怖分子及其支持者传播的极端主义内容问题。8 月，美国联邦调查局与 Facebook

开展密切合作，就疑似干涉美国中期选举行为开展行动。11月，法国和Facebook达成协议，法国监管机构将进驻公司，对该公司的政策和工具进行查验，目的是监管该公司如何识别并删除仇恨言论，检查种族主义、性别歧视、仇恨言论方面是否有可以改进之处，以此确保企业流程健全。

三是从治理行动看，部分国家和地区开展针对网络色情、暗网治理、青少年网络保护等专项行动，加强网络威慑力和治理效度。4月，英国内政部宣布将斥资900万英镑，用于支持警方打击网络犯罪和监管暗网。5月，巴西开展大规模打击儿童色情网络犯罪专项治理行动，这是巴西有史以来最大的反儿童色情行动，巴西24个州共部署2500余名警力，最终抓获251名犯罪嫌疑人，查封超过100万份电脑文件，并查获数百台计算机和移动设备。

（六）新兴技术领域监管发力，创新措施与规则密集出台

2018年以来，各国在5G、人工智能、区块链等新兴技术的立法与监管上持续发力，在促进本国新技术发展的同时，争相抢夺新兴领域的国际规则制定权。

一是在人工智能领域，各国重视人工智能发展的安全问题，强调人工智能治理与国际合作。4月，美国众议院武装部队新兴威胁与能力小组委员会提出新法案，希望建立人工智能国家安全委员会。该委员会着眼于人工智能对美国竞争力、保持竞争力方式的影响以及"道德问题"，采取必要的方法和手段，审查和推动美国人工智能、机器学习和相关技术的发展，全面满足美国国家安全和国防需要。同月，英国议会发布《英国人工智能发展计划、能力与志向》，提出了五项人工智能基本道德准则。6月，G7领导人通过了一项"人工智能未来的共同愿景"文件，高度关注人工智能引发的伦理、隐私、安全、平等等议题。7月，欧洲25个国家签署《人工智能合作宣言》，希望加强协调，共同面对人工智能在社会、经济、伦理及法律等方面的机遇和挑战。12月，欧盟推出了《人工智能道德准则草案》，旨在规范人工智能及机器人的使用和管理。同月，日本内阁府发布了《以人类为中心的AI社会原则》，从宏观和伦理角度阐明了日本政府的态度，并提出"AI-

Ready 社会"的七项基本原则。

二是在 5G 领域，全球 5G 进程将快速提升，5G 竞争日趋白热化。3 月，特朗普总统签署了一项 1.3 万亿美元的 5G 法案——《雷·鲍姆法案》（*Ray Baum Act*），支持美国发展下一代无线服务，并允许 FCC 拍卖 5G 频谱。6 月，3GPP 全会批准了 5G NR 独立组网功能冻结，第一版国际标准出炉。7 月，白宫科技政策办公室将人工智能、5G 技术等确定为 2020 财年的重点研发领域。同月，英国宣布将投入 2500 万英镑支持 5G 测试项目，目的是将英国打造为 5G 网络的全球领导者。而法国电信监管机构则发布了最新 5G 路线图。该路线图确立了三个目标，包括在多个地区启动若干 5G 试点项目，掌握一批世界领先的 5G 工业应用；2020 年至少在一个主要城市实现分配新的 5G 频率，并开展首次商业运营；2025 年 5G 覆盖主要的交通线路。

三是在区块链领域，各国在重视区块链应用的同时，创新加密货币监管。2 月，欧盟委员会宣布启动"欧盟区块链观测站及论坛"的机制，旨在促进欧洲区块链技术发展并帮助欧洲从中获益的新机制。3 月，美国亚利桑那州首推"沙盒监管"，监管区块链和加密货币。6 月，欧盟发布第五次反洗钱指令，授权主管部门监控虚拟货币使用。7 月，G20 监管机构"金融稳定委员会"发布了一个框架，旨在警惕性地监控比特币等数字加密货币可能带来的风险；美、英、澳、加、荷五国建立联盟，旨在打击加密货币税务犯罪；马耳他议会通过了《马耳他数字创新管理局法案》《创新技术安排和服务法案》《虚拟金融资产法案》三项法案，将区块链技术的监管框架纳入法律。

四是在物联网方面，1 月，由无锡物联网产业研究院牵头制定的全球物联网领域首个顶层架构国际标准（ISO/IEC 30141）通过国际标准草案投票。7 月，美国众议院通过了《SMART 物联网法案》；同月，美国加利福尼亚州通过第 327 号参议院法案（SB－327），在加州《民法典》中增加了一个题为"联网设备安全"的条款，规定生产的联网设备或智能设备应当具备"可靠的安全性"。

五是在量子计算方面，大国进行提前布局，确保本国战略领先。7月，英国政府表示将投入2.35亿英镑用于建立英国量子计算中心，实现与业界、大学的密切合作。9月，白宫科学技术政策办公室发布的《量子信息科学国家战略概要》提出6条建议，确定了量子感应、量子计算、量子网络、量子材料4项基础科学任务，旨在确保美国在下一代技术革命中保持领先地位。12月，美国国会通过了《国家量子倡议法案》，内容涉及加快量子信息科技应用发展，制定为期10年的发展目标和优先事项等。

（七）网络安全产业与投融资增长，美欧亚区域奠定格局

2018年，在地缘政治强化市场壁垒的背景下，网络安全产业仍实现稳步增长，投融资热度不减，区域格局基本保持稳定。一是在产业政策上，各国加大对网络安全产业的扶持力度。3月，英国发布《网络安全出口战略》。该战略包括提供19亿英镑投资以强化英国网络能力，鼓励国内企业向合作国家输出安全能力，旨在支持对外贸易。8月，以色列启动一项计划，提出在未来三年内投资约2400万美元支持本国网络安全产业的发展，以保持以色列在网络安全领域的全球领导地位。二是在产业规模上，2018年全球网络安全的产品和服务支出超过1140亿美元，比2017年增长12.4%。[①] 在区域分布上，全球网络安全市场主要由北美、西欧、亚洲等区域的发达国家所主导，而中国实现了最强劲的支出增长，五年复合增长率为26.6%。[②] 三是在产业投融资上，融资并购活动持续活跃，融资、并购活动分别为408起、184起，涉及金额分别为64亿美元、167亿美元。[③] 在风投方面，风险投资总额超过50亿美元，较2017年增长20%。美国、以色列、英国、中国、

---

① "Gartner Forecasts Worldwide Information Security Spending to Exceed ＄124 Billion in 2019"，https://www.gartner.com/en/newsroom/press-releases/2018-08-15-gartner-forecasts-worldwide-information-security-spending-to-exceed-124-billion-in-2019.

② "New IDC Spending Guide Forecasts Worldwide Spending on Security Solutions Will Reach ＄133.7 Billion in 2022"，https://www.idc.com/getdoc.jsp? containerId=prUS44370418.

③ 中国信通院：《中国网络安全产业白皮书（2019年）》，https://mp.weixin.qq.com/s/d1F SVrDOoF0hv5ubPdydCQ。

加拿大等国家成为网络安全投融资的热土。其中，以色列作为全球仅次于美国的第二大网络技术出口国，2018 年囊获超过 10 亿美元的网络安全风险投资资金，约占全球的 20%。① 四是在产业结构上，托管安全服务、网络安全硬件、集成服务和端点服务市场占有率将保持领先，② 人工智能等技术创新为网络安全市场提供了持续动能，数据安全、工业互联网安全、网络安全培训等成为热点市场。五是在产业链上，微软、IBM、思科、华为等跨国科技巨头已全面渗透网络安全产业。与此同时，大型咨询公司通过收购和投资安全独立厂商、与厂商合作、建立网络安全运营中心等方式强势进军网络安全市场。

（八）网络空间国际合作开展，强化网络防御与人才培养

2018 年，国际上多种形式、多个领域的网络安全合作行动频现，盟国间的网络防御合作与网络安全人才培养进一步强化。

一是在网络防御方面，各国加强网络安全能力建设，积极防御敌对攻击，不同政府之间，政府与产业界、学术界企业的合作项目不断增多。2月，美国众议院通过《乌克兰网络安全协作法案》，旨在促进美国与乌克兰政府网络安全合作。11 月，美国联邦调查局与谷歌等 20 家科技公司合作摧毁了一个大型网络犯罪组织，并关闭了其控制的大量僵尸网站。同月，日本与东盟十国建立网络攻击情报共享机制，通过专门的信息网站，共享网络攻击情报及相关应对措施。

二是在人才培养方面，2018 年网络安全人才仍处于紧缺状态，预计到2021 年网络安全岗位缺口将达到 350 万个，③ 对此，各国加速培养网络安全人才与后备力量。6 月，欧盟宣布将欧洲网络与信息安全局（ENISA）升级

---

① "2019 Cybersecurity Almanac: 100 Facts, Figures, Predictions and Statistics", https://cybersecurityventures. com/cybersecurity – almanac – 2019/.

② "Global Security Spend Set to Grow to $133. 8 Billion by 2022: IDC", https://www. securityweek. com/global – security – spend – set – grow – 1338 – billion – 2022 – idc.

③ "Cybersecurity Jobs Report 2018 – 2021", https://cybersecurityventures. com/jobs/.

为一个永久性的欧盟网络安全机构，在安全人才培养方面赋予其更多职责。9月，"东盟—日本网络安全能力建设中心"在泰国落成，为东盟成员国的政府机构和关键基础设施运营机构培训网络安全人员。11月，英国政府继续推行青少年网络安全计划，通过互动游戏的方式向青少年传授网络安全知识技能，激励青少年进行网络安全职业规划。同月，新加坡网络安全局与全球技术领导者思科系统公司签署了一份新的网络安全协作备忘录，双方同意致力于加强网络威胁领域的信息共享，帮助思想交流和人才培养。

三 2018年中国网络空间安全的主要成就

（一）注重顶层设计，网络安全体系建设逐步完善

一是在战略层面，十八大以来，党中央高度重视网络安全工作，不断推进理论创新和实践创新，形成了以习近平新时代中国特色社会主义思想为核心的网络强国战略，对新时代网信事业进行战略部署。4月，党中央召开2018年全国网络安全和信息化工作会议，习近平总书记用"五个明确"高度概括了网络强国战略思想：明确网信工作在党和国家事业全局中的重要地位，明确网络强国建设的战略目标，明确网络强国建设的原则要求，明确互联网发展治理的国际主张，明确做好网信工作的基本方法；并要求网络安全和信息化工作要有"32个要"，为新时代网络强国之路指明了方向。

二是在立法层面，自我国《网络安全法》于2017年6月1日正式实施以来，2018年我国逐步健全法律法规保障体系，构筑了多领域的网络安全防线。3月，国务院办公厅发布《2018年立法工作计划》，计划制定《未成年人网络保护条例》（网信办起草）、《公共安全视频图像信息系统管理条例》（公安部起草）、《密码法（草案）》（密码局起草）等。8月，第十三届全国人大常委会第五次会议表决通过了《电子商务法》，以保障电子商务各方主体的合法权益，促进电子商务持续健康发展。该法历时五年、历经四次审议及修改，涉及市场主体、税务、合同、消费者保护、隐私、网络安全

等多方面。9 月，《第十三届全国人大常委会立法规划》正式发布，全国人大常委会将个人信息保护法、密码法、数据安全法、人工智能等网络安全方面的相关法律列入立法规划。

三是在法规、规章等层面，党中央、国务院各部门相继发力，从网络内容治理、网络安全保障、专项整治行动等方面着力推进网络强国建设。1 月，中央政法工作会议提出维护网络意识形态安全、打击防范网络犯罪、保护国家关键信息基础设施安全、加强网络治理能力建设等四项工作部署。5 月，工信部发布了《关于纵深推进防范打击通讯信息诈骗工作的通知》，从加强实名认证、加强钓鱼网站和恶意程序整治等方面明确了九项重点任务。6 月，公安部发布《网络安全等级保护条例（征求意见稿）》，涵盖网络的安全保护、密码管理和涉密网络的安全保护、密码管理等内容。9 月，国务院办公厅发布《关于加强政府网站域名管理的通知》，提出要健全政府网站域名管理体制、加强域名安全防护及监测处置工作等。11 月，由公安部发布的《公安机关互联网安全监督检查规定》（以下简称《规定》）正式实施。《规定》不仅赋予了公安机关更大的监管监察权限，更突出了依法处置不合法、不合规情形的要求。

四是在标准层面，多项行业标准启动或发布，指导网络安全实践。3 月，工信部发布《2018 年智能网联汽车标准化工作要点》，要求协同推进汽车信息安全标准的制定等五项基础通用标准的立项工作，启动汽车信息安全风险评估等四项国家标准项目的预研和立项。5 月，全国信息安全标准化技术委员会发布了《网络安全实践指南——欧盟 GDPR 关注点》，介绍了GDPR 适用的场景、核心内容和关注点。6 月，全国信息安全标准化技术委员会归口的《信息安全技术公钥基础设施数字证书格式》等七项国家标准正式发布。10 月，国家市场监督管理总局、国家标准化管理委员会对外发布《智慧城市信息技术运营指南》等二十三项国家标准，包括智慧城市、信息安全、循环经济等多个领域的国家标准。

（二）强化网络治理，网络安全环境得到明显改善

一是在网络威胁治理方面，党政机关和重要行业加强网络安全防护措

施，针对党政机关和重要行业的木马僵尸恶意程序、网站安全、安全漏洞等传统网络安全事件大幅减少。2018 年，国家互联网应急中心 CNCERT 协调处置网络安全事件约 10.6 万起，其中网页仿冒事件最多，其次是安全漏洞、恶意程序、网页篡改、网站后门、DDoS 攻击等事件。CNCERT 持续组织开展计算机恶意程序常态化打击工作，2018 年成功关闭 772 个控制规模较大的僵尸网络，成功切断了黑客对境内约 390 万台感染主机的控制；我国境内僵尸网络控制端数量在全球的排名从前三名降至第十名，DDoS 活跃反射源下降了 60%。①

二是在网络内容治理方面，网信、公安、工信等部门加强联动，以落实平台责任、开展专项治理行动等方式有效打击违法违规行为。互联网平台监管方面，2 月，国家互联网信息办公室公布《微博客信息服务管理规定》，包括微博客服务提供者主体责任、真实身份信息认证、分级分类管理、辟谣机制、行业自律、社会监督及行政管理等条款。10 月，国家互联网信息办公室发布《区块链信息服务管理规定（征求意见稿）》，其涉及区块链信息服务管理体制、备案要求、信息内容安全管理主体责任、实名制、技术保障措施、法律责任等内容。11 月，国家互联网信息办公室和公安部联合发布《具有舆论属性或社会动员能力的互联网信息服务安全评估规定》，旨在督促指导具有舆论属性或社会动员能力的信息服务提供者履行法律规定的安全管理义务，维护网上信息安全、秩序稳定，防范谣言和虚假信息等违法信息传播带来的危害，这是促进互联网企业依法落实信息网络安全义务的重要措施。在专项治理联合行动方面，2 月，国家网信办会同工信部关停下架蜜汁直播等 10 家违规直播平台；将"天佑"等纳入网络主播黑名单，要求各直播平台禁止其再次注册直播账号。8 月，全国"扫黄打非"办公室会同工信部、公安部等联合下发《关于加强网络直播服务管理工作的通知》，强化网络直播服务基础管理，建立健全长效监管机制，大力开展存量违规网络直播服务清理工作。

---

① 王小群、丁丽、李佳等：《2018 年我国互联网网络安全态势综述》，《保密科学技术》2019 年第 5 期。

12月，国家网信办会同有关部门针对违法违规、低俗不良移动应用程序（App）乱象，集中开展清理整治专项行动，依法关停下架 3469 款涉黄涉赌、恶意扣费、窃取隐私、诱骗诈骗、违规游戏、不良学习类 App。

（三）加强创新政策，网络安全产业呈现高速增长

一是各项产业政策创新，为网络安全发展开辟了广阔空间。自《网络安全法》《国家网络空间安全战略》《"十三五"国家信息化规划》等发布以来，2018 年相关细化落实的政策相继推出。2017 年底，工信部与北京市政府签署战略合作协议共建国家网络安全产业园区，预计到 2020 年，产业园区内企业收入规模达到 1000 亿元；到 2025 年，将依托产业园区建成国家安全战略支撑基地、国际领先的网络安全研发基地、网络安全高端产业集聚示范基地、网络安全领军人才培育基地和网络安全产业制度创新基地等"五个基地"。2018 年 3 月，中央网信办和中国证监会联合发布《关于推动资本市场服务网络强国建设的指导意见》，以充分发挥资本市场在资源配置中的重要作用，规范和促进网信企业创新发展。同月，深圳市网络与信息安全产业创新发展投资基金正式成立。该基金由市政府配套的产业引导基金、深圳市网络与信息安全行业创新投资中心募集的资金以及深圳市网络与信息安全行业协会会员单位筹集的资金组成，第一期启动规模为 2 亿元，面向孵化期和成长期企业，第二期将发行 10 亿元以上，为各阶段的网络安全企业提供投融资服务。9 月，成都市出台《关于加快推进网络信息安全产业体系建设发展的意见》，提出到 2022 年建成体现新发展理念的网络信息安全创新之城、产业之城、服务之城、会展之城。

二是我国网络安全产业仍保持高速增长态势。从产业规模看，2018 年我国网络安全产业规模达到 510.92 亿元，较 2017 年增长 19.2%，预计 2019 年达到 631.29 亿元，从业企业近 2900 家。[①] 从产品增速来看，中国交

---

① 中国信通院：《中国网络安全产业白皮书（2019 年）》，https：//mp. weixin. qq. com/s/d1FSVrDOoF0hv5ubPdydCQ。

换机市场同比增长 18.5%，增长主要来自数据中心；路由器市场同比增长 15.7%，主要增长来自运营商方面；WLAN 市场同比增长 9.9%，受 4G 不限量流量套餐和投融资减少投资的影响，无线建设开始放缓。① 从行业贡献看，在数字化转型浪潮下，互联网行业云计算部署、电子政务建设推进、金融行业数字化转型、通信行业的变革成为推动中国网络市场发展的核心动力。从细分市场看，云计算安全、物联网安全、工业互联网安全等市场将迎来爆发机遇。2018 年，中国云安全市场规模达到 37.8 亿元，增长率为 44.8%，物联网安全市场规模达到 88.2 亿元，增速达到 34.7%，工业互联网安全市场达到 94.6 亿元。② 近五年的中国网络安全投融资金额和交易数量呈现逐年上涨的态势，2018 年中国网络安全领域投融资依旧保持较高的市场热度。据不完全统计，2018 年中国网络安全企业亿级融资 20 起，千万级融资 44 起，百万级融资 2 起。

（四）重视能力建设，网络安全领域人才培养加快

一是在政策鼓励与支持方面，为落实《网络安全法》关于支持网络安全人才培养的要求，各政府部门积极响应，出台了多项网络安全人才队伍建设政策文件。2016 年 9 月，国内首个极具特色的"网络安全学院＋创新产业谷"项目——国家网络安全人才与创新基地落地武汉，截至 2018 年 5 月，累计签约项目 32 个，协议投资 2350 亿元，注册企业 53 家，注册资本 56 亿元，其中 15 个产业项目已全面开工。③ 2018 年 4 月，教育部下发的《高等学校人工智能创新行动计划》提出了三大类 18 项重点任务，引导高校瞄准世界科技前沿，提高人工智能领域科技创新、人才培养和国际合作交流等能力。同月，上海市发布《上海市工业控制系统信息安全行动计划（2018 ~

---

① 《IDC：2018 年中国网络市场规模为 83.5 亿美元》，http://www.199it.com/archives/855496.html。

② 赛迪顾问：《〈2019 中国网络安全发展白皮书〉重磅发布》，http://www.fromgeek.com/vendor/227253.html。

③ 武汉广播电视台：《牢记殷殷嘱托 奋力谱写新时代湖北发展新篇章 拼搏赶超 创建国家网络安全新高地》，http://www.sohu.com/a/232195252_506525。

2020年)》，提出加快建设重点面向工控安全的市信息安全高技能人才培训基地，完善实训环境，开发工控安全专门课程，为面向千家企业工控安全专岗实训提供支撑。

二是在学科体系建设方面，随着网络空间安全相关专业相继设立，产学研合作培养模式实践创新，网络安全人才后备力量培养加快。2016年中央网信办、发改委、教育部等六部委联合发布《关于加强网络安全学科建设和人才培养的意见》，推动开展网络安全学科专业和院系建设，创新网络安全人才培养机制。教育部公布的2018年普通高等学习专业备案和审批结果显示，35所高校获批网信安全专业建设资格，其中，25所高校获得网络空间安全专业建设资格，10所高校获得信息安全专业建设资格。全国网络安全相关专业建设院校超过130所。① 与此同时，2018年，部分高校和科研院所探索与优秀网络安全企业联合建设网络安全学院，开办网络安全专业学科。4月，中国科学技术大学与中国电子科技集团有限公司签署战略合作协议，共同建设网络空间安全学院。5月，南开大学、东南大学先后成立网络空间安全学院，以服务网络强国战略，培养高水平网络安全人才。同月，西北工业大学与360集团就共建网络安全学院举行洽谈会。7月，清华大学、北京邮电大学、复旦大学、中国人民公安大学等10所高校入选首批"网络空间国际治理研究基地"。统计显示，2018年网络安全相关学科共有博士点222个，硕士点788个。共招收博士生4851人，比2017年增加728人，增长率17.7%；招收硕士研究生30208人，比2017年增加了9289人，增长率44.4%。②

三是在培训与竞赛方面，网络安全从业人员培训体系逐渐完善，不断提升从业者整体安全能力。持续教育是网络安全职业的重要主题，截至2018年1月，我国CISP持证人数约为2.5万人；CISSP持证人数共计2038人，

① 《教育部关于公布2018年度普通高等学校本科专业备案和审批结果的通知》，http：//www. moe. gov. cn/srcsite/A08/moe_ 1034/s4930/201903/t20190329_ 376012. html。

② 《一流网络安全学院建设示范项目高校增至11所》，http：//news. china. com. cn/txt/2019 - 09/17/content_ 75213770. htm。

相较于 2017 年的 1372 人增加了 48.54%。① 此外，各地通过举办网络安全竞赛等形式选拔优秀人才。8 月，国家网络与信息安全信息通报中心、国家密码管理局商用密码管理办公室支持的"网鼎杯"网络安全大赛拉开序幕，大赛共吸引 7000 多支战队、21000 多名选手参赛。在赛制上，线上预选赛采用 CTF 解题模式，线下半决赛及总决赛采用 AWD 攻防对抗模式展开。

（五）推进国际合作，网络空间命运共同体建设深化

一是在网络空间命运共同体思想推进上，继习近平总书记提出了网络空间治理的"四项原则""五点主张"，《网络空间国际合作战略》等重要文件发布之后，2018 年，我国的相关方案与举措对加强全球网络空间治理体系与治理能力建设发挥了积极作用。4 月，习近平总书记在全国网络安全和信息化工作会议上强调，任何国家都不能在网络空间独善其身，形势的发展"迫切需要国际社会认真应对、谋求共治、实现共赢"。11 月，在第五届世界互联网大会上，习近平总书记致贺信并强调，各国应该深化务实合作，以共进为动力、以共赢为目标，走出一条互信共治之路，让网络空间命运共同体更具生机活力。

二是在网络空间国际合作领域上，我国积极参与世界移动大会、ICANN大会、国际电信联盟全权代表大会、联合国互联网治理论坛、世界知识产权组织等重要治理机制，加强国际规则和标准制定，传播中国治网原则与实践经验。4 月，中国代表团参加联合国网络犯罪政府专家组第四次会议，中国代表团提出的尊重网络主权、推动树立网络空间命运共同体理念、制定打击网络犯罪国际合作示范法、采取全面综合方法应对网络犯罪以及开展能力建设和技术援助应充分尊重接受国意愿等理念和主张，以及关于"立法"和"定罪"的具体建议被纳入会议最终报告。9 月，第三届中国—东盟信息港论坛在广西南宁举行，中国与东盟十国代表共同为中国—东盟信息港基地揭

---

① 中国信息通信研究院：《中国网络安全产业白皮书（2018 年）》，http：//www.caict.ac.cn/kxyj/qwfb/bps/201809/P020181022488727633391.pdf。

牌。12 月，中国互联网络信息中心同世界知识产权组织（WIPO）就其成为中国国家顶级域名争议解决机构事宜进行合作磋商。

四 积极打造新时代网络空间安全治理新格局

（一）全面贯彻习总书记新时代网络治理思想

当前，网络空间治理的议题已从最初针对互联网关键基础资源的单一性治理，发展到对网络空间各类议题的整体性治理，假新闻、极端主义、恐怖主义、网络攻击与犯罪、关键基础设施保障、数据跨境流动、人工智能安全规范等成为网络空间治理的热点议题，这也对我国网络空间治理工作提出了全新要求。随着网络强国思想、数字中国战略、网络空间命运共同体理念与"四项原则"、"五点主张"的提出，以及《网络空间国际合作战略》的发布，我国网络空间治理的顶层设计已经初步完成。加之《网络安全法》等重要法律法规的发布，为我国网络空间安全发展指明了方向。由此，应在网络空间的理论研究、制度体系、法制建设、内容治理、网络安全、信息化发展等领域，全面贯彻习近平总书记新时代网络治理思想，保障我国数字经济持续创新发展。

（二）抢占全球新兴战略技术规则制定主导权

随着数字技术的推进，我国数字经济发展迅速，2018 年我国数字经济规模达到了 31 万亿元，约占 GDP 的 1/3。[①] 毕马威的研究数据显示，预计到 2030 年，数字经济在中国的 GDP 比例将会达到 77%，超过 153 万亿元人民币的 GDP 贡献将来自数字经济。而与此同时，近年来全球竞相争夺数字技术的治理主导权，尤其在新兴战略领域，各国对于人工智能、5G、量子

---

① 《中国数字经济规模已达 31 万亿元》，http：//finance. sina. com. cn/roll/2019 - 05 - 05/doc - ihvhiqax6688519. shtml。

计算等新技术的战略规划与部署应用日益重视。这势必带来主要国家在基础设施建设、标准框架拟定、国际合作方式、跨国公司经营等方面的激烈竞争，典型的如2018年中美贸易摩擦波及5G领域。在此背景下，习近平总书记提出，要努力实现关键核心技术自主可控，把创新主动权、发展主动权牢牢掌握在手中；要在关键领域、卡脖子的地方下大功夫，集合精锐力量，做出战略性安排，尽早取得突破。因此，我国应加强自主创新与战略规划，提前布局5G、人工智能、芯片等关键领域的技术标准、安全能力与监管体系，重点围绕高端制造、电力、通信、水务、轨道交通、能源等关键基础设施领域，推动相关企业和机构围绕技术需求和业务场景制定国家级乃至国际标准，主导规则制定话语权。

（三）推进多元主体协同的网络综合治理模式

党的十九大报告指出，"加强互联网内容建设，建立网络综合治理体系，营造清朗的网络空间"。习近平总书记在全国网络安全和信息化工作会议上强调，要提高网络综合治理能力，形成党委领导、政府管理、企业履责、社会监督、网民自律等多主体参与，经济、法律、技术等多种手段相结合的综合治网格局。从参与主体看，党委领导是网络治理沿着正确方向前进的保障，政府管理是主导依法治网进程的基本要求，互联网企业履行平台责任是关键的环节，社会监督和网民自律是重要基础。从治理手段看，网络治理需要运用经济、法律、技术等多种手段，综合施策。

（四）以人才建设驱动网络安全产业蓬勃发展

人才是网络安全产业发展的关键驱动力。当前我国网络空间安全人才数量缺口高达70万，预计到2020年将超过140万，网络安全人才建设已迫在眉睫。一是面向全球加大对高精尖国际性人才的引进力度，激励复合型人才兼业创业；二是充分发挥高校、科研机构和网络安全企业的作用，通过产学研合作等形式培育大量的网络安全人才；三是组织国内外有影响力的网络安全技能大赛、攻防演习、黑客大赛、企业悬赏计划等，挖掘顶尖技能型网络安全人才；四是针对网络安全领域人才的独特性，依托测评中心、网络安全行业协会等社会机构，建立新型网络安全人才认证体系；五是加大政策扶持和资金投入，鼓励建设网络安全创新创业高地，完善人才保障机制。

（五）面向"一带一路"等提供网络安全公共产品

在联合国政府专家组（UNGGE）等治理进程几乎停滞的背景下，美国、俄罗斯等主要国家正在寻求建立全球政策框架。然而，由于意识形态、地缘政治等因素，相关合作机制呈现大国主导、阵营对立等特点，难以达成有效共识。对此，我国在重视大国合作与博弈的同时，还需要积极推进网络空间命运共同体理念，建立双边和多边机制；加快寻求金砖国家、上海合作组织以及"一带一路"沿线国家的网络安全协同；在打击网络犯罪、安全事件预警、威胁信息共享和数字经济建设等方面加强网络空间安全合作；积极发挥华为、360 等网络安全企业的作用，在资金、技术、人才、能力建设等方面，主动提供网络空间安全的公共产品。

风险态势篇

Risk and Situation

B.2
2018年全球网络空间安全
态势盘点与展望

李 欣　万欣欣　凌 翔*

摘　要： 2018 年，全球数字化、网络化、移动化融合发展持续推进，信息社会活动参与度和影响力不断攀升，以人工智能、量子计算等为代表的信息技术革新进一步扩展了网络空间领域。与此同时，全球制网权博弈继续升温，网络空间安全和信息化发展成为各国关注的重点，相关战略立法陆续出台；局部网络冲突不断，黑客入侵、恶意勒索、数据泄露事件等网络威胁仍呈持续高发态势；网络舆论战、网络间谍活动频发，"主动防御""网络威慑"等概念逐步建立；个人隐私保护、社交媒体监管

* 李欣，国家互联网应急中心高级工程师，主要研究方向为网络信息安全态势与政策研究；万欣欣，国家互联网应急中心工程师，主要研究方向为网络信息安全态势与政策研究；凌翔，国家互联网应急中心上海分中心人员，主要研究方向为网络信息安全态势与政策研究。

和打击假新闻成为全球焦点问题。本文通过对 2018 年网络空间重大事件和各国举措的观察，勾勒出全球网络空间安全的演进趋势与治理走向，并对未来发展态势进行展望。

关键词： 网络空间安全　信息化　国际治理

一　网络空间战略布局加速

2018 年，无论是网络大国、强国，还是后发优势国家，都将网络空间安全视为维护国家主权、安全与发展利益的重要战略支柱，在宏观规划、法规政策、机构设置、国际交流与合作等方面采取推进措施，加紧构建全面、完备的网络空间国家战略体系。

（一）国家战略方面

9 月，美国总统特朗普签署了 15 年来首份全面阐述的《国家网络战略》，[①] 提出了"加强本土网络安全""促进美国繁荣""通过实力维护和平""提升国家影响力"等保护美国免受网络威胁的新举措。11 月，欧盟更新《网络防御政策框架》，[②] 强调发展网络防御能力的重要性，并将训练与演习、研究与技术、军民合作、国际合作等确定为保护欧盟共同安全的优先事项。在欧洲一体化进程持续推进的背景下，卢森堡、立陶宛分别批准实施新修订的国家网络安全战略，确定了未来网络安全政策的主要方向，在成员国层面充分反映欧盟网络安全计划的一系列目标。在国际电信联盟的支持下，阿塞拜疆、突尼斯、不丹等也纷纷启动国家网络安全战略

---

① White House，"National Cyber Strategy of the United States of America"，https：//www. whitehouse. gov/wp - content/uploads/2018/09/National - Cyber - Strategy. pdf，September 2018.

② Council of the European Union，"EU Cyber Defence Policy Framework（2018 Update）"，https：//www. consilium. europa. eu/media/37024/st14413 - en18. pdf，November 2018.

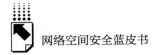

起草工作，制定有助于加强网络安全的必要措施，为应对网络威胁做相应准备。

（二）立法方面

通过法律，各国基本明确了国家网络安全体系的架构、各实体组织的职责与任务，以及需要采取主动的重点领域等。2月，新加坡国会通过《网络安全法》，[①] 授权网络安全局（CSA）管理和应对网络威胁，并加强对关键基础设施的保护。8月，波兰总统签署该国《网络安全法》，[②] 规定国家网络安全体系由中央和地方政府以及能源、交通、金融、卫生、供水和数字基础设施等关键行业运营商组成。11月，美国公布了《网络安全和基础设施安全机构法》，[③] 批准在国土安全部下成立网络安全和基础设施安全局（CISA），授权其负责联邦网络安全、基础设施防护、紧急通信等方面的监督协调。与此同时，网络空间后发国家也加快完善立法，乌克兰、肯尼亚、埃及、阿联酋、加纳、保加利亚、南非等分别出台了网络安全领域的综合性法律，加大对盗窃或干扰网络数据、发布伪造或误导性信息、实施网络攻击和犯罪活动的追查打击力度。

（三）机构方面

4月，印度成立了隶属于印度计算机应急响应小组（CERT-In）的国家网络协调中心（NCCC），通过强化网络安全态势感知能力，为实体组织主动预防及有效应对潜在的网络威胁提供及时的信息共享。5月，菲律宾启动国家网络安全平台联络点，负责处理涉及公共和政府网络的安全问题，并加强对公用事业、

① Parliament of Singapore, "Cybersecurity Act 2018", https：//www. parliament. gov. sg/docs/default－source/default－document－library/cybersecurity－bill－2－2018. pdf, February 2018.

② Telecompapaer, "Polish President Signs Cyber-Security Act", https：//www. telecompaper. com/news/polish－president－signs－cyber－security－act－－1255864, August 2018.

③ Congress of the United States of America, "Cybersecurity and Infrastructure Security Agency Act of 2018", https：//www. congress. gov/bill/115th－congress/house－bill/3359/text, November 2018.

运输、医疗等行业关键基础设施的保护。8月，德国宣布组建网络安全创新局（AIC），设置高达2亿欧元的预算资金，进一步提升该国在网络安全领域的进攻和防御能力。9月，美国成立新的网络空间委员会，以促进相关方就保护国家免受网络攻击的战略方针达成共识。11月，意大利国防部门网络机构进行重组，以实现国防体系统一指令的下达以及采购程序和资源分配的优化。此外，美国、欧盟各国、英国、澳大利亚、新加坡、日本、马来西亚、缅甸、巴基斯坦、塞内加尔等还建立了专注于网络风险防御和应急响应、通信技术供应链安全、关键基础设施防护、数据使用伦理、社交媒体监管、在线儿童保护等方向的跨部门工作小组和国家级研究中心，以期在专门领域发挥主导作用。

（四）国际合作方面

5月，欧盟计算机应急响应小组（CERT-EU）、欧洲防务局（EDA）、欧洲网络和信息安全局（ENISA）和欧洲刑警组织签署《建立网络合作框架的谅解备忘录》，[1] 加强网络演习、教育培训、情报交流、战略性事务和技术领域的合作，利用现有资源增强互补能力，提高各组织之间的协同水平。7月，国际电联（ITU）和全球网络联盟（GCA）签署一项联合声明，探索开发帮助 ITU 成员提高其网络威胁应对水平的机制、工具和服务，合作推动建立一个更可靠、更具安全感的信息社会。10月，乌拉圭和20个欧洲委员会成员国签署一项条约，作为欧洲委员会《关于自动处理个人数据的保护公约》（也称"第108号公约"）的修订议定书，[2] 该条约旨在推动国际层面个人数据保护规则的建立。11月，法国总统马克龙在巴黎和平论坛上公布《巴黎网络空间信任与安全倡议》，[3] 推动各方在限制攻击性和防御性网

---

① Europol, "Four EU Cybersecurity Organisations Enhance Cooperation", https：//www. europol. europa. eu/newsroom/news/four – eu – cybersecurity – organisations – enhance – cooperation, May 2018.

② Council of the European Union, "Council of Europe Treaty Bolstering Data Protection Opened for Signature", https：//www. coe. int/en/web/portal/ – /council – of – europe – treaty – bolstering – data – protection – opened – for – signature, October 2018.

③ Emmanuel Macron, "Paris Call for Trust and Security in Cyberspace", https：//www. diplomatie. gouv. fr/IMG/pdf/paris_ call_ cyber_ cle443433 – 1. pdf, November 2018.

络武器使用原则上达成共识，截至 12 月已有 450 多个国家和组织签署文件。在地区和区域层面，美国、欧盟各国、英国、加拿大、澳大利亚、新西兰、中国、俄罗斯、印度、新加坡、日本、韩国、越南、菲律宾、阿富汗、阿联酋、沙特阿拉伯、以色列、智利、津巴布韦等积极推进机制建设，签署了多项双边和多边网络安全合作协议。

二 网络攻击威胁持续加剧

（一）波及全球范围的攻击数量明显增多

2018 年，借助安全漏洞、木马病毒、恶意软件等实施的网络攻击频度、强度仍保持在高位，对全球计算机设备、系统及用户造成了极大危害。3 月，思科交换机客户端中的远程执行代码漏洞"CVE – 2018 – 0171"曝光，黑客伺机控制了全球超过 20 万台的网络交换设备。5 月，尼日利亚攻击组织"SWEED"被曝长期利用钓鱼邮件传播窃密木马病毒，两年内成功入侵了美国、俄罗斯、中国、印度、巴基斯坦、沙特、韩国、伊朗等 50 多个国家的目标主机。9 月，黑客利用代码漏洞获取了近 5000 万个脸谱网账号，超过 9000 万网络用户受到影响。11 月，世界经济论坛（WEF）发布了《区域营商环境风险报告》，[①] 指出网络攻击已成为欧洲、东亚及太平洋、北美地区的头号安全威胁，对高度连通的全球数字经济影响增大。

（二）关键基础设施成为被攻击的重灾区

重点行业关键基础设施已成为网络攻击的首选目标，一旦成功实施，可在短时间内对一国经济社会运行造成较大冲击。1 月，美国印第安纳州一家医院的计算机感染了"SamSam"勒索病毒，医疗记录和电子邮件全部被加

---

① World Economic Forum, "Regional Risks for Doing Business", http：//www3. weforum. org/docs/ WEF_ Regional_ Risks_ Doing_ Business_ report_ 2018. pdf, November 2018.

密，为恢复文件医院支付了价值 5.5 万美元的比特币赎金。2 月，"SamSam"勒索病毒再次被黑客组织利用，攻击并控制了美国科罗拉多州交通部门的 2000 多台设备。3 月，黑客组织侵入印度电力公司 UHBVN 计费系统，成功获取并删除系统中的客户账单数据，同时要挟 1000 万卢比或等值比特币作为赎金。5 月，丹麦铁路运营商 DSB 遭遇大规模分布式拒绝服务攻击，约 1.5 万名旅客无法通过该公司应用程序、售票机、网站和商店购买火车票。8 月，卡巴斯基实验室公布研究结果，发现一系列针对俄罗斯工业生产部门的网络钓鱼邮件，波及范围包括制造业、石油和天然气、冶金、工程、能源、建筑、采矿以及物流等领域，约 400 家俄罗斯公司遭受攻击。10月，法国北部瓦兹省加油站计算机系统被发现遭入侵，黑客通过技术手段遥控加油站，操纵油价并盗取大量汽车燃料。

（三）个人用户遭敏感信息泄露影响更大

1 月，卡巴斯基实验室发布报告，称安卓恶意软件"Skygofree"可绕过安卓系统安全机制，从设备的存储芯片中获取通话记录、文字短信、位置信息、商业信息、日程活动等，并能获取拍照和录像权限；挪威医疗卫生机构"Health South-East RHF"计算机系统遭入侵，约占该国总人口 56% 的 290万名居民医疗信息被泄露。3 月，脸谱网被曝 5000 万用户数据被剑桥分析公司恶意窃取并利用，用于影响选民在美国大选、英国"脱欧"等重大事件中的投票倾向。5 月，网络安全公司"火眼"在地下黑客论坛发现一组被出售的数据集，涉及大量网络用户的敏感资料，其中包括超过 2 亿日本网民的个人身份信息。6 月，一家专门协助企业发掘潜在客户的公司"Exactis"，因技术故障未对数据库设置防火墙，导致 3.4 亿个人敏感信息暴露在网上，可被任何人随意访问。9 月，继"剑桥分析"事件后，脸谱网遭黑客攻击，再度发生影响 5000 万用户的大规模数据泄露事件，因违反欧盟《一般数据保护条例》（GDPR）① 规定，或面临 16.3 亿美元的罚款。

---

① European Union，General Data Protection Regulation，https：//eugdpr. org，May 2018.

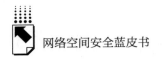

（四）疑似政府支持的攻击事件披露较多

2018年，多起网络攻击事件背后伴有明显的现实政治对抗色彩，包括影响选举进程、窃取政府机密、危害社会安全等。6月，网络安全公司赛门铁克指出，黑客组织"特里普"针对美国和东南亚国家的卫星通信、电信、遥感成像服务和军事系统发起高级持续性威胁（APT）攻击。8月，黑客企图入侵美国民主党全国委员会庞大的选民数据库，创建虚假的登录页面收集用户名和密码，以篡改选民投票数据影响选举结果。11月，网络安全公司"Palo Alto Networks"声称，源自俄罗斯军情机构格鲁乌的黑客将矛头对准美国和欧洲政府机关，开发恶意软件"Cannon"，可用于潜入、截取并回传受感染计算机的主页图片；美国司法部指控两名伊朗人涉嫌散布"SamSam"勒索病毒，并自2015年以来利用该软件对超过200个对象实施了攻击，多家医院、学校、企业及政府机构的电脑档案被窃取加密，黑客或获得至少600万美元的巨额利益。

（五）恶意"挖矿"窃取加密货币呈高发态势

随着区块链技术普及和加密货币平台应用，借助恶意软件"挖矿"窃取加密货币势头加速上升。2月，一帮助失明和视力不佳者访问网络的网站插件"Browsealoud"被攻击者篡改并植入"挖矿"软件"Coinhive"，导致美国、英国、澳大利亚等国的4275个政府及其他网站被劫持。3月，网络安全研究人员发现名为"ComboJack"的恶意软件，该恶意软件可监测用户复制到Windows系统剪贴板的加密货币地址，通过恶意代码将剪贴板中的地址替换为攻击者的账户地址，达到窃取加密货币的目的。8月，巴西超过20万台路由器遭遇恶意软件"挖矿"攻击，攻击者针对"MikroTik"路由器漏洞，利用"挖矿"恶意代码"Coinhive"对目标设备进行"零日攻击"，该漏洞允许恶意代码在受感染设备访问的每个页面上运行，每天或有数百万个网站被植入"挖矿"恶意代码。9月，"挖矿"恶意软件"Crypto-Jacking"在印度蔓延，多地政府网站遭到该恶意软件攻击。

三　网络军备竞争暗中角力

（一）加快构建网络战指挥作战体系

3月，斯里兰卡国防部启用网络统一行动中心，整合海、陆、空三军所有的网络行动小组。5月，美国网络司令部正式升级为第十个联合作战司令部，与太平洋司令部、欧洲司令部同级，任务执行时直接向国防部部长报告。6月，德国建立联邦国防军网络与信息空间司令部，全面加强对网络攻击的防御指挥。7月，捷克军方启动网络部队司令部和空降团组建计划。10月，北约建立新的军事指挥中心——"网络指挥部"，以全面及时掌握军事情报、黑客动向等，有效应对各类网络威胁；印度内阁安全委员会批准成立新的国防网络局；尼日利亚宣布组建陆军网络战司令部。与此同时，美国、英国等还通过将信息技术（IT）人员整合到网络作战单元、征募退伍士兵服役网络部队、调整薪资和军衔评定标准、适当放宽签证名额与条件等方式吸纳人才，进一步巩固、强化网络战队伍力量。

（二）全面提升网络战攻防对抗能力

2月，澳大利亚网络安全公司"Penten"获国防工业部注资130万澳元，为陆军研发下一代无线安全连接设备。5月，美国网络司令部宣称其下属的40支海军、39支空军以及大部分陆军网络任务部队，经过训练已具备全面作战能力。8月，美国国防部公布"网络航母"系统采购计划，该系统是一种携带式网络攻防武器的标准化平台，作战人员凭此可执行指挥控制、攻防作战、情报获取、侦察监视等各项军事任务。10月，英国军方宣布未来两年投入10亿英镑，用于大幅提升网络战能力和核武器水平。针对所谓来自俄罗斯的"包括干预选举在内的网络威胁"，美国网络司令部成立了一个特别工作组，英国国防部组建了规模约2000人的网络进攻部队，爱沙尼亚建立了一支300人的网络指挥部队，进一步提升网络防御和作战反击能力。

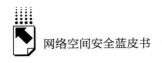

（三）推动完善网络战协同联动机制

2月，美国与韩国联合开发网络靶场环境并训练军队，评估完善发起进攻性网络行动的作战程序，以应对来自朝鲜的潜在威胁。9月，"五眼联盟"（美国、英国、澳大利亚、加拿大和新西兰）国家签署情报共享协议，加强对恶意网络活动的全天候监测，并在发生网络攻击或外国干涉事件时及时协调解决；澳大利亚公共服务部联合多个联邦政府部门和大型私营机构开展应急演练，通过一系列现实场景，推演应对网络战和网络攻击的公私合作模式。11月，28个北约成员国在爱沙尼亚举行网络防御演习，测试盟国之间的网络空间态势感知和决策程序，强化联盟在网络领域开展军事行动的合作与协同能力；日本与东盟十国建立网络攻击情报共享机制，通过专门的信息网站，共享网络攻击情报及相关应对措施。

四　个人隐私保护逐步升级

（一）积极推动数据保护立法

欧盟《一般数据保护条例》（GDPR）于2018年5月25日在欧盟全体成员国正式生效，各成员国积极落实GDPR相关要求：荷兰《一般数据保护条例执行法案》[①] 于5月25日生效，对执行GDPR做出相关规定，如设立荷兰数据保护局并作为国家数据监管机构，该机构有权执行行政罚款措施；西班牙新版《个人数据保护法》指令[②]于7月31日生效，引入新规则来保障GDPR在西班牙国内的落地。比利时、塞尔维亚等国纷纷出台相关法律法规，以推动现行法律与GDPR的融合与匹配，避免欧盟法规与国内法律

---

① Parliament of Dutch，"General Data Protection Regulation Implementation Act"，https：//www. akd. nl/o/Documents/UAVG%20ENG%20DEF. pdf，May 2018.

② Out-Law，"Spain Implements 'Urgent and Transitional Measures' on GDPR"，https：//www. out-law. com/en/articles/2018/august/gdpr-spain-implements-urgent-measures，August 2018.

之间的冲突。此外，由于 GDPR 相关规定对存储、处理、交换任何欧盟个人数据的欧盟域外企业亦有约束权力，部分域外国家也根据 GDPR 相关条文对本国法律进行修改、完善。5 月，泰国内阁审议《个人数据保护法（草案）》，① 并将提交泰国国会；8 月，时任巴西总统特梅尔签署《个人数据保护法》；② 9 月，阿根廷行政部门向国会提交《数据保护法案（草案）》；③ 10 月，印度监管机构电子和信息技术部加强同欧盟电子通信监管部的密切沟通，完善数据保护立法相关工作，厘清个人敏感信息边界，推动个人敏感信息存储本地化。11 月，澳大利亚议会通过《2018 年"我的健康记录"修正案（加强隐私法案）》，④ 允许用户可在任何时候永久删除他们的健康记录，系统运营商数字卫生署不会保留任何存档或备份，删除的信息将无法恢复。

（二）强调社交平台责任，惩处违规行为

各国在加强立法和监管的基础上，不断加大对大型社交媒体平台的监管力度，针对违规行为进行罚款等相应处罚。2 月，比利时布鲁塞尔一审法院判定，美国脸谱网公司在比利时网民不知情的情况下搜集和保存其上网信息的行为违反了比利时隐私法，要求脸谱网立即停止跟踪比利时网民浏览网页的行为，并销毁此前以非法方式搜集和储存的数据，否则将对其处以每日 25 万欧元、累计总额可达 1 亿欧元的罚款。3 月，"剑桥分析"事件曝光后，美国、欧盟各国、英国、加拿大、澳大利亚、韩国、以色列、印度等纷纷就脸谱网涉及隐私保护问题进行调查。4 月，因美国微软公司未经用户明

① Cabinet of Thailand, "Personal Data Protection Act", https：//silklegal. com/thailands - personal - data - protection - act - approved - as - law, May 2018.
② Michel Temer, "Sobre a Proteção de Dados Pessoais", http：//www. planalto. gov. br/ccivil_ 03/ _ Ato2015 - 2018/2018/Lei/L13709. htm, August 2018.
③ Cabinet of the Argentine Republic, " Protección de los Datos Personales ", http：// servicios. infoleg. gob. ar/infolegInternet/anexos/60000 - 64999/64790/texact. htm, September 2018.
④ Australian Government, "My Health Record", https：//www. myhealthrecord. gov. au, November 2018.

确同意收集用户数据，巴西联邦检察机构要求法院强制微软公司更改其Windows 10系统的默认安装流程，微软因此面临1000万巴西雷亚尔（约合人民币1788万元）以及每天额外增加10万巴西雷亚尔（约合人民币17.88万元）的处罚。10月，因推特网拒绝向用户提供信息以帮助用户了解在点击推特消息中的链接时用户隐私被追踪的过程，爱尔兰隐私保护监管机构展开对推特网的调查。

（三）限制政府权力，避免违规性数据审查保留

在推动个人数据保护、监管企业的基础上，各国也积极推动对政府权力的有效界定和规范。1月，欧盟最高司法机构欧洲法院做出判决，否决英国《数据保留和调查权力法》，[①] 裁定大规模保留数据是非法行为，指出即使出于安全考量也不能过多侵犯公民隐私权。欧洲法院表示，政府可以要求进行有针对性的数据保留，但必须提供严格的保护措施，例如为避免违法访问风险，数据保留范围应当限制为某个特定地区，且数据必须存储在欧盟境内。5月，美国众议院提出《安全数据法案》，[②] 拟禁止美国政府迫使科技公司、开发人员在商业软件和硬件产品中强制开放"后门"、实施监控。7月，法国国民议会通过修正案，将"打击（对个人数据的）延伸或不合理使用"条款列入宪法修正案。11月，俄罗斯通信部门公布了旨在阻止国家机构泄露个人信息的立法草案。该法案将禁止未经授权人士发布从官方渠道获取的个人数据，任何违反这一规定的人士都将被处以罚款。该法案要求州立机构在建立个人数据处理系统时，需要与俄罗斯联邦安全局进行协商。

---

① The Guardian, " UK Mass Digital Surveillance Regime Ruled Unlawful ", https：//www.theguardian. com/uk – news/2018/jan/30/uk – mass – digital – surveillance – regime – ruled – unlawful – appeal – ruling – snoopers – charter, January 2018.

② United States House of Representatives, "Secure Data Act of 2018", https：//www. congress. gov/bill/115th – congress/house – bill/5823, May 2018.

五　互联网信息管控持续加强

2018 年，各国持续强化对网络谣言、假新闻、网络色情、网络恐怖主义和极端主义、网络勒索等互联网有害信息的管控力度，从完善立法体系、建立监管机制、推动技术甄别和打击等多方面入手，在互联网有害信息治理方面取得了显著成效。

（一）推动立法体系建设

3 月，德国司法部发布《社交媒体管理法》指导方针，[①] 要求互联网运营商和社交媒体平台对违法内容进行调查和删除，如有违反将处以高额罚款。4 月，俄罗斯推出《互联网诽谤法案》，[②] 允许政府封锁发布诽谤公众人物信息的网站，并对违反者处以罚款；马来西亚通过《反假新闻法》，[③] 对在社交媒体或数字出版物上传播虚假新闻的公民处以最高 50 万林吉特（约合人民币 83 万元）的罚款和最高 6 年的监禁；美国总统特朗普签署《打击网络性贩卖法案》，[④] 使美国联邦和州检察官更容易针对某些网站从事卖淫和其他与性有关的犯罪进行指控，为执法部门有效打击性交易提供法律

---

① German Department of Justice, "Netzwerkdurchsetzungsgesetz（NetzDG）", https：//datenschutz – eprivacy. de/en/kontakt/datenschutzerklaerung/netzdg, March 2018.

② The Moscow Times, "Putin Signs Internet Libel Bill into Law", https：//www. themoscowtimes. com/ 2018/04/24/putin – signs – internet – libel – bill – into – law – a61257, April 2018.

③ The Verge, "Malaysia Just Made Fake News Illegal and Punishable by Up to Six Years in Jail", https：//www. theverge. com/2018/4/2/17189542/fake – news – malaysia – illegal – punishable – jail, April 2018.

④ White House, "By Signing the Allow States and Victims to Fight Online Sex Trafficking Act", President Donald J. Trump Provides Invaluable Tools Needed to Fight the Scourge of Sex Trafficking, https：//www. whitehouse. gov/briefings – statements/signing – allow – states – victims – fight – online – sex – trafficking – act – president – donald – j – trump – provides – invaluable – tools – needed – fight – scourge – sex – trafficking, April 2018.

支撑。8月，阿联酋发布《网络犯罪法（修正案）》，[1] 埃及总统塞西9月签署《监控社交媒体法》[2] 等，都授权政府监督该国社交媒体用户的权力，加强对网络违法内容的治理。

（二）强化监管体系建设

1月，印度尼西亚成立国家网络安全局，并在数月内招募网络安全监管人员数百人，旨在应对日益增长的网络谣言和网络欺诈行为，为2018年印尼地方选举保驾护航。3月，世界二十大经济体的财政部部长和中央银行行长在阿根廷举行会议，建议国际标准制定机构加强对加密货币的有效监测，警惕加密货币在洗钱和恐怖融资、消费者权益损害、破坏全球金融体系信用等方面对金融稳定构成潜在威胁。6月，欧盟发布第五次反洗钱指令，授权主管部门监控虚拟货币使用。7月，美国总统特朗普签署行政命令，成立市场诚信与消费者欺诈特别工作组，旨在进一步调查网络欺诈和数字货币欺诈问题。同月，马耳他议会通过《数字创新管理局法案》《创新技术安排和服务法案》《虚拟金融资产法案》[3] 等三项法案，将区块链技术监管纳入法律框架。11月，俄罗斯外交部部长拉夫罗夫和西班牙外交大臣博雷利表示，两国同意成立一个联合网络安全组织，以防止虚假信息传播破坏双边关系。

（三）开展专项治理行动

除立法规范外，部分国家还开展了青少年、儿童网络健康专项治理行动，形成有效威慑。5月，巴西开展大规模打击儿童色情网络犯罪专项治理行动，这是巴西有史以来最大的反儿童色情行动，巴西24个州共部署2500

---

[1] Mondaq, "Cybercrime New Amendment Law in the United Arab Emirates", http：//www. mondaq. com/x/729396/Crime/Cybercrime + New + Amendment + Law + In + The + UAE, August 2018.

[2] Miami Herald, "Egypt's President Ratifies Law to Monitor Social Media," https：//www. miamiherald. com/news/business/article217713320. html, September 2018.

[3] Cointelegraph, "Malta Passes Blockchain Bills into Law, 'Confirming Malta as the Blockchain Island'", https：//cointelegraph. com/news/malta – passes – blockchain – bills – into – law – confirming – malta – as – the – blockchain – island, July 2018.

余名警力，最终抓获 251 名犯罪嫌疑人，查封超过 100 万份电脑文件，并查获数百台计算机和移动设备。9 月，西班牙国家警察、美国国土安全调查局和危地马拉警方开展联合行动，成功阻止儿童受害者因网络有害信息而产生的自杀念头和行为。警方逮捕 2 名犯罪嫌疑人，这两名犯罪嫌疑人涉嫌对数十名儿童进行网络追踪和性骚扰。

（四）推动企业自查自纠

美国等西方国家还进一步强化政府和互联网企业的合作，通过敦促企业开展自查自纠、不断革新技术等加强有害信息治理。在脸谱网方面，该公司于 7 月推行新政策，用户创建或分享可被用于煽动、激化暴力或导致人身伤害的信息都将被有效删除；8 月，该公司就疑似干涉美国中期选举行为与美国联邦调查局开展密切合作，称已发现首个旨在影响美国中期选举的联合造谣行动，从脸谱网和 Instagram 平台上删除了 32 个页面和相关账号；9 月，该公司表示在三个月内借助自行开发的自动标注识别图片工具，累计删除了 870 万张儿童色情图片。推特网方面，该公司于 7 月表示，为有效打击虚假信息、加强平台管理力度，在过去两个月暂停超过 7000 万个账号，平均每天注销 100 万个账号。此外，谷歌公司在 9 月发布免费人工智能工具"内容安全应用程序编程接口"，该工具比其他技术能够帮助审查人员有效识别出多 700% 的儿童性侵犯内容。

六　信息化技术发展提速

2018 年，美欧等西方国家进一步加快量子、5G、人工智能等新技术的战略布局，积极抢占发展先机。

（一）量子技术方面

美国众议院 9 月通过《国家量子计划》法案，[①] 旨在确保美国"在被量

[①] United States House of Representatives, "National Quantum Initiative Act", https：//www. congress. gov/bill/115th - congress/house - bill/6227/text, September 2018.

子技术重新定义的下一代科技领域中保持全球领先地位"。随后，美国白宫发布《量子信息科学国家战略概述》，①从六个方面为美国量子领域发展提供政策建议，包括采取科学优先战略、培育量子科学未来人才、深化与量子产业的合作、建设关键基础设施、维护国家安全与经济增长、加强国际合作等。此外，美国还将联合"五眼联盟"推动量子技术相关研究。美国芝加哥科学家10月启动第一个量子互联网项目的研究，设计了一个相隔30英里、安全性更高、有量子计算能力的通信系统，为建设更大的量子网络铺平道路。欧盟委员会决定在未来十年内投入10亿欧元用于量子领域研究，推动欧洲完成"第二次量子革命"。英国政府表示将投入2.35亿英镑用于建立英国量子计算中心，实现与业界、大学的密切合作。此外，英国政府表示拨款2000万英镑支持将量子技术应用于通信、测绘领域的四个研究项目。意大利一研究团队于11月开发出了首套能够运转的量子神经网络。

（二）5G通信方面

美国总统特朗普3月签署一项5G法案——《雷·鲍姆法案》（*Ray Baum Act*）②，为无线频谱拍卖扫清了障碍，并授权美国联邦通信委员会拍卖5G频谱，在美国部署5G网络。此后，美国电信运营商"T-Mobile"和"Sprint"6月向美国联邦通信委员会提交公共利益声明，表明将联合投资400亿美元部署全国性5G网络。法国7月发布5G发展路线图，计划自2020年起分配首批5G频段，并至少在一个大城市内提供5G商用服务；2025年前将实现5G网络对法国各主要交通干道的覆盖。英国政府公布投入2500万英镑进行5G试验和测试项目，为在英国推出5G技术铺平道路。10月，英国移动网络运营商EE在伦敦蒙哥马利广场启动首个5G移动网络实

---

① White House, "National Strategic Overview for Quantum Information Science", https://www.whitehouse.gov/wp-content/uploads/2018/09/National-Strategic-Overview-for-Quantum-Information-Science.pdf, September 2018.

② United States House of Representatives, "Ray Baum's Act of 2018", https://www.congress.gov/bill/115th-congress/house-bill/4986, March 2018.

时测试站点，以测试频谱、设备性能、速度和覆盖范围，从而在未来实现全面商业部署。瑞典、挪威、丹麦、芬兰和冰岛五国政府首脑 6 月联合发布 5G 合作宣言，确定在信息通信领域加强合作，推动北欧五国成为世界上第一个 5G 互联地区。此外，日本政府 8 月启动 5G 标准研究，德国、澳大利亚等国 11 月启动频谱划拨和拍卖。

（三）人工智能方面

多国加紧在人工智能领域制定相关战略、法案、白皮书、宣言等，加速推动盟国内部的人工智能战略部署协调和技术发展。3 月底，法国政府公布了《人类的人工智能》[①] 国家发展战略。北欧和波罗的海各国 6 月签署协议，表示将采取措施加强在人工智能领域的合作，进一步提升北欧在关键领域的国际领先地位。欧洲 25 个国家 7 月签署《人工智能合作宣言》，[②] 希望通过加强协调，确保欧洲人工智能研发的竞争力，共同面对人工智能在社会、经济、伦理及法律等方面的机遇和挑战。美国国防高级研究计划局推出人工智能探索计划，旨在加快人工智能平台研究和开发工作，以维持其在人工智能领域的技术优势；美国众议院监督与政府改革委员会信息技术小组委员会 9 月发表新的人工智能白皮书，敦促联邦政府加大对人工智能技术的投入。随后，美国国防部表示未来五年将花费超过 20 亿美元推动人工智能技术发展。德国通过了《联邦政府人工智能战略要点》，[③] 并计划在人工智能领域投资 30 亿欧元。韩国通过了《人工智能研发战略》。[④] 此外，欧盟表示

---

① French Strategy for Artificial Intelligence, "AI for Humanity", https：//www. aiforhumanity. fr/en，March 2018.

② 25 EU Member States，"Declaration of Cooperation on Artificial Intelligence"，https：//ec. europa. eu/digital－single－market/en/news/eu－member－states－sign－cooperate－artificial－intelligence，April 2018.

③ Germany Federal Ministry for Economic Affairs and Energy，"The Federal Government's Artificial Intelligence Strategy"，https：//www. de. digital/DIGITAL/Redaktion/EN/Standardartikel/artificial－intelligence－strategy. html，July 2018.

④ Korea Joongang Daily，"Government to Spend 2. 2 Trillion Won on National AI Program"，http：//koreajoongangdaily. joins. com/news/article/article. aspx？aid＝3048152，May 2018.

在 2020 年前将投资额度提升至 15 亿欧元，英国宣布增加 5000 万英镑以吸引和留住世界顶尖人工智能人才。日本防卫省决定从 2021 年起，在自卫队网络防御部队信息通信网络的控制系统中引入人工智能。印度国防部成立由 17 人组成的人工智能工作组，旨在为印度军方制订人工智能路线图。

（四）计算能力发展方面

多国积极开展超级计算机等相关研究。美国能源部表示，与 IBM 联手打造新的超级计算机"Summit"，其运算速度可达 200PFlops，将重夺世界第一；印度政府持续推进国际超级计算机任务，8 月宣布投建 1.3PFlops 超算；日本富士通公司发布其下一代超级计算机的核心部件"A64FX"处理器，该处理器浮点运算速度至少可达 2.7TFlops。据悉，受日本政府支持，富士通公司正与日本化学研究所联合开发日本下一代超算，其性能将是当前日本超算"京"的 100 倍。

七 2019 年展望

一是多国选举临近，考验治理效果。2019 年，欧洲、以色列、加拿大、乌克兰、印度尼西亚、印度、阿根廷、希腊、突尼斯等国将举行选举，美国 2020 年总统选举准备也已提上日程。选举期间可能出现的假新闻、极端主义、恐怖主义和网络攻击，会对网络空间治理提出严峻挑战。二是 5G 竞争激烈，大国博弈加剧。伴随 5G 技术开始真正触及商用、民用领域，各国特别是技术强国对 5G 战略规划以及相关网络、频谱、服务器、终端的部署应用日益重视，势必会在基础设施建设、标准框架拟定、国际合作方式、跨国公司经营等方面出现摩擦甚或是冲突。三是数字经济勃发，风险不容忽视。基于数据资源的数字经济已成为各国经济发展的新动能、新引擎，是促进经济转型升级的必由路径，英国、澳大利亚、越南等都积极布局数字经济领域。数字经济的快速发展也给网络空间治理带来新的挑战，如何有效应对化解发展过程中可能面临的网络安全风险，有必要提前预估准备。四是攻击危害升级，防御难度加大。随着 5G、IPv6 技术的大规模部署与应用，真正万物互联的时代旋即到来，每个网络节点承载的信息价值难以估量。有特殊目的的针对性攻击（如针对关键基础设施等）、基础软硬件安全漏洞、重要敏感数据泄露，组织化、智能化的网络犯罪和间谍活动，都是网络空间生态持续恶化的主推手。五是治理体系多元，探索势在必行。在联合国政府专家组（UNGGE）等治理进程放缓的背景下，以微软等为首的互联网科技企业以及以法国为代表的网络空间新兴力量，都争取在一些重要议题上主动发声和作为。无论是联合国框架下的多边平台，还是多利益攸关方治理模式，抑或中间道路的尝试，各方都将根据实际情况，积极探索网络空间国际治理与合作的局部最优解。

B.3
2018年度国内外网络空间安全动态回顾

张 舒 刘洪梅*

摘 要： 2018年，在经济全球化和全球信息化加速发展的大背景下，网络与信息安全问题日渐突出。国际上欧美等信息化主要大国对信息安全态势分析研究的重视程度持续提升，信息安全形势研判成为大国间开展信息安全攻防对抗、知己知彼的重要战略手段。因此，全面回顾国内外网络空间安全动态，掌握国家面临的网络威胁和整体安全状态，对国家信息安全保障工作具有极为重要的现实意义。

关键词： 网络空间安全 黑客活动 信息安全产业

一 国际网络空间安全动态回顾

2018年，世界各国安全法律构建和技术部署动作不断，我们看到，网络空间的利益争夺和较量更趋激烈，信息安全的形势尤为严峻复杂。

（一）美国等持续加强法律建设，针对多领域全面构筑法律防线

美国等发达国家在网络空间立法方面持续发力，旨在构筑全面、完善的法律防线。1月，美国众议院通过一项立法，旨在加强对美国政府向私营部

---

* 张舒，中国信息安全测评中心副研究员，主要研究方向为信息安全态势与战略研究；刘洪梅，中国信息安全测评中心副研究员，主要研究方向为信息安全态势与战略研究。

门披露网络漏洞的监管方式。这项名为"网络漏洞披露法案"的立法于2017年9月通过美国国土委员会的投票表决，将为特朗普政府计划发布的"漏洞公平裁决程序"年度报告提供法律保障，由行政部门决定是否向受影响的供应商披露所谓的"零日"漏洞。同月，美国众议院通过了《网络外交法案》。该法案将设立一个网络事务办公室，与其他国家就应对网络威胁的合作展开接洽，并促进美国在海外提升网络空间的利益。3月，美国众议院通过了《2018 DHS网络事件响应小组法案》，提出授权由美国国土安全部（DHS）的国家网络安全与通信集成中心（NCCIC）下的"网络狩猎及事件响应小组"帮助保护联邦网络和关键基础设施免于遭受网络攻击。这项法案帮助关键基础设施的所有者和运营者响应网络攻击，并提供缓解网络安全风险的策略。4月，美国众议院军事委员会新兴威胁和能力小组委员会发布2019年《国防授权法案》。根据法案，国防部将对国土安全部实施网络军事力量援助，重点包括强化国土安全部门网络力量，并联合政府机构共同保护关键基础设施，防范网络威胁。国防部和国土安全部（DHS）联合研究并报告对每个州建立网络民用支援团队的可行性，该支援团队将在各州州长的控制下运作，并帮助各州为应对网络攻击以及其他紧急情况做准备。6月，美国众议院国土安全委员会提出立法，旨在将国土安全部下的一个网络中心确立为处理工业控制系统（ICS）数字威胁的牵头机构。目前，国土安全部的国家网络安全与通信集成中心（NCCIC）是处理工业控制系统漏洞的主要机构，可以为私营部门提供持续性的技术支持以协助解决网络安全风险。美国此举的目的是加强本国工业网络基础设施的建设，防止网络攻击造成基础工业体系瘫痪。同月，埃及议会通过了《网络犯罪法草案》。这是埃及第一部规范社交媒体内容发布和网络审查的法律，包括对盗版和黑客在内的犯罪行为进行严厉惩罚的规定。根据该法律，互联网服务提供商应保留用户的个人信息和它们在网上活动的细节，这些信息应当根据安全机构的请求以及法院签发的裁决令而提供给安全机构使用。7月，美国众议院武装力量委员会通过了2019财年《国防授权法案》（NDAA）最终版本。该法案包含了美国的网络战政策。该政策指出美国应当采用一切国家力量工具，包括使用进攻性网络能力，以遏制可能的网络攻击，并在必要时做出回应。该法案如果最终在国会得到通过成为法律，那么将成为美国首个网络战政策。8月，波兰总统安德烈·杜达签署了5月政府通过的网络安全法案。该法案将实施欧盟的《网络与信息安全指令》（NIS），并为波兰的国家网络安全系统创建框架。法案规定除电信运营商外，关键行业如能源、运输、金融、健康、供水和数字基础设施的企业必须确保足够的网络安全水平，而且有义务向计算机安全事件响应小组（CSIRT）报告网络安全事件。同月，埃及总统塞西签署批准《反网络及信息技术犯罪法》，这是埃及首部网络安全法，旨在打击非法使用计算机和信息网络的行为，防止政府及企业法人的数据、信息系统和网络受到任何形式的攻击、渗透、篡改、毁损或破坏。9月，美国众议院通过"2018网络威慑与响应法案"，旨在阻止外国政府对美国关键基础设施发起黑客攻击。法案要求美国总统识别参与国家支持型的黑客攻击，对某些恶意网络活动个人或实体实施一系列的制裁。纵观各国种种举措，多领域立法遍地开花，说明各国已经充分认识到在网络空间这个新兴领域越来越需要完善细致的法律法规来发挥保护与约束作用。

（二）黑客活动渗入多重领域引"负面风波"，各国政府之间相互指责

全球范围内黑客攻击事件数量明显增多，涉及政治、经济、民生等类型的黑客活动呈明显上升趋势。各国之间就此问题相互指责成风。1月，美国网络安全企业McAfee发布报告称，逃离朝鲜的难民、脱北者和记者正受到来自脸谱和应用程序中的移动恶意软件的攻击，实施此项攻击的组织名字是"SunTeam"。该公司表示已经找到了此次活动与朝鲜有关的证据。很明显，它们的目的是"监视朝鲜叛逃者，以及帮助叛逃者的团体和个人"。2月，根据美国情报，俄罗斯军事间谍对2018年韩国冬季奥运会管理人员使用的数百台电脑实施了黑客攻击。两名美国官员称，俄罗斯人在攻击时还试图让其看起来像是朝鲜在入侵。报道称，平昌官员承认，9日举行的冬奥会开幕

式遭到了网络攻击，当晚网络中断，广播系统和奥运会官网均无法正常运作，许多观众无法打印开幕式门票，最终未能正常入场。3 月，卡巴斯基宣布发现名为"Slingshot"的恶意软件活动其实是美国联合特种作战司令部（JSOC）的一个军事项目。卡巴斯基研究人员称，"Slingshot"持续了至少 6 年，它通过路由器传播，感染了阿富汗、伊拉克、肯尼亚、苏丹、索马里、土耳其和也门等多个非洲和中东国家的数千台设备，可以从被感染的设备中获取大量数据。同月，美国国土安全部（DHS）和联邦调查局（FBI）发布了一份警告，指责俄罗斯政府针对美国的关键基础设施进行网络攻击。美方称，由俄罗斯政府网络攻击者发起的多阶段入侵行动，针对小型商业设施发动袭击，在攻击的网络中俄罗斯使用了鱼叉式网络钓鱼和恶意软件，并获准远程接入能源部门网络。美国政府表示，有充分的证据证明，这几个黑客组织的幕后支持者就是克里姆林宫。据了解，该份警报还提供了俄罗斯政府针对美国政府实体以及能源、核能、商业设施、水务、航空和关键制造业等部门的行动信息。4 月，美国和英国高级官员指责俄罗斯政府在全球范围内对互联网基础设施进行了网络攻击，旨在进行间谍活动和窃取公司机密。官员们表示，俄罗斯黑客对政府组织、私营企业、关键基础设施运营商和互联网服务提供商使用的网络设备进行了长达数月的网络攻击，黑客试图破坏路由器、交换机和防火墙，以破坏全球范围内的机构组织。美国国土安全部、联邦调查局和英国国家网络安全中心的官员对该活动进行了联合调查，4 月 16 日美英官员对俄罗斯的恶意活动发布了史无前例的联合技术警报。同月，美国国土安全局（DHS）公开表示，它们在华盛顿特区发现了电子监控设备的存在。这些被称为国际移动用户识别码（IMSI）捕捉器的设备通过伪装成手机信号塔并截获手机信号的方式来达到监听通话和信息的目的。FBI 的"Stingray 项目"也有一种类似的监控技术，可以通过手机追踪用户的位置数据，并能截获手机通话和信息。DHS 官员 Christopher Krebs 指出，他们还不清楚究竟是谁在使用这些设备。作为国家保护和计划理事会（NPPD）的主席，Krebs 还指出，他们在首都之外的地方也发现了同样的异常行动，但并未提供具体的地点以及数量。"NPPD 认为外国政府对 IMSI 捕捉器的使用将可能会威胁到美国国家和经济安全"。9月，美国司法部公布一份起诉书，指控朝鲜黑客 Park Jin Hyok（朴金赫，音译）参与了 2014 年索尼影业攻击、2016 年孟加拉国央行 8100 万美元劫案、2017 年 WannaCry 勒索病毒等一系列黑客攻击行动。同日，财政部也宣布对这名黑客及其相关联的公司 Chosun Expo 采取经济制裁措施。根据起诉书，朴金赫属于朝鲜 APT 组织 "Lazarus Group" 的一名成员，曾试图对美国其他几家企业发起攻击。2018 年，网络空间暗流涌动，各种黑客势力出于种种目的对他国政府、企业实施网络攻击已渐成常态。

（三）西方普现网络安全焦虑情绪，国际信息科技竞争日趋激烈

西方各国普现网络安全焦虑反应，纷纷在人工智能、量子计算和 5G 技术等领域加大投入，旨在抢占先机。3月，美国总统特朗普签署了一项 1.3 万亿美元的 5G 法案——*Ray Baum Act*，这是一个支持美国发展下一代无线服务的法案。该法案旨在向 FCC 重新授权并在美国部署 5G 网络。4月，五角大楼技术主管迈克·格里芬宣布，美国军方计划组建一个致力于采购和部署人工智能技术的办公室。格里芬表示，到 2025 年，他国可能将在人工智能方面超过美国，因而呼吁在人工智能方面进入快车道。6月，为了加速量子研究，确保美国成为全球量子技术领先者，美国众议院议员拉马·史密斯提出 "国家量子计划" 法案，得到了 SST 委员会的一致通过。法案内容主要包括在白宫科学和技术政策办公室内设立国家量子协调办公室、为国家标准与技术研究院的量子研究和标准制定提供支持、促使投资量子研究的美国高科技公司和量子技术创业者将其知识和资源贡献于国家、消除基础研究方面的差距等。为了保护研究优势不受中国量子计算研究的威胁，美国还将联合 "五眼联盟" 推动量子计算研究。7月，澳大利亚联邦政府与 IBM 公司达成了价值 10 亿澳元（约合人民币 49 亿元）的新的五年协议。这是澳大利亚联邦史上最高金额的 IT 采购合同，IBM 将向澳大利亚各个政府机构提供计算机硬件设备、软件服务以及基于云的解决方案，还包括在量子计算、网络安全和研究方面的联合创新项目。根据联合创新项目的安排，IBM 的本

地研发团队将成立一个总部位于墨尔本的研究团队，专注于区块链、AI 和量子计算在政府中的应用。同月，法国电信监管机构 Arcep 发布最新 5G 路线图。路线图确立了三个目标，包括在多个地区启动若干 5G 试点项目、掌握一批世界领先的 5G 工业应用，2020 年至少在一个主要城市实现分配新的 5G 频率并开展首次商业运营，2025 年 5G 覆盖主要的交通线路。同月，美国国防部高级研究计划局（DARPA）宣布了一个名为"人工智能探索"（AIE）的项目，作为该机构人工智能投资战略的关键部分，其旨在确保美国能维持在该领域的优势地位并且加速技术研发。简化的提案、合同和资助流程使个人和组织更容易为 DARPA 的使命做出贡献。科研人员能够在项目获准之后的 3 个月内展开研究，并有 18 个月的时间来完成他们的研究工作。每个"人工智能探索项目"的资助金额最高可达 100 万美元。同月，白宫发送给联邦各机构领导人的一份备忘录显示，白宫科技政策办公室概述了美国 2020 财年的重点研发领域，希望各机构将资金集中在人工智能、量子计算、5G 宽带和国家安全技术领域，将其作为政府研发的重中之重。此外，备忘录还提到，美国应在研发重点领域的基础上，继续加强对其他新兴技术的研发，包括投资太空探索、先进制造业、清洁能源、医疗保健和农业等。值得注意的是，国家安全再次成为政府的研发重点，白宫呼吁增加对军事、边境技术和网络安全的投资以增强国防力量。9 月，美国众议院通过"国家量子计划法案"（H. R. 6227）。该法案将协调联邦计划加速美国的量子研究和发展，以促进美国的经济发展，并维护国家安全。除此之外，该法案还提出在白宫科技办公室设立国家量子协调办公室，充当利益相关者的中心联络点，促进联邦研究商业化，并支持基础的量子科学研究。上述事实表明，西方各国纷纷在网络空间新兴技术领域抢下先手棋，力争占得技术发展先机，以此夯实维护政治安全、经济发展和社会稳定的重要基础。

（四）各国政府纷纷将数据保护提上议程，加紧制定各项规定

2018 年可以称得上是"数据保护年"，各国政府纷纷出台数据保护相关

规定，推动数据保护工作向更深入、更细致、更广泛的层面发展。2月，澳大利亚的《重要数据泄露应对方案》（NDB）开始实施，由于立法旨在保护个人，每个组织都需要肩负一系列保护数据的责任。NDB方案隶属1988年《澳大利亚隐私法》，在这一方案下，若发生可能造成"严重损害"的数据泄露事件，所有受《澳大利亚隐私法》约束的机构和组织，在意识到事件发生之后，应以最快速度通知在该事件中信息受到影响的个人。同月，爱尔兰政府公布《2018年数据保护法案》。该法案将与欧盟GDPR一道推动爱尔兰数据保护法制的现代化进程，实现欧盟区域内数据保护体制的一致性。3月，《澄清境外合法使用数据法案》（CLOUD Act）正式生效实施。该法案为当前在国家之间共享互联网用户信息的过程或多方司法互助条约提供了一种替代方案。4月，欧盟对外公布了"电子证据"提案，将允许执法机构向在欧洲运营的企业直接调取其存储在欧盟境外的数据。根据提案，在线服务供应商将被要求在10天内回应当局的要求，紧急情况下在6小时内回复。这比现有用于索取数据的欧洲调查令的120天期限要快得多。欧盟的立法不局限于欧盟公民，只要是与欧盟的具体调查相关，执法机构可以调取任何国家公民的个人数据，前提是侦查所涉及的犯罪的最低刑罚为3年监禁。5月，被称为全球"个人信息保护"领域最为严格、管辖范围最宽、处罚最严厉、立法水平最高的法律——欧盟《一般数据保护条例》（GDPR）生效，GDPR扩大了用户数据的保护范围，规定全球任何为欧盟居民提供服务的企业均受该法管辖，设置的罚金数额巨大，明确要求互联网公司必须获得用户同意才可以使用用户数据，用户可要求将所有个人数据删除，并对用户数据共享做出明确限制。该法几乎对科技公司将用户个人数据货币化的所有环节进行了规定和限制，为未来十年的全球个人数据保护打下了根基。7月，巴西国会议员米尔顿·蒙蒂向国会提交了一份隐私保护法草案，提议建立一个保护个人和企业在线数据的法律框架，该框架将禁止任何机构在未经用户同意的情况下，利用用户姓名、电话号码和地址等信息牟取商业利益。此外，该法还将建立一个名为"国家数据保护局"的政府机构，致力于保护个人和企业的在线数据，具体负责对违反法案者进行监督、执法和制裁等。同月，印度"BN Srikrishna"数据保护委员会向电子和信息技术部（MEITY）提交了《2018年个人数据保护法（草案）》。该立法草案列出了数据保护的义务、处理个人和敏感个人数据的依据、数据处理的主要权利、管理印度境外数据传输的规定，并提出建立印度数据保护局。草案将个人数据定义为个人直接或间接可识别的数据，该定义拓展了数据的内涵，但没有提及特定形式的数据属性。草案还限制了跨境的数据传输，规定在印度境内存放所有个人数据的镜像，对违规企业实行从5亿卢比或全球总营业额的2%到15亿卢比或全球总营业额的4%不等的经济处罚。8月，巴西总统米歇尔·特梅尔签署《个人和企业数据保护法案》。该法案将在18个月内实施，旨在保护个人和企业的数据安全，防止在未经相关同意的情况下将个人和企业的姓名、电话号码和地址等信息用于商业目的。该法案适用于在巴西收集和处理数据的任何公共或私人组织，当相关机构收集个人或企业的信息时，应当及时通知用户和企业，并在双方关系结束后或用户未要求删除数据的情况下主动删除相关数据。当发生诸如数据泄露之类的事件时，相关方应当立即通知用户，并对因数据泄露造成的任何损害负责。不遵守该法案的企业将会被罚款，罚款为企业收入的2%，最高可达5000万雷亚尔（1280万美元）。2018年，各国政府纷纷在数据保护方面加强法律规制，使全球数据保护工作迈上了一个新的台阶。

（五）政府、产业、学术间多形式与多领域合作交织并进，纵横联盟之气象势不可当

2018年，国际上多种形式、多个领域加强信息安全合作成为新气象。

1. 政府间多边或双边合作向更广领域、更深程度迈进

4月，英联邦国家发表了一份《英联邦网络声明》。声明称，从现在起到2020年，全体成员国一致承诺将采取网络安全措施，提高共同应对网络威胁的能力。英国政府承诺投入1500万英镑（约合人民币1.33亿元）资金，用于帮助英联邦国家加强网络安全能力建设，这笔资金还将用于打击在全球范围内造成安全威胁的各犯罪集团和敌对国家实体。随

着跨国网络犯罪日益成为世界各国政府面临的一项挑战，英联邦国家在打击网络犯罪和促进良好的网络安全生态方面发挥着主导作用。同月，由北约网络合作防御卓越中心主办的 2018 年"锁盾"演习在爱沙尼亚首都塔林举行。来自 30 个国家的 1000 多名网络专家参与，演习涉及约4000 个虚拟化系统和超过 2500 次网络攻击。除了保护基础设施，防御者还必须解决取证、法律和媒体挑战。这场演习将重点放在保护关键服务和关键基础设施上，为参与者提供机会在最复杂、最激烈的环境中练习解决网络事件。6 月，在加拿大沙勒沃伊举办的 G7 峰会上，七国集团领导人达成"人工智能未来发展的共同愿景"，认识到以人为本的人工智能发展路径有可能会促进新的经济增长点，给社会带来重大福祉，并将帮助人们应对一些最为紧迫的挑战。该愿景概述了七国集团领导人的若干承诺，如促进以人为本的人工智能发展、促进有助于公众信任的人工智能研发投资等。同月，欧盟成员国同意成立"欧盟网络快速反应部队"，欧盟外交事务委员会在卢森堡签署了相关声明。这一举措表明，此前由立陶宛提出的建立欧盟国际网络力量的倡议已被欧盟国家接受。除引领该项目的立陶宛之外，目前还有七个国家参与"欧盟网络快速反应部队"的建立，包括克罗地亚、爱沙尼亚、法国、芬兰、荷兰、罗马尼亚和西班牙。此外还有四个观察员国（比利时、德国、希腊和斯洛文尼亚）预计参与该项目。8 月，美国国务院网络和国际通信部副助理秘书罗布·斯特雷耶向媒体透露，该部门正致力于在网络空间建立一个基于自愿的网络国家联盟框架，该框架旨在加强盟国之间的合作，增强盟国应对恶意网络攻击的能力，以减少具有国家背景的网络攻击对盟国的影响。通过该框架，各盟国将加强在法律、外交和责任归属问题上的协作，确定盟国在网络攻击方面重点防范的领域和各国应对网络攻击的责任归属。同月，美国国防部部长詹姆斯·N. 马蒂斯访问智利，与智利总统塞巴斯蒂安·皮涅拉以及智利国防部部长阿尔贝托·埃斯皮纳举行会晤，讨论了两国在安全问题、技术发展、军事演习以及灾难援助等方面的合作，并签署了一项网络安全合作协议。该协议将加强两国在网络安全领域的防务合作，美国政府将进一步协助智利增强网络实力，以应对当前各种网络威胁。9 月，美国军方与欧洲 11 个国家在挪威首都奥斯陆的会议上讨论了"遏制俄罗斯"的计划。此次会议的目的是促进展开对话，以加强北欧国家间的合作，维护稳定与和平。议题集中在各国如何更紧密地合作，以便解决虚假信息和俄罗斯破坏性影响、网络威胁和重要基础设施保护的问题，以及解决地区未来的军事部署和演习的问题。12 月，阿塞拜疆、土耳其、俄罗斯和伊朗在巴库举行的四方部长级会议上，同意成立"信息技术联盟"，希望进一步促进各国在信息技术领域的合作。此外，阿塞拜疆还将成立一个工作组，旨在加强四国在卫星通信、邮政服务和网络安全方面的合作，并推动发展四国的电信基础设施建设。

2. 政府与产业、学术界合作及资助项目不断增多

2 月，美国国防部提出 Code. mil 开源倡议，允许全球范围内软件开发者与联邦雇员就非 – 秘代码撰写开展合作，以支持美国国防部项目。美国国防部与 GitHub 开源平台合作开展实验，旨在推动联邦雇员和私营企业软件开发者在国防部软件项目上开展合作。3 月，美国国家科学基金会（NSF）决定将四所高校纳入"CyberCorps：服务奖学金"（SFS）计划，以推动国家网络安全发展。未来一年，四所高校将获得近 570 万美元。高校将利用这笔资金颁发奖学金。这些高校均在网络安全方面设立学术项目，其中部分高校已被美国国家安全局和国土安全部指定为网络安全卓越中心。同月，在巴塞罗那举行的世界移动通信大会上，全球移动通信系统协会（GSMA）和 ICANN 签署了一份《谅解备忘录》。该备忘录旨在促进可互操作网络的不断扩展及信息通信技术的部署。该文件重点介绍了能力建设和政策交流方面的合作。双方共同开展的活动包括研讨会、区域活动，以及技术主题领域的特别互动，这将进一步促进 GSMA 和 ICANN 各自任务有更多交融。11 月，新加坡网络安全局（CSA）与全球技术领导者思科系统公司签署了一份新的网络安全协作备忘录，预期将在信息分享和能力发展领域建立更密切的伙伴关系。双方同意致力于加强网络威胁领域的信息共享，它们还将加快努力，帮助思想交流和人才培养。

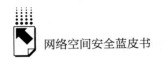

二 国内网络空间安全动态回顾

2018年，地缘政治摩擦不断加剧网络空间发展的复杂性和不确定性。但随着我国网信事业持续深化，我国在信息安全领域的发展增速和在国际网络空间的战略地位得到空前提高。

（一）国家层面网络安全政策与举措频出，网信事业得以持续深化

2018年，中央持续高度重视网络安全工作，我国网信工作大步向前推进，针对网信领域的政策与举措更具针对性和细致化。

1. 习近平总书记对我国网信工作发展提出新的指引

全国网络安全和信息化工作会议4月20～21日在北京召开。中共中央总书记、国家主席、中央军委主席、中央网络安全和信息化委员会主任习近平出席会议并发表重要讲话，提出了网络安全和信息化工作"32个要"，为新时代网络强国之路指明了方向；同月，习近平总书记主持召开十九届中央国家安全委员会第一次会议，强调要切实做好健全国家安全制度体系、完善国家安全战略和政策、强化国家安全能力建设等工作；11月7日，第五届世界互联网大会在浙江乌镇开幕，习近平总书记致贺信时提到，互联网、大数据、人工智能等现代信息技术不断取得突破，数字经济蓬勃发展，各国利益更加紧密相连。世界各国虽然国情不同、互联网发展阶段不同、面临的现实挑战不同，但推动数字经济发展的愿望相同、应对网络安全挑战的利益相同、加强网络空间治理的需求相同。各国应该深化务实合作，让网络空间命运共同体更具生机活力。此外，习近平总书记还高度重视数字中国建设，在首届数字中国建设峰会的开幕式上。习近平总书记致贺信时提到，加快数字中国建设，就是要适应我国发展新的历史方位，全面贯彻新发展理念，以信息化培育新动能，用新动能推动新发展，以新发展创造新辉煌。

2. 中央积极推动网络安全领域立法工作不断深化

2018年3月，全国人大常委会工作报告发布，指出要检查《网络安全

法》等法律实施情况，并在 2018 年工作建议中提出要继续加强立法工作，制定外国投资法、电子商务法等相关立法；同月，国务院办公厅发布《2018 年立法工作计划》，涉及计划制定《密码法》《未成年人网络保护条例》《公共安全视频图像信息系统管理条例》等多项网络安全立法；8 月，《电子商务法（草案）》四审稿出炉，该稿相较于三审稿，对平台经营者责任承担方式、跨境电商法律适用、电子商务绿色发展、商品和服务交付等相关规定做了修改；9 月，《第十三届全国人大常委会立法规划》正式发布，全国人大常委会将电子商务法、个人信息保护法、密码法、数据安全法、人工智能、未成年人保护法（修改）等网络安全方面的相关法律列入立法规划。

3. 国家主要部委不断推出多项网络安全重要举措

1 月，中央政法工作会议提出要做好维护网络意识形态安全、打击防范网络犯罪、保护国家关键信息基础设施安全、加强网络治理能力建设等四项工作部署；3 月，《2018 年政府工作报告》发布，其中多处涉及网络安全领域，包括实施大数据发展行动，加强新一代人工智能，在医疗、养老等领域推进"互联网＋"等；5 月，国家互联网信息办公室发布《数字中国建设发展报告（2017 年）》，评估了数字中国建设当前面临的形势，并指明了下一步的努力方向；6 月，公安部发布《网络安全等级保护条例（征求意见稿）》，涵盖网络的安全保护、密码管理、涉密网络的安全保护等内容；9 月，国务院办公厅发布《关于加强政府网站域名管理的通知》，提出要健全政府网站域名管理体制、加强域名安全防护及监测处置工作等；11 月，公安部发布《互联网个人信息安全保护指引（征求意见稿）》，指导个人信息持有者在个人信息生命周期处理过程中开展安全保护工作；12 月，国务院办公厅印发《关于推进政务新媒体健康有序发展的意见》，要求各地区、各部门要加强与宣传、网信、公安等部门的沟通协调，共同做好发布引导、舆情应对、网络安全等工作。

（二）中美贸易摩擦不断升级，美国行动限制＋舆论造势双管齐下

2018 年，网络空间大国博弈升级，以美国为首的西方国家全方位、持

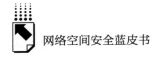
续性地封堵和限制我国网络空间科技领域发展。

1. 网络空间大国博弈升级，美国封堵和限制我国网络科技企业发展

伴随着美国发布《国家安全战略》《国防安全战略报告》，并将中国列为主要竞争对手，中美大国关系的博弈与角力向网络空间延伸。2月，在一场听证会中，美国六名情报机构负责人向参议院情报委员会表示，不建议美国民众购买华为的产品或服务。这六名负责人分别主管中央情报局、联邦调查局、国家安全局和国家情报局等机构。他们先表达了对华为和中兴的怀疑态度，认为美国公职人员和国家机关不应信任这两家中国企业的产品。随后在听证会中，他们又表示不建议普通民众使用中国产品。5月，美国国防部以国家安全为由，要求分布在世界各地的美国军事基地及附近的商店停止销售华为和中兴设备。美国国防部发言人戴夫·伊斯特本称，华为和中兴设备会给国防部人士及其信息和任务带来风险，基于此，国防部的商店不应向军方人员销售这些设备。2018年，此类事件频繁发生，不仅如此，美国还向谷歌、美国运营商AT&T、美国最大的家用电器和电子产品零售商百思买（Best Buy）等各类企业施压，阻碍其与华为、中兴等中国企业合作。此外，美国先后通过了《出口改革管制法案》（ECRA）与《外国投资风险审查现代化法案》（FIRRMA），在"限制对中国技术出口"与"防范中国对美高新技术投资"两方面持续加码施压。美国的行为引发西方国家的效仿，欧盟公开表示将建立审查外国投资的框架，法国也将对包括人工智能在内的技术领域外资加强限制，针对我国的意味非常明显。

2. 美国加强涉华科技人员审查，压制中美科技交流合作

2018年6月，美国国务院宣布收紧中国赴美留学生签证，将攻读"敏感专业"的中国研究生签证由五年缩短为一年，之后需每年重新申请，重点审查领域包括人工智能、物联网、云计算等新兴学科。《外交政策》杂志等称，留学生签证问题成为中美博弈组成部分，美政府试图通过此举降低"知识窃取"案件发生率。美国国防部高官在国会听证会上称，目前有3万多名中国留学生在美攻读STEM（科学、技术、工程、数学）专业博士，政府应重视其对美国国家利益的影响。与此同时，2018年，国内赴美访问学者、科技人员

被拒签或被做背景调查情况明显增多，对中美科研、学术交流产生实质影响。美国《2019财年国防授权法案》明确表示，对入选中国人才计划的美国科学家，国防部可中止项目资助，在美华人科技人员中已盛传这类限制可能实际扩大到其他联邦部门的资助项目。目前在美国、入选"千人计划"的专家已有放弃来华的情况，这将对我国实施科技强国战略产生极大影响。

3. 美国发布所谓的"研究报告"，指责中国科技窃密

美国加强对核心高新技术的管控，抨击所谓"中国利用网络实施商业窃取和技术转移"，指责我国国内网络政策，要求对中国进行防范制的声音越来越大。4月，美中经济与安全评估委员会发布了一份题为"美国联邦信息和通信技术中源自中国的供应链漏洞"的报告，强调美国政府需要制定一项供应链风险管理的国家战略，以应对联邦信息通信技术中的商业供应链漏洞，包括与中国有关的采购。报告称中国政府通过企业实现国家目标，而企业则通过帮政府实现战略目标以换取政府支持。政府的支持有多种形式，包括优惠贷款、政府招标优先权，有时还包括在受保护产业拥有寡头或垄断地位。中兴、华为和联想被认为是具有部分上述特点的中国ICT企业。报告认为，中国政府与企业联合"一再涉及窃取与滥用知识产权的案例，以及施行国家主导的经济间谍活动"。6月，美国白宫贸易和制造业政策办公室发布《中国的经济侵略如何威胁美国和世界的技术和知识产权》，认为中国在保护中国本土市场、扩展中国的全球市场、全球范围保护和控制核心自然资源、控制传统制造业、从其他国家获取关键技术和知识产权、发展新兴高科技行业等六个方面的政策威胁到美国的经济和国家安全，特别强调最后两方面的经济侵略威胁美国的经济和知识产权，采取的手段主要包括物理方式和网络方式窃取、迫使技术转移、逃避美国出口控制、控制原材料出口，以及对超过600个美国高科技资产的近200亿美元投资等。

（三）新技术、新应用呈现新的变化趋势，信息安全隐患威胁不断攀升

2018年，新技术新应用发展迅猛，但同时也诱发一系列信息安全风险

与隐患。

1. 人工智能相关技术的广泛应用或将引入新型漏洞

以机器学习为代表的人工智能技术取得了非常瞩目的进展，在提高软件漏洞挖掘及利用的精度和效率的同时，也极大地提高了网络攻击的自动化程度，降低了网络攻击的成本。目前最有威力的网络攻击类型是高级持续性威胁（APT）。在 APT 攻击方式下，攻击者会探测目标网络的 IP 地址、软硬件等信息，积极寻找目标网络中存在的安全漏洞（往往是新挖掘的 0day 漏洞），编写漏洞利用工具，并采用各种方式避开目标网络的防御系统，进行入侵渗透。人工智能相关技术的应用可提高目标对象探测、漏洞分析及利用工具编写的自动化程度，减少 APT 攻击过程中人的参与度，甚至能够通过人工智能系统实现整个 APT 攻击过程的自动化，大大降低 APT 攻击的成本，让人操控的网络防御系统无法及时有效应对。此外，人工智能相关技术的广泛应用将引入新型漏洞，引发以机器学习系统的训练数据为目标的新型网络攻击。机器学习、深度学习等人工智能相关技术已经广泛应用于图像识别、语音识别、自然语言处理、医学自动诊断、搜索引擎广告推送等众多领域，并取得了大量突破性进展。然而，由于人工智能系统的有效性高度依靠高质量的训练数据集，这种技术特点将为传统领域带来新的安全风险和挑战。例如，将所谓的"中毒"数据注入人工智能系统的训练集可能会导致人工智能系统被误导，进而做出错误的判断。

2. 物联网设备被控可导致大规模安全事件爆发

随着物联网的迅速发展，智能设备逐步走进各行各业和千家万户，2018年，美国普林斯顿大学的研究人员，通过攻击和控制某一区域内的大功率智能家居设备，如空调和热水器，就成功造成部分区域大规模停电。当前，黑客可利用人工智能创建可扩展的智能僵尸网络，利用僵尸网络实施的网络攻击将愈演愈烈。自 Mirai 恶意代码公开以来，基于物联网的僵尸网络攻击持续蔓延，并伴随着物联网设备的增多愈演愈烈，攻击呈现出快速变种、感染增强等特点，导致 DDoS 攻击层出不穷。与此同时，黑客能够控制大量物联网设备，并利用人工智能创建可扩展的智能僵尸网络，自主学习攻击方法，实施规模化攻击。美国安全公司 Fortinet 认为 2018 年将是"蜂巢网络"（Hivenets）和"机器人集群"（Swarmbots）的一年。机器人（bots）和蜂巢（hive）可以在任何被攻陷的联网设备上运行，如网络摄像头、家庭路由器、冰箱、无人机、智能电视、手机和平板电脑，甚至某些联网的工控系统、电力和电信系统等。物联网智能终端产品的快速发展势必会增加僵尸网络的入侵接口，进而扩大僵尸网络攻击的爆发规模，使大规模 DDoS 网络攻击的风险急剧上升。随着我国"互联网＋""中国制造 2025""数字中国""智慧社会"等国家战略的推进，智能家电、智能网联汽车、智能机器人、智能监控设备、智能路灯等数量庞大、种类繁多的物联网智能终端设备，已越来越多地应用到工业、农业、安防、交通、城市管理、医疗等领域。物联网设备被黑客大量控制，可导致大规模停电等安全事件的发生，严重危害国家关键基础设施的安全。

3. 云计算安全问题和风险管理形势日益严峻

近年来，云计算正在成为 IT 产业发展的战略重点，全球 IT 公司已经意识到这一趋势，纷纷向云计算转型。根据相关调查，大约 90% 的企业计划维持或者加大在云计算领域的支出，这将导致云计算在全球 IT 支出中的比例继续上升。云计算正释放巨大红利，其应用逐步从互联网行业向制造、金融、交通、医疗健康、广电等传统行业渗透和融合，促进了传统行业的转型升级。但是，随之而来的就是云计算引发的数据安全、行业标准、隐私权保护等问题。近几年，云计算重大安全事故仍在不断上演，安全问题不容忽视。云服务商在安全服务能力上的表现参差不齐。部分厂商"重发展、轻安全"的思想普遍存在，安全工作处于被动应对状态，对安全风险的把控能力不足。此外，针对云计算和大数据平台的网络攻击手段呈现新特点，传统安全监测技术暴露不足。云计算、大数据应用一般采用底层复杂、开放的分布计算和存储架构为其提供海量数据分布式存储和高效计算服务，这些新的技术和架构使大数据应用的网络边界变得模糊，传统基于边界的安全保护措施不再有效。同时，新形势下的高级持续性威胁（APT）、分布式拒绝服务攻击（DDoS）、基于机器学习的数据挖掘和隐私

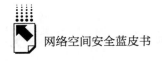

发现等新型攻击手段出现，也使传统的防御、检测等安全控制措施暴露出严重不足。

（四）信息安全产业贡献率持续上升，信息安全人才培养逐步掀起高潮

1. 信息安全产业环境在多重因素作用下日趋成熟

总的来看，从国家整体层面推进的信息安全保障重点工作取得的进展，在很大程度上提升了我国信息安全产业层面的安全保障水平。2018年，国家政策性法规日益健全，国家标准基本覆盖了各领域且行业标准不断细化；国家级信息安全保障队伍能力建设突飞猛进；信息安全产业已成规模并稳步发展壮大，产品门类基本齐全并渐成体系，服务覆盖安全测评、应急响应、安全咨询、风险评估、灾难备份、数据恢复等多个方面并日趋专业化；信息安全技术自主研发支持力度不断加大，产业化取得明显成效，信息安全企业的创新能力和市场竞争能力得到增强；信息安全对抗能力建设基础性工作也稳步推进，对常用软硬件和信息系统进行漏洞分析、渗透性测试的基础实力稳步提升，密码核心、共性和基础技术研究进一步加强，保密与窃密攻防、网络侦查与勘查取证等技术研究积极推进。总之，随着政策、产业、技术等各个层面任务的推进，我国信息安全产业环境日趋成熟，对于国家网络安全保障工作的贡献率大幅上升。

2. 信息安全人才培养迈入批量化时代

2018年4月，教育部下发的《高等学校人工智能创新行动计划》提出了三大类18项重点任务，引导高校瞄准世界科技前沿，提高人工智能领域科技创新、人才培养和国际合作交流等能力。到2020年，要基本完成新一代人工智能发展的高校科技创新体系和学科体系的优化布局；到2030年，高校要成为建设世界主要人工智能创新中心的核心力量和引领新一代人工智能发展的人才高地。这一行动计划，也被视作填平人工智能人才缺口的举措之一。纵观信息安全各个领域，人才培养都已经被提到了至关重要的高度，信息安全人才问题已经逐步成为信息安全领域最为热门的话题之一。

我们可以从很多方面实际感受到，信息安全人才近几年持续不减的高热状态。研究统计，目前信息安全已经成为高考考生首选的报考专业，与此同时也成为毕业生收入最高的专业，并且这一现象连续保持了三年之久。信息安全领域各种大赛接连不断，数据显示，2018年仅仅由某一家公司主办的信息安全大赛就达百余场。各种各样的信息安全会议上，几乎标配似的设有信息安全人才培养分论坛。国家网络安全宣传周上对国家级优秀信息安全人才和优秀教师进行表彰，已经成为每年的惯例之举。中央网信办和教育部共同计划，即将每两年遴选出"一流网络安全学院建设示范项目高校"。上述种种举措可以看出，我国信息安全人才培养已经进入批量化时代。信息安全人才的逐步走热是网信工作大步迈进的必然结果，也是信息安全蓬勃兴旺的客观体现。

（五）各类信息安全大会层出不穷，网安领域高热状态持续不减

2018年，国内各种高层次、高水平的信息安全大会相继召开，展现出网络安全领域欣欣向荣之势。4月15日，国际网络安全标准化论坛在湖北省武汉市东湖国际会议中心召开。本次论坛由全国信息安全标准化技术委员会、武汉市人民政府主办，中国电子技术标准化研究院、武汉市互联网信息办公室承办。国家互联网信息办公室副主任、全国信安标委主任杨小伟在会议中强调，要切实提升网络安全标准的针对性、有效性和适用性，强化网络安全标准落地实施和应用推广，抓好网络安全标准化人才队伍建设，深入推进网络安全标准化国际合作。4月22日，首届数字中国建设峰会在福建省福州市开幕。围绕"以信息化驱动现代化，加快建设数字中国"主题，来自各省区市和新疆生产建设兵团网信部门负责人、行业组织负责人、产业界代表、专家学者以及智库代表等约800人出席峰会，就建设网络强国、数字中国、智慧社会等热点议题进行交流分享。在峰会主论坛上，国家网信办发布了《数字中国建设发展报告（2017年）》。报告指出，党的十八大以来，我国信息科技发展在诸多领域取得了历史性成就，"数字经济正在逐渐成形，我们即将进入信息技术带动经济发展的爆发期和黄金期"。中科院院

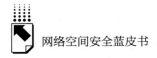

士、北京理工大学副校长梅宏认为，下一阶段应加快全局性、体系性的数据资源建设，让政务数据和社会数据融合"点石成金"，从而加快数据共享开放，更好造福社会。5 月 26 日，2018 中国国际大数据产业博览会（以下简称"数博会"）在贵州省贵阳市开幕。本届数博会的主题是"数化万物　智在融合"，"人工智能""数据安全""万物互联""共享经济""精准扶贫"等成为本届数博会关键词。7 月 10 日，由中国互联网协会主办的 2018（第十七届）中国互联网大会在北京国家会议中心开幕。大会以"融合发展　协同共治——新时代　新征程　新动能"为主题，围绕互联网独角兽、"一带一路"建设、区块链、互联网金融安全、产业互联网、教育、文化旅游、人工智能、网络与设备安全、知识产权保护、个人信息保护等密集推出 25 场论坛活动。通过这些会议，可以看出网络安全领域高热状态持续不减，该领域的交流与合作越来越广泛、越来越深入，成果也越来越凸显。

政策法规篇

Policies and Laws

B.4

未成年人网络安全素养及
影响因素研究报告

田 丽 韩李云*

摘 要： 随着网络应用的日渐丰富，未成年人网络接触的机会和风险
显著增加。本报告研究了"网络安全"的内涵和外延，并从
意识、知识和道德伦理三个维度对"素养"进行操作化，进
而建构并开发了"网络安全素养量表"，然后通过实证研究
验证了量表的信度和效度，再通过问卷调查，研究了我国未
成年人网络安全素养的现状以及个人、家庭及学校等因素的
影响。

---

* 田丽，北京大学互联网发展研究中心主任、副教授、博士生导师；韩李云，腾讯生态安全研
究中心高级研究员。

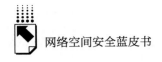

关键词： 未成年人　网络安全　网络素养　量表

　　随着信息化的发展以及互联网对社会生活的全面渗透，网络安全素养成为事关个人安危、社会稳定以及国家安全的重要内容。当前，网络安全形势不容客观，个人信息泄露、网上诈骗、账号或密码被盗、设备中病毒或木马等现象十分普遍，严重制约着互联网和信息化事业的发展。

　　未成年人处在社会经验的学习阶段，世界观和价值观尚未健全，但是对互联网产品和服务具有较浓厚的兴趣，然而经验和安全意识较为薄弱。近年来，未成年人遭遇网络暴力、网络煽动，甚至被网络不良信息诱导从事违背道德和法律的案例不胜枚举，因此研究当前未成年人网络安全意识的现状，并据此形成引导未成年人网络安全素养提升的策略与方案意义重大，可谓功在当代、利在千秋。

　　网络安全素养是一个发展中的概念，涉及"网络""网络安全""素养"等要素，本研究基于网络自身的发展对素养的要求，"网络安全"的结构层次，"素养"的意识、知识与道德伦理等维度，建构并开发了"网络安全素养"量表，然后通过实证研究验证量表的信度与效度，再通过问卷调查进行网络安全素养现状与影响因素的分析。

　　本研究分三个阶段进行。第一阶段通过文献研究梳理核心概念并建立理论模型。第二阶段通过焦点小组、重点访谈以及专家德尔菲法确定量表与问卷初稿。第三阶段通过线下问卷调查获得定量数据。问卷调查的样本按照配额抽样的方式获取，配额的标准包括地区、城乡、性别等。

一　定义与概念

　　网络安全素养是一个发展中的概念，其中互联网产品与服务的发展决定了网络安全素养的内涵。从互联网的发展来看，其期初是一个通信与信息工具，网络安全主要是指信息安全和通信安全，所面临的安全风险主要是信息数据泄露、通信内容窃取、暴力、色情和其他违法信息等；之后，随着互联网成为重要的媒体和媒介，网络安全体现在媒介使用方面，此时的网络安全风险集中体现在利用网络作为媒介的网络交往层面，如网络欺凌、网络诱拐等；再后，互联网不仅是工具和媒介，而且全面与社会生活融合，成为一种新的社会空间，或者"人类生活的新疆域"，网络安全体现为在一个新空间或者疆域中的言行规范，因此也是一种社会素养或公民素养，相应网络安全风险上升为社会空间中的公民所面临的社会生产和社会消费风险。值得注意的是，这三个阶段并不是独立的，而是范围逐渐扩大的。也就是说，网络工具时代的网络安全素养要求最低，而网络空间时代的网络安全素养要求最高，并且包含了前两个阶段的全部网络安全素养。

"网络安全"脱胎于技术领域，早期的"网络安全"主要是指技术与设备的安全，此后有学者根据互联网本身的分层思想，将网络安全总结为设备安全、数据安全、内容安全和行为安全。

网络安全素养指个体在面对网络不安全因素时自我保护的综合意识与能力，即面对未知或现存的网络风险时应当具备怎样的感知能力、辨别能力、分析能力、处理复杂事件的能力，包括相应的认知水平、知识储备与道德修养。本研究将网络安全素养分为三个层次：网络安全意识、网络安全知识技能、网络安全道德。

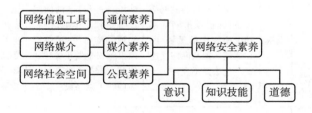

图1　网络安全素养的概念化

根据上述思路，本文将网络安全素养的三个层次（意识、知识技能、道德）与互联网三个发展阶段（信息工具时代、媒介时代、社会空间时代）交叉分析，得到网络安全素养的具体内容（见表1）。

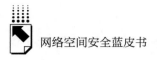

表1 网络安全素养的操作化

项目			网络安全意识	网络安全知识技能	网络安全道德
网络安全素养	通信素养	**网络信息安全** 信息检索	注意当前的网络环境是否安全;知道应该在安全、可靠、合法的搜索引擎或搜索网站查找信息	能够辨别当前网络环境的安全状态;能够辨别当前搜索引擎检索信息的安全性和可靠性;知道怎样安全地访问网络	
		信息评估	有辨别不良信息的意识;有辨别错误、虚假、未经证实、耸人听闻的信息的意识	能够防范/避免/过滤有害信息和错误、虚假、未经证实的信息	
		信息获取	对接收到的信息有防范意识	能够识别网络信息中的广告、垃圾邮件、商业赞助等内容;能够筛选并远离网络中的暴力内容、仇恨言论等网络暴力信息;能够筛选并远离网络中的色情、有害信息;能够识别网络中传递的不良价值观,避免受其影响	不通过非法下载等不正当途径获取信息;获取信息不威胁他人的网络安全
		信息管理	有防范信息泄露的意识	能够有效管理自己拥有的信息;经常修改密码、更新系统、使用杀毒软件等以防止自己的信息泄露	
		网络安全相关技术 设施	知道要保护自己的网络设备;知道维护网络基础设施安全的重要性;知道破坏国家网络设施安全是法律不允许的	能够有效保护自己的网络设备;当自己的网络设备受到安全威胁时,知道怎样解决;了解网络设施安全的相关法律法规;能够辨别哪些行为威胁了网络设施安全	不会私自查看/侵入他人的网络设备;不会破坏网络设施设备的安全;网络设备受到攻击时通过合理合法途径获得救济
		运营	使用网络时有安全防范意识;了解防火墙等保护网络安全的主要措施;了解网络安全管理措施	了解木马、垃圾邮件等网络攻击方式;能够有效防范网络攻击;遭遇网络攻击时知道怎样解决	不会做出危害他人网络使用安全的事情;不会做出危害国家网络运营安全的事情;使用网络受到攻击时,会通过合理合法途径获得救济

项目			网络安全意识	网络安全知识技能	网络安全道德
网络安全素养	媒介素养	在线联系 网络欺凌	知道有些人利用网络的匿名性在网络中攻击他人是不正当的;保护自己远离网络欺凌	能够保护自己远离网络欺凌;如果遭遇网络欺凌,能够采取有效途径保护自己;在他人遭遇网络欺凌时,能够为其提供合理的建议	不会在网络中欺凌他人;面对网络欺凌时,能够保持理智
		性诱惑	知道网络中存在有关性诱惑的不良内容;知道这些内容会危害身心健康;有意识地保护自己远离这些内容;知道父母和老师可以帮助自己	在网络上遇到他人的性骚扰、性要求、性引导时,能够辨别,并明确拒绝;遭遇上述情况时,会向家长和老师寻求帮助;当身边有人遭遇上述情况时,会向其提出合理建议	坚拒抵制网络中的色情信息、性诱惑等行为;不会做出类似行为
		个人隐私	使用网络时会有意识地保护自己的行为不被追踪、个人信息不被截取;知道个人信息泄露是一件危险的事情	不会在网络、公共 WiFi 等环境输入个人信息;在网络中不会主动暴露个人信息;能够保护自己的个人信息不被截取;如果发生个人信息被盗的情况,知道怎样避免造成更大危害	通过合法手段保护自己的个人信息;如果个人信息泄露,要通过合法手段采取措施
		离线联系 网络诱拐	知道有些人在网络中诱拐未成年人是非法行为,这样是不对的;有意识地远离此类信息	能够辨别并远离网络诱拐;能够辨别网络中有些个人或组织恶意传播的不良价值观信息;不会参加宣传不良价值观的线下集会;如果接收到上述信息,会向父母或老师求助	坚决抵制网络上宣传的不良价值观,绝不会参与其组织的线下活动
	公民素养	生产	在网络中从事生产活动时,有保护自己人身、信息、财产等权益的意识	能够保护自己的人身安全,不为博得关注做出伤害自己的事情;能够保护自己的个人信息安全、财产安全	在网络中从事生产活动时,遵循道德准则,不伤害他人利益

续表

项目			网络安全意识	网络安全知识技能	网络安全道德
网络安全素养	公民素养	消费	购买决策	知道网络中的部分信息是商家有意投放的	能够辨别出广告,特别是虚假广告	
			支付购买	使用线上支付方式时有保护自己财产权益的意识;线上支付时有辨别付款码/付款页面真伪的意识;线上购物时有保护自己个人信息的意识	能够辨别付款码、付款页面的真伪;付款时,会首先确认接收方的身份;会保存有效转账凭证	
			购后评价	公开评价时有保护自己个人信息的意识	公开评价时,不发布自己的照片、家庭住址等个人信息	

二　量表开发

根据本研究对网络安全的操作定义,编写测量项目,建构包括 92 个陈述的项目池,然后按照有用性与精确性标准,经专家德尔菲法判定,最终保留 28 条陈述,然后采用李克特 5 级量表模式建立量表 1,即项目内容以强烈的陈述句方式呈现,备选项目设计为 5 个,分别为"非常不符合 = 1""不太符合 = 2""说不清楚 = 3""比较符合 = 4""非常符合 = 5",各选项的赞同程度大体等距。

量表 1 形成之后,进行实证检验,并进行可靠性分析,结果显示,标准化前的信度值为 0.834,标准化后的信度值为 0.877,代表信度值相对较高。这表示量表 1 中的 28 个项目具有较高的一致性,量表 1 是可信的。

在此基础上,为进一步简化量表,剔除贡献率较小的因子,最终得到包括 16 项陈述的量表 2。量表 2 的克隆巴赫 α 系数为 0.891,比量表 1 (0.834) 更为可靠,证明删除项目后量表的可信性提高。效度方面,本量表的维度设计都参考相关文献且经过专家讨论及修正,具有较高的内容效度。因此,量表 2 可用作"未成年人网络安全素养量表"(见表 3)。

表2　各维度可靠性统计

项目	量表题数	标准化前 Alpha 值	标准化后 Alpha 值
通信安全素养	6	0.787	0.939
媒介安全素养	6	0.789	0.953
空间安全素养	4	0.600	0.908

表3　未成年人网络安全素养量表

序号	陈述	非常不符合	不太符合	说不清楚	比较符合	非常符合
1	我知道网上有骗子	□1	□2	□3	□4	□5
2	我知道怎样删除垃圾邮件	□1	□2	□3	□4	□5
3	我知道保证网络畅通的设备关系到国家安全	□1	□2	□3	□4	□5
4	我知道怎样开启电脑防火墙	□1	□2	□3	□4	□5
5	我知道怎样关闭手机中的定位功能	□1	□2	□3	□4	□5
6	我知道不能在网上暴露自己的隐私部位	□1	□2	□3	□4	□5
7	我知道遇到网络欺凌时应该怎么处理	□1	□2	□3	□4	□5
8	我总是拒绝接收教人伤害自己的信息	□1	□2	□3	□4	□5
9	我总是不打开或主动关掉色情页面	□1	□2	□3	□4	□5
10	我总能识别出网络中的诱拐信息	□1	□2	□3	□4	□5
11	我从不告诉网友自己的账号和密码	□1	□2	□3	□4	□5
12	我从不告诉网友自己的真实姓名和地址	□1	□2	□3	□4	□5
13	在使用完他人电脑后,我总是主动退出登录账号	□1	□2	□3	□4	□5
14	在使用他人电脑时,我从不选择"记住密码"	□1	□2	□3	□4	□5
15	我从不在线下与陌生网友见面	□1	□2	□3	□4	□5
16	我从不会通过网络给陌生人付款	□1	□2	□3	□4	□5

三　网络安全素养现状

本次调查的受访者中,男性比例为46.58%,女性比例为53.42%。女性的受访者比例略高于男性。8~12岁的未成年人(小学生)占比

33.68%，13～16 岁的未成年人（中学生）占比 66.32%。其中 13 岁的未成年人比例最大，达到 27.81%，其次是 14 岁（19.53%）、12 岁（18.38%）。根据中国互联网信息中心（CNNIC）《第 42 次中国互联网络发展状况统计报告》，10 岁以下的网民占比 3.6%，10～19 岁的网民占 18.2%，与本次调查结果年龄结构数据相似。

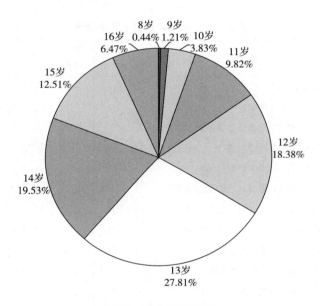

图 2　样本年龄分布

本次调查中，家庭所在地为"城市"的占 46.97%，"农村"的占 51.34%，"城镇"为 1.69%。其中，城镇占比较低可能是由于未成年人区分"城市"与"城镇"的难度较大，难以做出正确、明确的选择。若将"城市"与"城镇"合二为一考虑，则城乡比例基本为 1∶1，分布平均。

网络安全素养量表经过 KMO 检验，KMO 值为 0.917，适合进行因子分析。以主成分分析法进行因子萃取，并以最大方差法进行旋转，因子分析结果如表 4 所示，共萃取 6 个因子，累计解释力为 69.709%，表示因子分析的结果能较好地代表原始变量。

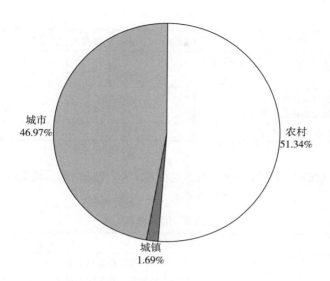

图3　样本城乡分布

表4　网络安全素养量表因子分析结果

项目	因素1	因素2	因素3	因素4	因素5	因素6
我知道怎样开启电脑防火墙	0.862					
我知道怎样关闭手机中的定位功能	0.735					
我知道遇到网络欺凌时应该怎么处理	0.640					
我知道怎样删除垃圾邮件	0.564					
我知道网上有骗子		0.810				
我知道保证网络畅通的设备关系到国家安全		0.695				
我知道不能在网上暴露自己的隐私部位		0.546				
我总是拒绝接收教人伤害自己的信息			0.813			
我总是不打开或主动关掉色情页面			0.634			
我总能识别出网络中的诱拐信息			0.566			
我从不告诉网友自己的真实姓名和地址				0.828		
我从不告诉网友自己的账号和密码				0.809		
我从不会通过网络给陌生人付款					0.856	
我从不在线下与陌生网友见面					0.787	
在使用他人电脑时,我从不选择"记住密码"						0.857

续表

项目	因素1	因素2	因素3	因素4	因素5	因素6
在使用完他人电脑后，我总是主动退出登录账号						0.633
提取方法：主成分分析法 旋转方法：凯撒正态化最大方差法						
A. 旋转在6次迭代后已收敛						

结合文献研究与实际调研结果，对因素1~6重新命名，结果如表5所示。

表5　因子命名

因素	项目
因素1：使用自己设备的安全素养	我知道怎样开启电脑防火墙
	我知道怎样关闭手机中的定位功能
	我知道遇到网络欺凌时应该怎么处理
	我知道怎样删除垃圾邮件
因素6：使用他人设备的安全素养	在使用他人电脑时，我从不选择"记住密码"
	在使用完他人电脑后，我总是主动退出登录账号
因素3：识别和远离有害信息的安全素养	我总是拒绝接收教人伤害自己的信息
	我总是不打开或主动关掉色情页面
	我总能识别出网络中的诱拐信息
因素4：个人隐私保护安全素养	我从不告诉网友自己的账号和密码
	我从不告诉网友自己的真实姓名和地址
因素2：对网络安全威胁的整体感知	我知道保证网络畅通的设备关系到国家安全
	我知道网上有骗子
	我知道不能在网上暴露自己的隐私部位
因素5：防范陌生人威胁的安全素养	我从不会通过网络给陌生人付款
	我从不在线下与陌生网友见面

因素1与因素6中的项目基本可以归类为原量表中关于"通信安全素养"的题目，其中因素1主要指使用自己设备时的网络安全素养，而因素6包含使用他人设备时的网络安全素养。由于网络欺凌是未成年人在网络中最容易遭遇的安全威胁之一，因素1中"我知道遇到网络欺凌时应该怎么处理"属于媒介安全素养范畴。

因素 3 中的 3 个项目全部是关于网络有害信息的安全素养，虽然也可以理解为信息获取和筛选的能力，但是其"有害性"涉及色情、暴力、自残自伤内容，属于由互联网媒介作用带来的在线联系风险，所以把因素 3 中的项目全部归于媒介安全素养范畴之下。类似地，因素 4 个人隐私通信安全素养已经超出信息管理能力范围，是互联网发挥媒介属性过程中带来的安全威胁。

空间安全素养包括因素 2 对网络安全威胁的整体感知中的 2 项"我知道网上有骗子""我知道不能在网上暴露自己的隐私部位"，和因素 5 防范陌生人威胁的安全素养。因素 2 中"我知道保证网络畅通的设备关系到国家安全"属于通信安全素养范畴。

调整了"我知道保证网络畅通的设备关系到国家安全"和"我知道遇到网络欺凌时应该怎么处理"2 项的位置后，得到表 6。

表 6　各因素的调整与归类

网络安全素养	项目
通信安全素养	我知道怎样开启电脑防火墙(因素 1)
	我知道怎样关闭手机中的定位功能(因素 1)
	我知道保证网络畅通的设备关系到国家安全(因素 2)
	我知道怎样删除垃圾邮件(因素 1)
	在使用他人电脑时，我从不选择"记住密码"(因素 6)
	在使用完他人电脑后，我总是主动退出登录账号(因素 6)
媒介安全素养	我总是拒绝接收教人伤害自己的信息(因素 3)
	我总是不打开或主动关掉色情页面(因素 3)
	我总能识别出网络中的诱拐信息(因素 3)
	我从不告诉网友自己的账号和密码(因素 4)
	我从不告诉网友自己的真实姓名和地址(因素 4)
	我知道遇到网络欺凌时应该怎么处理(因素 1)
空间安全素养	我知道网上有骗子(因素 2)
	我知道不能在网上暴露自己的隐私部位(因素 2)
	我从不会通过网络给陌生人付款(因素 5)
	我从不在线下与陌生网友见面(因素 5)

整体而言，萃取的因素维度基本与原始变量维度一致。因子分析结果不仅具有统计学上的意义，还能够对实践加以解释。

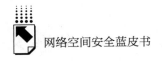
（一）网络安全意识较高，但知识技能较差

鉴于当前日益复杂的网络环境以及层出不穷的网络安全问题个案，社会普遍对未成年人的网络安全素养保持高度怀疑的态度，甚至普遍认为未成年人是在没有任何保护的情况下在网络空间内"裸奔"。调查显示，未成年人的网络安全意识在一次次的网络风险事故中有所加强，但是知识技能较弱，且对网络本身技能要求越高，素养越差，相反越接近现实空间的素养要求，得分相对较高（见图4）。

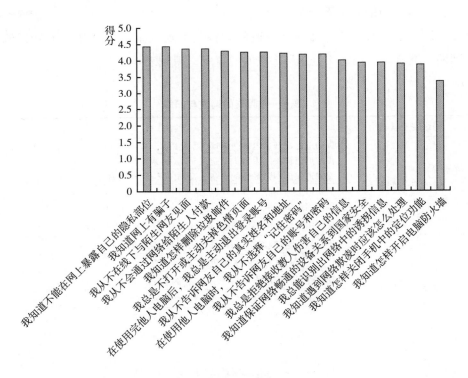

图4 网络安全素养得分分布

例如，"我知道不能在网络上暴露自己的隐私部位"是得分最高的选项，这可能因为即使不是在网络空间内，不暴露隐私也是基本的行为规范。相反，"关闭定位""开启防火墙"等都是网络特有的现象，得分却比

较低。

"我知道不能在网上暴露自己的隐私部位"是得分最高的陈述，该陈述的得分均值达到 4.45，70.5% 的未成年人选择"非常符合"，14.2% 的未成年人选择"比较符合"，仅有 4% 和 6.4% 的未成年人选择"非常不符合"和"不太符合"。此题目得分最高的原因可能有以下两点。一是未成年人的个人人身安全意识较强，知道应当在网络中保护自己以及如何在网络中保护自己的身体不受侵犯。二是近年来社会中侵犯未成年人身体的案件频发，越来越多的家长开始重视未成年人的性安全教育，如告诉孩子身体的哪些部位属于隐私部位，未经允许任何人都不能看和触碰，这种社会现象导致了未成年人在现实生活和网络社会中自我保护能力的提升。

"我知道网上有骗子""我从不在线下与陌生网友见面""我从不会通过网络给陌生人付款"这些题目的较高得分很大程度上来源于现实中家长对孩子进行的安全教育。比如，家长告诫孩子"不要跟陌生人讲话""不要吃陌生人给的食物"等，都会增强未成年人对来源于"陌生人"的风险感知。延伸到网络空间，即成为本道题目所考察的网络安全意识中的一项。

（二）通信安全素养远低于媒介安全素养，空间安全素养最高

通信安全是网络使用的最低层次，却是未成年人安全素养最低的项目，其次是媒介安全素养，相比之下空间安全素养最高（见图 5）。这可能有以下几方面的原因：一是通信与设备安全对专业素养要求较高，青少年对通信设备与工作原理的接触较少，属于知识与技能的欠缺，如开启防火墙、关闭定位功能、处理垃圾邮件、主动退出登录以及选择不记住密码等；二是未成年人涉世未深，对网络交易、网络交友、网络支付等功能使用较少，且该部分测量主要是意识测量，所以相对的得分较高。

（三）道德素养远高于安全意识，而知识技能最弱

本研究考察了未成年人网络素养在意识、道德与知识技能方面的得分，

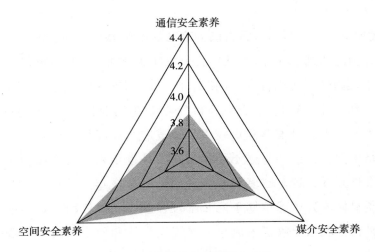

图 5 网络素养外延各维度比较

结果显示，未成年人的网络道德素养较高，具备一定的网络安全意识，知道网络中存在不安全的因素，但是对于如何防范风险，显然知识与技能不足。由此可见，未来未成年人网络安全素养的提升不能仅仅停留在警示和宣教层面，要更加注重知识与技能的培训。

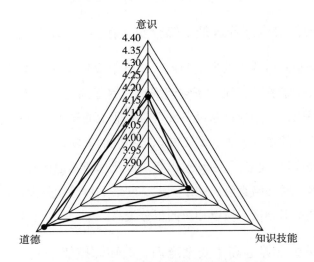

图 6 网络安全素养内涵各维度得分比较

（四）对网络安全的公共性和基础性有一定认识，但是整体水平较弱

"我知道保证网络畅通的设备关系到国家安全"测试了对"网络安全"公共性的认识，结果显示，对此尚未形成概念，选择"说不清楚"的占20.7%，不到一半（47.1%）的未成年人表示非常符合，接近1/5（19.3%）的未成年人表示"比较符合"，选择"不太符合"和"非常不符合"即对此不了解和完全不了解的分别占比6.1%和6.7%（见图7），该陈述项的得分（3.94）低于所有项目得分的均值（4.13）。由此可见，部分未成年人意识到网络安全不仅包括可以接触到的内容安全和行为安全，还包括网络基础设施在内的设备安全，但是整体来看水平仍旧偏低。这些设备具有基础设施的属性和意义，因此还是公共性的体现。

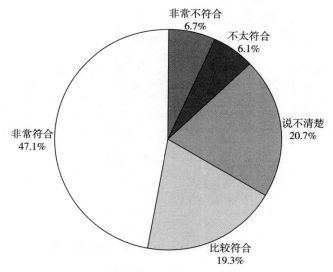

图7　"我知道保护网络通畅的设备关系到国家安全"选项分布

（五）应对潜在重大风险能力素养亟待提升

拐骗和网络欺凌在未成年人中发生的概率较高，且影响深远、危害较

大。近年来被网络诱骗离家出走或者遭遇身心伤害的案例比比皆是，而网络欺凌成为校园凌霸在网络空间内的重要表现。但是，调查显示，未成年人在"我总能够识别出网络中的诱拐信息"和"我知道遇到网络欺凌时应该怎么处理"上的得分较低。"我总能够识别出网络中的诱拐信息"的平均得分为3.94，选择"非常符合"的比例为47%，"比较符合"和"说不清楚"的比例分别为21%和18%。其余14%的未成年人选择了负面选项，即识别不出网络中的诱拐信息；"我知道遇到网络欺凌时应该怎么处理"得分为3.89，44%的未成年人明确知道应当怎样处理网络欺凌，21%的未成年人知道应当如何处理。20.0%的未成年人表示"说不清楚"，另外15%的未成年人表示不知道应该如何处理网络欺凌。

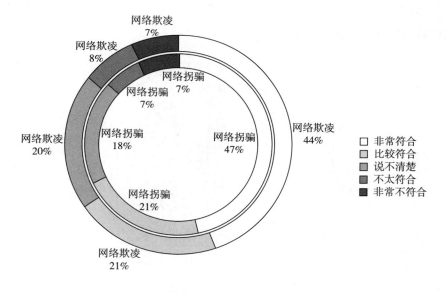

图8　识别网络诱拐与网络欺凌应对选项分布

四　网络安全素养的影响因素

本研究从个人因素、上网情况、家庭因素、学校因素、网络素养五个维度，探索影响网络安全素养的因素，经过单因素方差分析以及双变量相关分析，得到以下结果。

（一）个人因素：性格越开朗网络素养越高

本研究从性别、年龄、居住地以及是否为班干部、学习成绩及性格特征等维度探索个人因素对网络安全素养的影响，结果显示男性的网络素养略高于女性，城镇的未成年人略高于农村的未成年人，学习优秀者高于成绩较差者，但是这些结论并没有通过单因素方法分析的显著性检验，甚至年龄与网络安全素养之间也不存在相关关系。

问卷总共提供 20 个性格选项，选取频率最高的五个选项分别为善良（63.0%）、活泼（62.1%）、人缘好（61.1%）、积极（49.7%）、节约（43.1%），选取频率最低的五个选项分别为浪费（5.8%）、懦弱（6.5%）、人缘不好（9.1%）、冷漠（9.4%）、迟钝（11.5%），可见被访者基本对自我持正面评价（见表7、表8）。

表7 选取频率最高的五个性格选项

选项	选取频次	选取比例（%）
善良	955	63.0
活泼	942	62.1
人缘好	926	61.1
积极	754	49.7
节约	654	43.1

表8 选取频率最低的五个性格选项

选项	选取频次	选取比例（%）
浪费	88	5.8
懦弱	98	6.5
人缘不好	138	9.1
冷漠	143	9.4
迟钝	175	11.5

在性格选择的基础上，生成新变量"性格积极开放度"作为测量受访者性格积极开放程度的指标。样本性格积极开放度呈正态分布（见图9）。

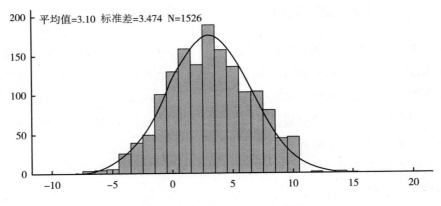

图9 性格积极开放度分布曲线

相关性分析显示，性格积极开放度与网络安全素养得分之间存在正相关性，即性格积极开放度越高，网络安全素养得分越高（见表9）。

表9 性格积极开放度与网络安全素养相关系数检验

项目		网络安全素养	性格积极开放度
网络安全素养	皮尔逊相关系数	—	0.056 *
	显著性	—	0.037
	N	—	1370
性格积极开放度	皮尔逊相关系数	0.056 *	—
	显著性	0.037	—
	N	1370	—

注："*"在0.05的置信度上显著。

为进一步了解性格与网络安全素养之间的关系，对20种性格在网络安全素养上的得分进行均值比较，结果如图10所示。按照网络安全素养的得分均值从高到低，20种性格为：懦弱、善良、节约、活泼、积极、独立、内向、人缘好、勇敢、马虎、聪明、自律、迟钝、懒惰、认真、人缘不好、浪费、依赖、冷漠、消极。总体上，越是性格积极开放，网络安全素养的得分越高，例如善良高于冷漠，节约高于浪费，活泼高于内向，积极高于消极，独立高于依赖，人缘好高于人缘不好，自律高于懒惰，聪明高于迟钝。只有一个比较例外，就是懦弱高于勇敢，这可能与勇敢的个性对安全的警惕性较低有关。

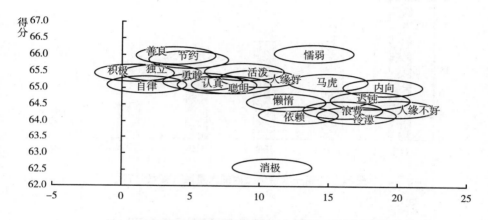

图10　20种性格的网络安全素养得分分布

（二）上网因素：上网环境与动机影响网络安全素养

调查样本（样本年龄在 8～16 岁）平均上网年龄为 8.02 岁，7 岁前（上小学前）开始接触网络的未成年人占 17.6%，大部分未成年人 7～12 岁开始接触网络，也就是上小学期间，比例为 76.5%，仅有 5.4% 的未成年人在初中毕业后（13～16 岁）才开始接触网络。其中，10 岁开始上网的未成年人占比最高，为 21%，其次是 8 岁（13.9%）、9 岁（13.5%）开始接触网络。

调查进一步发现，三成的未成年人是通过自学开始接触网络，而未受到任何人的指导，其次是爸爸、其他和妈妈，在其他的选项中，包括爷爷奶奶、姥姥姥爷等，总占比达到 20.9%，而同学和老师的比重较小，尤其是老师，仅占到 4.4%（见图11）。由此可见，对于未成年人上网而言，家庭和父母扮演着重要的角色。但是，对未成年人上网遇到困难后的求助对象调查发现，"同学"是未成年人的第一选择，选择"妈妈"的比例高于"爸爸"，"老师"依旧是最后的选择（见图12）。

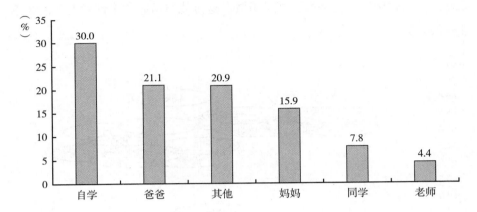

图11 "第一次带你上网的人是谁"答案分布

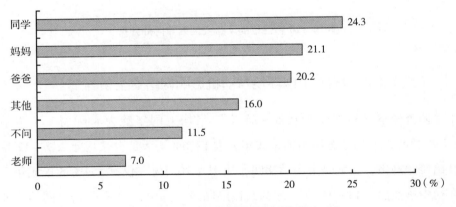

图12 未成年人上网遇到困难后的求助对象

本次调查中六成未成年人拥有自己的手机，21.3%的被访者通常使用妈妈的手机或电脑上网，10.7%的被访者通常使用爸爸的手机。只有18%的未成年人能随时上网，82%的未成年人不能随时上网，不能随时上网的原因包括：父母不允许（73.4%），老师不允许（33.8%）以及自己对网络风险的担心［认为网络有危险（30.1%）以及担心浪费时间（28.3%）］，而硬件设备和上网环境对未成年人上网的制约较少（见图13）。

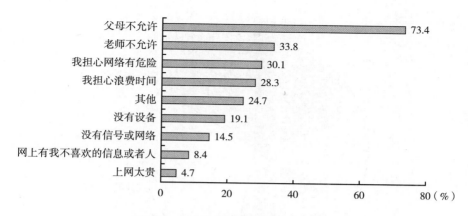

图13　未成年人不能随时上网的原因

　　调查显示，周一到周四的工作日期间，不上网的未成年人比例最高，达到了 34%，能够上网 1 小时以上的仅占 12%（见图 14）。周末上网时间，30 分钟至 1 小时以及 1 ~ 3 小时的比例较高，分别为 31% 和 33%，还有 15% 的未成年人上网超过 3 小时，同时也有 5% 的未成年人不上网（见图 15）。

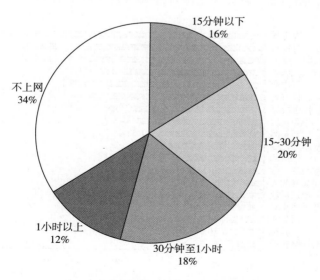

图14　未成年人工作日上网时间分布

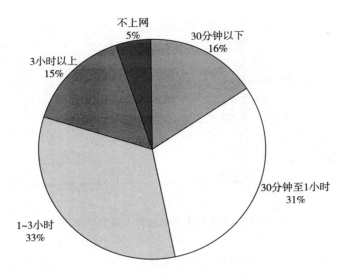

图15 未成年人周末上网时间分布

调查显示，未成年人主要利用网络来学习、娱乐和社交，较少进行网络购物、网络讨论和网络投票等。其中，选择听音乐和查找学习资料的比例均超高了七成，而与朋友聊天的比例高达60.4%（见图16）。

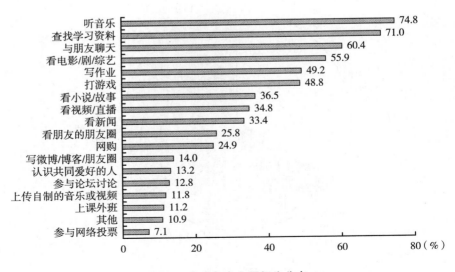

图16 未成年人上网行为分布

通过独立样本 T 检验、单因素方差分析以及相关性分析，对上述提及的未成年人网络上网因素与网络安全素养之间的关系进行分析，得出以下结果。

1. 利用父母手机随时上网的未成年人网络安全意识较强

独立样本 T 检验显示（见表 10），"有自己的手机"和"没有自己的手机"两组在"未成年人网络安全素养"量表得分上体现出的差异不是显著的（Sig. > 0.05）；"通常用自己的手机上网"和"通常用他人设备上网"两组间的量表得分差异通过了显著性检验（Sig. = 0.025）；"能随时上网"与"不能随时上网"两组在量表得分上也表现出了显著差异（Sig. = 0.003）。

表 10　接触网络设备难易程度不同的群体量表得分

项目	未成年人网络安全素养量表得分
有自己的手机	66.98
没有自己的手机	64.35
通常用自己的手机上网	59.38
通常用他人设备上网	65.99
能随时上网	67.69
不能随时上网	65.48

均值比较发现，通常使用他人设备上网的网络安全素养均值高于通常用自己的手机上网，而能够随时上网的未成年人在网络安全素养上的表现优于不能随时上网的。在访谈中我们也发现，部分未成年人虽然拥有自己的手机，但是父母对手机的使用管控较为严格，甚至有一些未成年人父母只允许孩子的手机用于接听电话，切断了手机网络服务，因此在"有自己的手机"的未成年人中有相当一部分最终还是使用父母等家人设备上网，从而呈现出"有无自己手机"和"通常使用谁的设备上网"在网络安全素养得分上的差异分布。

2. 以写作业和听音乐为目的的未成年人网络安全素养较高

从不同上网行为网络安全素养平均得分可以看出，写作业对应的网络安全素养得分最高，听音乐次之，参与网络投票对应的网络安全素养得分最低，之所以出现这种情况，可能是由于未成年人参与网络投票通常是粉丝打榜行为，是受饭圈文化影响的结果，呈现出狂热和非理智的特点。根据独立 T 检验结果，参与网络投票之外的其他因素对网络素养得分的影响并不显著，各因素下网络安全素养得分均值、标准差差距并不明显，分布大体相似，而在上网时参与网络投票的未成年人较不参与的网络素养得分更低（见表11）。

表 11　不同上网行为网络安全素养平均得分

项目	平均得分	组内标准差
写作业	65.29	12.03
听音乐	65.22	12.00
与朋友聊天	65.13	12.26
参与论坛讨论	65.09	11.67
查找学习资料	65.09	11.81
看新闻	65.01	12.58
上课外班	64.94	12.14
上传自制音乐或视频	64.90	10.73
看朋友的朋友圈	64.89	11.52
看视频/直播	64.78	12.02
看电影/电视剧/综艺	64.69	12.09
打游戏	64.69	12.23
看小说/故事	64.59	12.46
写微博/博客/朋友圈	64.29	10.75
网购	64.24	12.25
其他	64.13	13.17
认识共同爱好的人	63.56	12.62
参与网络投票	62.81	11.83

（三）家庭因素：陪伴与和谐关系有助于提升网络安全素养

该部分从父母特征、家庭类型、家庭关系、家庭网络使用情况以及家庭教育等维度研究了家庭因素对未成年人网络安全素养的影响。研究显示，父母的教育水平和职业并不能影响未成年人网络安全素养，但是未成年人是否与父母一起生活，以及与父母的关系、有无父母陪伴上网对其网络安全素养有显著的影响。

1. 与父母共同生活的未成年人网络安全素养较高

调研发现，父母依旧是孩子平时生活的最重要成员，随着二胎政策的放开，52.1%的被访者有跟兄弟姐妹居住在一起，其次是奶奶爷爷、姥爷姥姥。有趣的是同代同辈中，女性多于男性，例如与妈妈共同生活的比例高于爸爸，同样，奶奶多于爷爷、姥姥多于姥爷（见图17）。

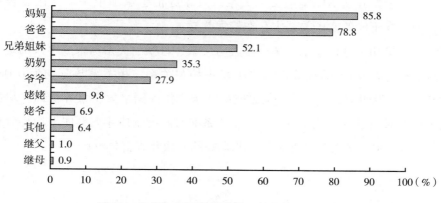

图17 未成年人与家庭成员一起生活所占比重

独立样本 T 检验显示，是否与妈妈、爸爸、兄弟姐妹、奶奶、爷爷、姥姥、姥爷生活在一起，在网络安全素养方面存在显著差异：与妈妈、爸爸、兄弟姐妹、奶奶和爷爷生活在一起的未成年人网络安全素养高于不与这些人生活在一起的；但是，有趣的是，在是否与姥姥、姥爷生活在一起的情况下，不跟姥姥、姥爷生活在一起的未成年人网络安全素养反而较高。

单因素方差分析显示，"与父母双方生活在一起"与"不与父母生活在一起"两个群体在未成年人网络安全素养得分均值方面存在显著差异（显著性水平为 0.05）。按照"不与父母生活在一起""与父母一方生活在一起""与父母双方生活在一起"的顺序进行变量赋值，并与未成年人网络安全素养均值进行双变量相关分析，结果显示在 0.01 的显著性水平上，两者存在正相关关系。"与父母双方生活在一起"的未成年人网络安全素养的分值为 66.46，"与父母一方生活"的未成年人网络安全素养得分为

65.19，"不与父母生活在一起"的得分仅为64.23，与父母共同生活的孩子网络安全素养得分更高。

2. 与父母关系和谐的未成年人网络安全素养较高

本研究从父母关系、亲子关系以及家庭情感氛围三个维度考察了家庭关系对未成年人网络安全素养的影响。独立样本 T 检验的结果显示，未成年人网络安全素养在不同类型父母关系以及家庭情感氛围中并不存在显著差异，但是在不同的亲子关系中存在较大差异。

双变量相关分析显示，未成年人与父亲、母亲的关系与未成年人网络安全素养得分在0.05的显著性水平上呈正相关关系，相关系数分别为0.068和0.069，说明与父亲、母亲关系较好的未成年人网络安全素养更高。均值比较的结果显示（见图18），与父亲关系非常好的未成年人群体平均得分最高，为65.60，其次为与母亲关系非常好的未成年人群体（65.55）。

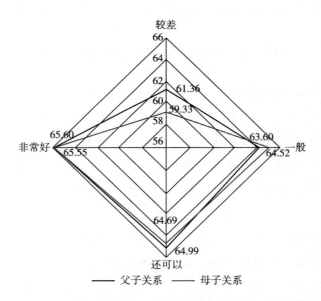

图18　未成年人网络安全素养在不同程度的亲子关系方面的得分分布

3. 父母陪伴上网有助于提升网络安全素养

本次调查分析了父母对待网络的态度以及父母在家使用手机上网的频率，

这些因素对未成年人网络安全素养的影响并不显著，而"陪伴上网"是显著的影响因素。如图 19 所示，父母参与网络学习陪伴的比例高于网络游戏陪伴和网络聊天陪伴，相比之下，同学是网络游戏与网络聊天的主要陪伴对象。

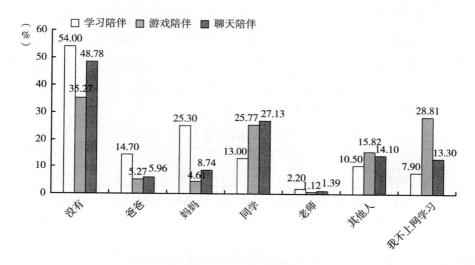

图 19　未成年人"陪伴上网"情况

有父母陪伴上网的未成年人网络安全素养得分高于自己上网的未成年人。其中平均分最高的是父母双方陪伴上网打游戏的未成年人，得分为 69.16（见表 12）。

表 12　父母陪伴与网络安全素养的列联表

单位：分

上网学习	自己	一人陪	两人陪
网络安全素养	65.66	67.05	—
上网打游戏	自己	一人陪	两人陪
网络安全素养	65.87	67.61	69.16
上网聊天	自己	一人陪	两人陪
网络安全素养	65.85	68.23	67.32

独立样本 T 检验显示，发现自己上网学习和有父母陪伴上网学习的两组未成年人在网络安全素养的得分差异通过了显著性检验（Sig. = 0.045）。

单因素方差分析结果显示：上网打游戏方面，"自己"与"父母两人陪伴"两组间得分差异显著；上网聊天方面，"自己"与"父、母一人陪伴"两组间的得分差异通过显著性检验。因此，是否有父母陪伴上网（包括上网学习、打游戏、聊天）在网络安全素养得分上体现出的差异是真实的。

进一步的相关分析显示，父母陪伴上网学习、父母陪伴上网打游戏两项均与网络安全素养呈正相关，且通过显著性检验；父母陪伴上网聊天与未成年人网络安全素养的相关性未达到显著水平（见表13）。

表13　父母陪伴与网络安全素养相关系数分析

项目	陪上网学习	陪上网打游戏	陪上网聊天
肯德尔相关系数	0.043 *	0.053 **	0.038

注："*"在 0.05 级别，相关性显著；"**"在 0.01 级别，相关性显著。

（四）学校因素：学习氛围影响未成年人网络安全素养

本研究分析了教师、同伴以及学习氛围对未成年人网络安全素养的影响。独立样本 T 检验与单因素方差分析的结果显示，教师是否使用网络设备以及对待学生上网的态度在网络安全素养方面不存在显著差异。调查显示，超过 64% 的未成年人认为老师总是提醒"上网的时候可能遇到危险"，81% 的未成年人表示老师教过在网络上如何防止被骗；82.5% 的未成年人表示老师教过有关"网络欺凌"的知识，尽管如此，这些因素并没有对未成年人网络安全素养产生实质性的影响。由此可见，研究并改善教师的教育方法势在必行。

学校也是未成年人同辈聚集的地方，调查显示 72.4% 的被访者认为小伙伴会推荐游戏，66.4% 的被访者认为小伙伴会推荐视频，71.3% 的被访者认为小伙伴会推荐学习资料。但是，进一步分析发现，这些因素并未对网络安全素养产生直接的影响，这可能与未成年人群体整体水平相对平均有关系。

在学校因素中，被访者对学校学习氛围的感知是影响网络安全素养的重要因素。单因素方差分析显示，未成年人网络安全素养在学校学习氛围"非常好"与"较好"、"非常好"与"一般"之间在 0.05 的置信水平上存在显著差异。

所在学校学习氛围"非常好"的未成年人群体量表得分平均值为 66.28，学校学习氛围"较好"的未成年人量表得分为 64.58，学校学习氛围"一般"的未成年人量表得分为 64.22（见表 14）。

表 14   未成年网络安全素养与学校学习氛围的列联分析

项目	非常好	较好	一般	较差	非常差
网络安全素养得分	66.28	64.58	64.22	61.81	65.19

相关性统计结果显示，学校的学习氛围与网络安全素养的皮尔逊相关系数为 -0.074，显著性为 0.007，在 0.01 水平上通过了显著性检验，表明二者间存在显著负相关，即学校学习氛围越好的未成年人网络安全素养越高。

（五）网络素养：使用素养越高，安全素养越高

本次调查采用李克特量表的方式，检验了网络作为信息工具的信息素养、作为网络媒体的媒介素养、作为社交工具的交往素养、作为新的生产方式的数字素养，以及作为社会空间的公民素养等五个维度，并验证这五方面的能力与网络安全素养之间的关系。结果显示，在 0.01 的显著性水平上，未成年人网络安全素养与信息素养、媒介素养、交往素养、数字素养以及公民素养之间存在显著相关关系，相关系数依次为 0.547、0.534、0.632、0.563 及 0.744，可见空间素养和交往素养的相关性最高，这意味着越是与网络社会相接近，网络安全素养就会越高。这与之前的结论相一致。

五   提升网络安全素养的策略

实证研究当前未成年人网络安全素养的现状与影响因素可以发现，尽管

网络安全素养的水平高于预期，但是内部结构并不平衡，尤其在通信安全素养、知识技能安全素养方面情况并不乐观，且未成年人对网络安全素养的理解还不够全面。研究还发现家庭因素是影响网络安全素养的重要因素，父母的陪伴与良好的亲代关系对未成年人网络安全素养提高意义重大。此外，个人特征、学校因素以及网络使用情况和使用能力也通过不同的方式影响网络安全素养。基于上述原因，本文提出以下提升网络安全素养的策略。

（一）充分发挥家庭在网络安全素养培养方面的作用

父母要高度重视未成年人的网络安全素养，通过增加陪伴以及改善与子女的关系来助力未成年人网络安全素养的提升。目前，父母大多通过控制网络接触和网络使用时间来保护未成年人，这种方式短期有效，但是并不利于未成年人网络安全素养的提升，是一种被动的防守策略，建议父母一方面继续优化对孩子上网的时间管理，另一方面要在情感和技能两方面对未成年人进行帮助。一是增加陪伴时间，目前父母对孩子的网络使用陪伴更多地集中在网络学习方面，而在网络娱乐与网络社交方面陪伴与指导较少。二是通过提升自身的网络安全知识与技能来指导未成年人的网络使用，引导未成年人增加学习与健康娱乐使用。

（二）学校网络安全素养教育的方式方法亟待提升

本次调查发现，尽管许多教师或学校已经开始进行网络安全素养的培养，但是从实际效果来看，无论是教师还是课程方面，都没有形成对网络安全素养的显著影响，这意味着这些教育方式的效果并不显著。未成年人年龄较小，理解能力较弱，且网络安全素养不是空洞的理论和具体的教条。因此，在教育教学中必须强化情境教育和案例教学。

（三）充分发挥媒体与社会公益组织的力量

媒体通过提供知识和形成舆论环境两种方式作用于网络安全素养的提升。一方面借助媒体的传播力，媒体通过公益广告或者微课堂、微讲座的方式向青少年进行网络安全素养的普及，另一方面媒体建构的舆论环境能够帮助未成年人提升网络安全素养。此外，其他面向未成年人的社会组织可以通过组织展览、举办讲座、开展活动等方式服务于未成年人网络安全素养的提升。

（四）呼吁网络服务提供商的社会责任

网络安全问题伴随着网络服务的产生与发展而不断演变，作为网络服务提供商有义务承担起相关的社会责任。这也是从源头提升网络安全素养的必要措施。一方面网络服务提供商要积极参与、引导和提供相关公共产品或服务，另一方面要在相关产品中增加安全提示。

B.5
车联网安全监管策略研究

孙娅苹 *

摘　要： 车联网作为信息化与工业化深度融合的重要领域，对促进汽车、交通、信息通信产业的融合和升级，对相关产业生态和价值链体系的重塑，具有重要意义。伴随车联网智能化和网联化进程的不断推进，一方面车联网面临的网络攻击级别和攻击强度不断升级，攻击面也由单点攻击逐步转向平台化攻击和针对公共安全的攻击；另一方面车联网存在网络安全漏洞隐患多、安全防护能力不足等问题，车联网网络安全形势日趋严峻。车联网网络安全危害也由车辆安全上升到人身安全和财产安全，甚至直接威胁到公共安全和国家安全。安全已成为关系到车联网能否快速发展的重要因素，是车联网健康发展的基础和保障。在此背景下，本文通过梳理国外车联网安全监管的政策和法律法规，总结车联网管理思路和相关标准进展，分析当前我国车联网安全监管面临的主要问题和存在的不足，结合车联网的发展趋势提出适应我国车联网发展的安全监管对策。

关键词： 车联网　网络安全　智能网联汽车　监管

---

* 孙娅苹，中国信息通信研究院安全所工程师，主要研究方向为车联网安全、工业互联网安全、物联网安全等。

一 车联网技术产业的发展路径及安全监管需求

（一）车联网定义与内涵

车联网是借助新一代信息通信技术，实现车内、车与人、车与车、车与路、车与服务平台的全方位网络连接和信息交互，实现智能动态信息服务、汽车智能化控制、智能化交通运输管理的信息物理系统。

从车联网产业来看，车联网产业是汽车、电子、信息通信、道路交通等行业的深度融合，其目标是提升汽车智能化、网联化水平，实现汽车自动驾驶，发展智能交通。

从车联网的典型应用场景来看，覆盖车—云通信、车—车通信、车—路通信、车—人通信、车内通信等场景，并包含以智能网联汽车和移动终端、通信网络、服务平台为主的"端、管、云"业务形态。

（二）车联网技术发展方向

从技术发展来看，车联网的发展方向是以实现智能化和网联化为目标，主要经历了两大技术变革的活跃期（见图1）。第一个技术变革的活跃期是

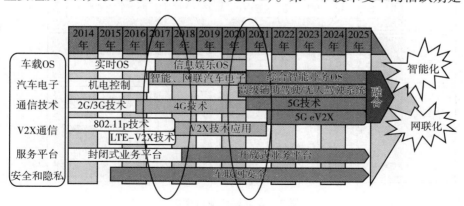

图1 车联网技术发展路径

资料来源：中国信通院相关团队整理。

截至目前，已初步实现汽车智能化、网联化，4G 技术在车联网中得到应用并在一定范围内得到了推广；第二个技术变革的活跃期预计到 2021 年底，汽车电子智能化、网联化将得到深入发展，人工智能和 5G 技术将得到应用和发展。

（三）车联网产业发展路径及安全监管需求

从产业链来看，车联网产业链可划分为制造业和服务业两大类，产业链中的主要环节和对象跨越了汽车、通信、交通等多个行业。对应车联网"端、管、云"技术架构，车联网产业链中的对象在端的层面以整车生产制造和零部件供应为主，细分为整车厂商、汽车电子系统供应商、元器件供应商和软件提供商。其中，整车厂商又分为传统车企和互联网车企，汽车电子系统供应商包括动力、车身、底盘等控制系统，以及信息娱乐系统、ADAS 与自动驾驶系统等供应商。在管的层面，主要业务涵盖信息通信领域，产业链主要对象涉及信息通信设备提供商和通信服务提供商。其中，通信服务提供商可以细分为基础电信运营商和车联网专业通信服务商。在云的层面，主要涉及车联网数据和内容服务，产业链对象对应划分为车联网数据和内容提供商、车联网服务提供商两大类（见图2）。

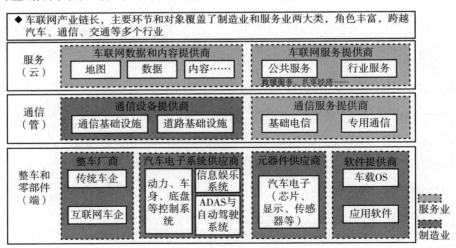

图2　车联网产业链情况

资料来源：中国信通院相关团队整理。

从产业发展路径来看,车联网的发展主要经历了三个阶段:第一阶段,2018 年底之前,车联网以传统 Telematics 业务为主,初步实现了车辆内外网通信的打通,信息娱乐系统成为汽车的标配,共享出行等汽车服务模式逐步显现。第二阶段,2018 年至 2022 年,基于 LTE – V2X、5G、智能汽车电子应用和眼球追踪等人机交互技术,使安全、高效的应用业务得到发展,并实现半自动驾驶。第三阶段,2022 年之后,基于实现高级/完全自动驾驶,以及丰富的业务形态,实现人、车、路、网、云的一体化综合智能交通体系(见图 3)。

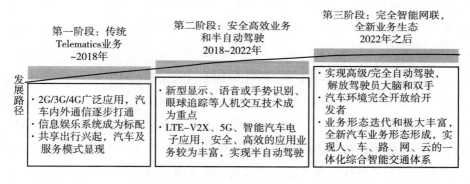

图 3　车联网产业发展路径

资料来源:中国信通院相关团队整理。

对应车联网发展的每个阶段,车联网网络安全监管需求和任务各有侧重。各阶段重点监管需求分析如下。

第一阶段:属于车联网发展的初期阶段。这一阶段从网络安全监管需求来看,重点需要从政策、规划等出发,引导和规范行业发展。在这一阶段,在顶层设计方面,我国先后出台了《智能汽车创新发展战略》《车联网产业发展三年行动计划》等,成立了由工信部、公安部、交通运输部等 20 个部门和单位组成的车联网产业发展专项委员会,力求引导产业发展,着力优化政策环境,破除体制机制障碍,推动车联网技术和产业发展。安全作为车联网发展的前提和基础,在相关工作中得到同步部署和推进。

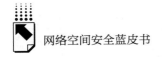

第二阶段：从车联网安全监管需求来看，应更多着力于技术和产业发展及应用推广方面的政策、安全管理政策及相应的标准规范的完善。其中，车联网网络安全标准的研究制定，应重点布局汽车生命周期网络安全、数据安全及用户隐私保护；同时，需相应完善车联网相关设备和产品的网络安全认证、准入，加强车联网网络安全评估管理，开展道路测试安全等相关工作。目前我国车联网发展处于第二阶段。

第三阶段：车联网已进入发展的快车道，车联网网络安全监管工作急需从综合保障体系建立健全的角度加快完善。从具体安全监管需求来看，进一步建立健全与车联网发展相配套的车联网安全监管体系是本阶段的重点目标。

二 国外车联网安全监管经验分析

当前，以美国、德国、英国等为代表的发达国家，在车联网安全监管方面走在世界前列，通过多措并举，加强对车联网的安全监管和引导。

发达国家的整体监管思路是：明确监管机制，围绕安全法律、法规，制定配套的标准制度，辅以规范和指南，并结合安全管理手段和技术手段，形成层次化、立体化的一整套车联网网络安全约束保障体系。

（一）监管体制

在监管体制方面，以美国当前的监管体制为参考。美国是典型的"三权"（立法、司法、行政）分立的联邦制国家，总统领导的联邦政府机构负责全国的行政事务，各州及基层的地方政府拥有相当大的独立自主权。交通运输领域由交通运输部负责行政相关监管工作。其中，安全由交通运输部下属的国家高速公路安全管理局（NHTSA）负责。

在网络安全领域，国土安全部、司法部和国防部各自职责不同。其中，国土安全部的主要职能是保护国家重要基础设施，牵头网络安全事件处理、网络威胁共享和漏洞分析，在管辖权内调查网络犯罪。司法部下属的联邦调查局（FBI）负责网络犯罪的调查、取证，以及国内网络威胁情报的搜集、分析，对网络安全事件提供支持。国防部负责保护国家不受攻击，包括搜集国外的情报，保障军事系统网络安全，对网络安全事件提供支持，对军事领域网络犯罪进行调查。

（二）立法制度

目前全球车联网相关的法律法规制定工作重点围绕自动驾驶技术与测试展开。从自动驾驶技术与测试进展来看，国外自动驾驶已基本完成从实验室研发向道路测试转变，道路测试作为开展自动驾驶技术研发和应用的关键环节，需要经历虚拟测试、封闭园区测试、指定道路测试和公开道路测试四个阶段。针对自动驾驶技术研发与测试等相关工作，网络安全立法需求集中在不同功能级别的自动驾驶汽车的网络安全检测。具体做法是，通过立法确定自动驾驶的法定地位，并构建安全保障体系，加强数据利用和保护，并就明确归责机制等方面展开制度设计。国际上主要发达国家均在积极研究制定相关立法，具体进展情况如下。

1. 美国

美国出台了首部《自动驾驶汽车法案》（H. R. 3388）。该法案是对美国《交通法》的进一步修订。该法案出台的背景是，美国超过 21 个州出台了自动驾驶汽车安全监管的政策，但各州的目的、定义、侧重点不相同，造成了监管碎片化，不利于产业部署，增加了企业的研发成本。在这种情况下，统一的联邦政策和标准的出台才能助力技术创新和产业发展。该法案规定：美国联邦法律具有对自动驾驶汽车安全监管的优先权；赋予美国高速公路安全管理局（NHTSA）对自动驾驶汽车的监管权限，并要求其制订自动驾驶汽车的监管规则和安全优先计划，升级和出台新的机动车辆安全标准；要求自动驾驶车辆厂商制订详细的网络安全计划，遵循国家的网络安全指导；授权 NHTSA 免除制造商适配已经阻碍自动驾驶技术发展的联邦机动车辆安全标准，以促进自动驾驶车辆、功能或系统的开发和现场测试；NHTSA 成立高度自动化汽车咨询委员会，以跟上自动驾驶汽车和系统发展的步伐；要求制造商在销售相关自动驾驶车辆或系统时制作书面形式的隐私计划，加强对消费者的隐私保护。

美国《自动驾驶汽车法案》（H. R. 3388）在国际车联网安全监管领域中具有举足轻重的地位，这里重点介绍该法案前四条规定的主要内容。

一是各州继续对许可、登记、责任、安全检查和事故调查、操作等方面做出规定，但美国联邦法律对自动驾驶汽车安全相关的车辆和系统相关组件的设计、制造或性能做出规定，对安全监管具有优先权。

二是赋予 NHTSA 对自动驾驶汽车的监管权限，并要求其制定自动驾驶汽车监管规则和安全优先计划，升级和出台新的机动车辆安全标准。其中，规则要求制造高度自动化车辆或自动驾驶系统的实体企业提交如何解决安全问题的评估证书，证书内容要涵盖安全评估证书的主体、测试结果和数据、可证明实体车辆保持安全的内容、设计功能和故障特征，以及证书的定期审查和更新。

三是要求自动驾驶车辆厂商制订详细的网络安全计划，遵循国家的网络安全指导。网络安全计划要覆盖以下内容：①概述检测和应对网络攻击，未授权入侵，错误、虚假信息或车辆控制指令的实践策略（识别、评估和减轻来自网络攻击或未授权的入侵；为减轻车辆面临危险而采取的包括事件应对计划、入侵检测和预防系统等预防性和纠正措施）；②识别负责网络安全管理的联系点；③限制访问自动驾驶系统程序；④培训员工，监督执行、维护政策和程序的过程。

四是授权 NHTSA 免除制造商适配已经阻碍自动驾驶技术发展的联邦机动车辆安全标准，以促进自动驾驶车辆、功能或系统的开发和现场测试。

2. 德国

德国出台了《道路交通法第八修正案》和《自动驾驶道德准则》法案，已成为自动驾驶领域立法的"先行者"。《道路交通法第八修正案》是以上位法的形式对自动驾驶的定义范围、自动驾驶车辆上路测试、安装"黑匣子"做出规定，明确驾驶人和制造商的责任与义务，以及对驾驶数据的记录等进行原则性规定，为自动驾驶各方利益主体的权利和义务边界进行界定，并提出政府监管方向，在自动驾驶产业立法进程中具有里程碑意义。《自动驾驶道德准则》则作为全球第一个自动驾驶行业的道德准则，通过在道路安全与出行便利、个人保护与功利主义、人身权益或财产权益等方面确立优先原则，为自动驾驶所产生的道德和价值问题立下规矩。

3. 欧盟

欧盟出台了安全指南为智能汽车安全发展提供最佳实践，积极开展车联网安全相关的问题研究，采取行动对安全问题给予界定。2017 年 1 月 13 日，欧盟网络和信息安全部门（ENISA）发布了《智能汽车网络安全与适应力指南》（以下简称《指南》），提出了应对网络威胁、保障智能汽车安全的最佳实践和建议。

《指南》的定位：ENISA 指南将智能汽车定义为提供互联、增值功能以提升汽车用户体验或车辆安全的系统；包含车载系统、联网资讯娱乐或车辆间通信等使用案例；ENISA 指南涵盖了乘用车和商用车，包括卡车，但排除了自动驾驶汽车。

《指南》的主要内容：列举智能汽车存在的敏感问题和威胁、风险、降低风险的因素，以及可以采取的安全措施；指出保护智能汽车依赖于对所有相关系统（即云服务、应用、汽车部件、维护工具、诊断工具等）进行全面的保护；概述了网联汽车系统中存在的关键隐患和风险以及汽车制造商应当考虑的威胁、攻击场景和降低风险的因素；不仅适用于汽车制造商，也适用于一级和二级供应商、售后市场供应商、保险公司和其他汽车行业的参与者；进一步明确汽车制造商、供应商、销售商、售后支持运营商和终端用户之间的责任归属问题。

我国车联网安全监管可借鉴的做法如下：一是遵循条例。行业参与者应当遵循与安全和隐私相关的条例。二是责任。处理供应商、汽车制造商、销售商、售后支持运营商和终端用户之间的责任问题。三是可追溯性。汽车制造商和供应商应确保采取了适当的技术手段，以便确定参与者之间的责任分配。

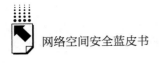

4. 英国

英国通过发布政策文件明确汽车制造商的安全责任。英国政府发布了《智能网联汽车网络安全关键原则》，对汽车制造商的安全责任进行了明确要求。《智能网联汽车网络安全关键原则》的主要内容：一是包括顶层设计、风险管理与评估、产品售后服务与应急响应机制、整体安全性要求、系统设计、软件安全管理、数据安全、弹性设计在内的八大关键原则。二是将网络安全责任拓展到汽车供应链上的每个主体，强调安全防护是一项迭代完善的工作，需要各方协同完成。三是强调要在汽车全生命周期内考虑网络安全问题。

（三）标准规范

车联网安全标准已成为国际标准化组织关注的主要内容之一，3GPP（第三代合作伙伴计划）、SAE（美国汽车工程师学会）、ISO（国际标准化组织）、ITU（国际电信联盟）等都围绕车联网安全开展了相关标准研制工作，为车联网安全发展提供必要的理论依据。

1. ISO/TC22

2016 年，ISO/TC22（国际标准化组织/道路车辆技术委员会）成立SC32/WG11 信息安全工作组，开展信息安全国际标准的制定工作；基于SAE J3061，参考 V 字模型开发流程；主要从汽车信息安全国际标准的范围、对象、主要内容和框架、工作方式和计划等方面开展相关工作。

2. SAE

SAE 下属的全球车辆标准工作组所属汽车电子系统安全委员会负责汽车电子系统网络安全方面的标准化工作，作为第一个关于汽车电子系统网络安全的指南性文件，J3061 对汽车电子系统的网络安全生命周期具有重要的应用意义，为开发具有网络安全要求的汽车电子系统提供了重要的过程依据。

3. ETSI ITS

ETSI ITS 技术委员会制定技术规范，包括安全架构、安全服务、安全管理、隐私保护等方面。ETSI ITS 安全架构从不同的层次提出安全要求：一是安全应用层的服务，通过信息签署和认证，结合数据的加解密实现管理，即安全服务处理（SA）；二是安全管理方面，即通过注册和认证建立起 ITS 网络服务，然后实施身份识别管理；三是报告错误行为方面；四是 HSM 安全要求。

4. ITU-T

ITU-T 成立了专门的 SG17 来主要负责通信安全研究与标准制定工作。在 ITU-T SG17／Q13 开展对智能交通、联网汽车安全的研究工作，已正式发布 X.1373，正在制定的标准有七项；X.1373 提出通过适当的安全控制措施，为远程更新服务器和车辆软件之间提供安全更新方案，并定义了安全更新的流程和内容建议。

5. 3GPP

3GPP 正在进行 LTE-V2X 安全研究和标准制定工作，已建立相关的信息安全要求规范，以保障车联网通信层面的安全。

三　我国车联网安全监管现状分析

（一）我国车联网安全工作基础

车联网的快速发展对原有分行业分领域监管的思路和机制提出了巨大挑战。从车联网安全监管的关键环节来看，车联网涉及汽车生产制造、信息通信、网络安全、汽车质量监督检查、交通运营监管、道路交通安全责任认定等相关工作，目前车联网网络安全整体由中央网信办统筹。从车联网监管主体来看，涉及发改委、工信部、国家安监局、国家质检总局、交通运输部和公安部等具体行业或领域的监管部门。

随着信息通信技术的发展，信息化与工业化深度融合，车联网安全问题也逐渐由原来的单一物理安全和功能安全层面的问题逐步转为物理安全、功能安全与网络安全问题交织，且呈现融合趋势。具体到车联网安全监管工作，在汽车生产制造、信息通信、汽车质量监督检查、交通运营管理、道路安全责任认定等相关行业和领域，都涉及网络安全，从而为明确划分车联网

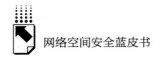

行业网络安全监管的职责、确定安全监管边界带来困难。

从对监管对象的细化来看，在端的层面，智能网联汽车的供应链包含了元器件供应商、一级供应商及后装市场等。其中，元器件供应商又细分为车载操作系统、车载芯片、车内无线传感器等部件的供应商；一级供应商及后装市场涉及车载介入接口 OBD、域控制器 ECU、T-BOX、IVI、车载终端架构、终端升级 OTA、车内网络等的供应商。另外，还包括整车企业，整车企业又对应细分为传统车企和互联网车企。

同时，车联网安全监管工作还需要注重全生命周期的安全管理。从智能网联汽车的生命周期来看，涉及概念设计、系统层面产品开发、软件层面产品开发、硬件层面产品开发、整车生产和集成制造、车联网的运行及服务，以及车联网退出销毁等阶段和环节（见图 4）。

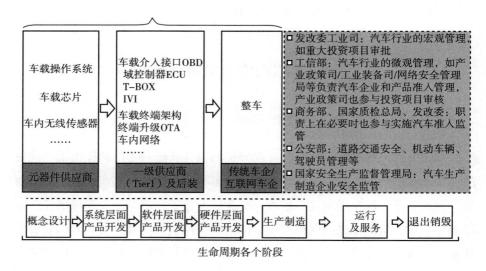

图 4 我国车联网安全监管机制现状

在车联网关键部件和生命周期的各个环节，从监管主体来看，涉及多部委、多部门，笔者对各相关部门的职责做了初步梳理。其中，国家发展和改革委员会下属的工业司重点负责汽车行业的宏观管理，工业和信息化部重点负责汽车行业的微观管理，如下属的产业政策司、工业装备司和网络安全管理局等分别行使汽车企业和产品的准入管理等相关职权；商务部、国家质检总局、国家发展和改革委员会也参与实施汽车准入相关的监管；公安部重点负责公路的道路交通安全、机动车辆和驾驶员管理等；交通部重点行使城市道路安全管理职责；国家安全生产监督管理局负责汽车生产制造企业安全监管。

另外，针对车联网的技术特点，在联网汽车上路后的安全管理，涉及网络传输和服务平台端的安全。相应的主要车联网关键部件包括通信基础设施、道路基础设施、基础电信网络和专用通信网络，以及车联网服务云平台、传统数据中心、数据和内容服务等。在这些领域，目前梳理了行业相关监管部门的主要职责如下：交通运输部负责交通运营监测、应急事件处置等；公安部负责交通安全管理、驾驶员及车辆管理；工业和信息化部重点对车联网"端、管、云"架构中具有联网功能的相关设备和系统实施行业监管，如移动智能终端、车联网服务平台等。

从车联网安全监管的现状来看，目前各监管部门已明确主要监管职责，但在部分领域还存在监管重叠或监管职责交叉的现象，比如，车联网网络安全态势监测、网络安全应急事件处置、路侧联网通信设备的准入等。针对车联网安全的关键部件和生命周期各环节，当前行业中"多头监管"现象较为明显。尤其是伴随人工智能、大数据、5G 等技术的应用，车联网技术在快速发展的同时，车联网的安全监管也将会面临新的挑战。

（二）我国车联网安全工作进展

安全作为车联网的重要组成部分，已成为车联网健康有序发展的重要前提和保障。为此，我国政府相关部门积极布局，围绕车联网安全顶层设计、法律法规、检测认证、产业支持、标准规范等方面，已开展系列工作。

在顶层设计方面，我国 2017 年就在国家制造强国建设领导小组下设立车联网产业发展专项委员会，负责组织制定车联网发展规划、政策和措施，协调解决车联网产业发展中的重大问题，统筹推进产业发展。已出台了一系列的政策和文件，如《车联网创新发展工作方案》《智能网联汽车发展战略（征求意见稿）》《汽车产业中长期发展规划》等，明确提出构建全面高效的智能汽车信息安全体系，保障车联网网络安全产业的健康有序发展；明确提出完善信息安全管理联动机制，明确相关主体的安全管理责任，定期开展安全监督检查；从云、管、端全方位加强信息安全系统防护能力；加强数据安全防护管理，建立智能汽车数据全生命周期的安全管理机制；加强数据安全监督检查，开展数据风险、数据出境安全等评估工作，加强管理制度建设。

在法律法规方面，《网络安全法》已明确要求包括车联网运营商在内的网络运营者应履行的网络安全保护义务，明确要求网络运营者应当按照网络安全等级保护制度，保障网络免受干扰、破坏或者未经授权的访问，防止网络数据泄露或者被窃取、篡改。

在检测认证方面，我国已在北京、上海、重庆、无锡等 10 多个城市建设封闭测试场地，对自动驾驶和车联网相关通信技术进行测试验证和应用示范，已在部分示范区积极推进 V2X 安全通信相关的示范建设。

在产业支持方面，我国正在积极推动和支持车联网安全相关技术研究和安全产品研发，如自动驾驶汽车道路测试安全规范、车联网安全检测工具等的研发。同时，我国相关部门以车联网网络安全试点示范项目、开展车联网场景相关的网络安全防护演练和安全大赛等多种方式，推动车联网的安全发展。比如，由工业和信息化部指导的 2018 年"护网杯"安全大赛，就专门设置了车联网攻防场景，以推动行业提升车联网安全防护能力。

在标准规范方面，我国陆续颁布车联网相关的政策标准，安全作为车联网的重要组成部分，在相应的法规政策中都被提出，从安全管理和安全技术层面都有相应的规定和要求。这里重点介绍一下在标准规范方面的工作进展。

1.《国家车联网产业标准体系建设指南》

包括"总体要求"，以及"智能网联汽车""信息通信""电子产品和服务"等分册。"智能网联汽车"分册规划了信息安全类（编号 204）标准，在遵从信息安全通用要求的基础上，重点针对车辆及车载系统通信、数据、软硬件安全，从整车、系统、关键节点以及车辆与外界接口等方面，提出风险评估、安全防护与测试评价要求，防范对车辆的攻击、侵入、干扰、破坏和非法使用和意外事故；"信息通信"分册的网络与数据安全部分，涉及安全体系架构、通信安全、数据安全、网络安全防护、安全监控、应急管理等方面的标准。

2. 重点车联网安全标准进展

我国紧跟国际的步伐，TC114、TC260、CCSA等都设立了车联网安全相关工作组，加速研制车联网安全标准，重点关注车联网无线通信安全和数据安全。

（1）TC114

全国汽车标准化技术委员会（以下简称"汽标委"）下属的智能网联汽车分技术委员会负责归口管理我国智能网联汽车领域的国家标准和行业标准。成立了先进驾驶辅助系统（ADAS）标准工作组及信息安全、自动驾驶等工作组；已完成《汽车信息安全通用技术要求》《车载网关信息安全技术要求》《汽车信息交互系统信息安全技术要求》等三项汽车信息安全基础标准；完成《电动汽车远程管理与服务系统信息安全技术要求》《电动汽车充电信息安全技术要求》等两项行业急需标准的预研工作；向国家标准化管理委员会提交了推荐性国家标准立项申请。

（2）TC260

TC260立项关于车联网安全标准项目：《汽车电子系统网络安全指南》《信息安全技术　车载网络设备信息安全技术要求》《信息安全技术　车载终端安全技术要求》《信息安全技术　汽车电子信息安全检测技术要求及测试评价方法》《智能网联汽车网络安全风险评估指南》等五项标准。

（3）CCSA

CCSA下设的包括TC8等在内的四个工作组都有开展车联网安全相关研究和标准制定工作，正在开展《车联网信息服务平台安全防护要求》《车联网无线通信安全技术指南》《车联网信息服务数据保护要求》《车联网信息服务用户个人数据保护要求》《基于公众LTE网络的车联网无线通信系统总

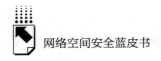

体技术要求》《基于移动互联网的汽车用户数据应用与保护评估方法》等六项标准的研制。其中，数据安全、信息服务平台安全、无线通信安全技术等相关标准已处于送审状态。

（三）我国车联网安全监管面临的挑战

1. 车联网安全监管难点

当前，我国车联网安全监管整体上来说面临以下监管难题。

一是车联网技术融合度高且复杂，安全监管难度相对更大。传统互联网以信息通信技术（ICT）为支撑，车联网则是信息通信、制造技术、大数据、人工智能等深度融合，涵盖车辆制造、芯片、软件、传感器、交通管理等，对技术本身及其跨界整合集成等提出了更高的要求，安全监管难度大。

二是车联网应用自主发展的挑战相对传统互联网更大。车联网涉及行业标准多而杂、应用专业化，且 ADAS、传感及雷达、车载芯片等领域长期由国外主导，外资企业依托既有优势加速向中国市场渗透，国内企业自主发展的挑战较大。

三是车联网安全管理需发展与安全同步统筹。车联网发展涉及国计民生，不能采取类似于互联网的"先发展、后治理"的监管方式，需要有序推进，遵循管理与技术相结合、发展与安全同步等原则，管理模式需要进一步深化和细分。

2. 我国车联网安全监管存在的不足

目前，我国车联网安全监管还存在一定不足，主要表现如下。

（1）监管方式。车联网安全监管思路基本确立，但各环节细化的安全监管责任还需进一步明确，车联网安全责任体系尚未形成。

（2）监管体制。目前各行业主管部门的车联网安全监管职责已基本确定，但某些领域还存在监管交叉和多部门同时监管等问题，安全监管边界尚不清晰。同时，行业主管部门、第三方机构、行业和企业多方参与共治的治理体系尚未建立。

（3）法规制度。《网络安全法》已确立了车联网安全相关企业的责任和义务，但针对车联网、智能交通管理等细化的网络安全制度法规尚未出台，政府、企业、用户等在车联网安全处置、数据隐私保护等相关工作中的权责等需进一步细化，车联网相关企业急需细化的政策文件作为约束和指引。

（4）标准规范，如数据管理、生命周期安全管理、整车安全评估规范、数据隐私安全评估与脱敏等可落地指导企业安全生产制造的一批急需标准尚未出台。

（5）技术手段。当前，我国相关行业主管部门已积极开展车联网安全监管技术手段等建设工作，推进车联网安全监测、评估认证、风险预警和应急处置等相关重点技术的研究，并以国家专项等方式推进车联网安全综合服务平台等的建设工作。尚缺乏车联网关键部件及系统安全认证、存量联网汽车和投入运营的车联网平台等安全监测管理、车联网安全事故责任落实等支撑手段。涵盖中央、地方和企业的三级联动安全监管平台尚未建立。

（6）测试认证。目前，我国行业主管部门正在积极推动车联网相关安全测试评估体系的建立，在部分车联网示范区进行车外通信测试认证工作，并取得了初步进展。但总体来看，车联网安全认证体系的建立，需要工信部、公安部、交通部等行业主管部门的跨部门协作，目前相关认证体系尚未建立，车联网汽车道路安全测试机制等尚不健全，相关测试认证工作急需开展。

四 车联网安全监管策略分析

（一）车联网安全监管机制分析

1. 其他行业监管机制分析及经验

从金融行业监管经验来看，一般而言，通常金融监管模式有机构监管、功能监管和行为监管。在金融监管中，应将三种监管方式有机统一。

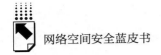
机构监管：金融监管部门对金融机构的市场准入、持续的稳健经营、风险管控和风险处置、市场退出进行监管。

功能监管：对相同功能、相同法律关系的金融产品按照同一规则由同一监管部门监管。比如，银行销售基金产品要获得证监会颁发的基金销售牌照。

行为监管：针对从事金融活动的机构和人，从事金融业务就必须要有金融牌照，从事哪项业务就要领取哪种牌照。对有牌照的机构要监管，对没有牌照从事金融业务的机构更要监管，要严厉打击无照经营。

相同金融产品不按照同一原则统一监管是造成监管空白、监管套利的主要原因，也是当前金融秩序混乱的重要原因。因此，树立功能监管与行为监管的理念是金融稳定的基石。落实功能监管和行为监管首先要统一对金融产品的法律关系和产品性质的认识，这样才能明确监管的主体和监管边界，实现监管追责。

2. 车联网安全监管机制分析

在车联网网络安全监管中，建议参考金融行业的监管思路，创新监管机制，建立车联网网络安全行业监管的机构监管、功能监管和行为监管三种模式相结合的监管机制，进一步完善车联网安全顶层设计。

（二）车联网安全监管职责和监管边界分析

车联网网络安全管理从监管对象和监管职责来看，除了涉及互联网和通信等通信领域外，还包括"互联网＋"相关服务领域。从监管主体来看，涉及网信部门、公安部门、交通部门、国密管理部门、质检部门等行业主管部门。从监管内容来看，车联网安全监管需涵盖汽车、交通领域中与联网功能密切相关产品的安全监管，具体监管设备对象包括但不限于车载通信模块、通信基础设施、信息服务云平台、车联网移动智能终端等。

因此，为明确车联网安全的监管职责，应厘清相关行业监管主体之间的边界，明确相关监管对象、监管主体与监管职责之间的关系，建立多部门、跨领域的协同监管体系。

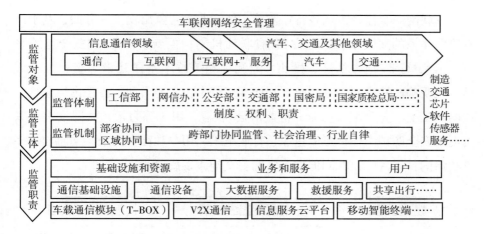

图 5　我国车联网安全监管职责和边界

（三）车联网安全监管主体及关联关系分析

要建立清晰明确的车联网安全监管体系，除了明确工信、交通、网信、公安、密码管理、交通等领域的监管职责和监管边界之外，要进一步梳理车联网安全监管主体及相互之间的关联关系，以构建相互协同的联动关系（见图6）。

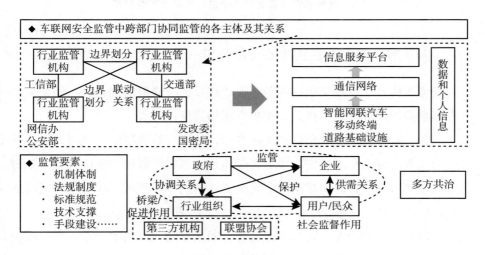

图 6　我国车联网安全监管主体及其相互关系

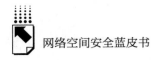

车联网安全监管需从各行业监管主体和监管对象出发，一方面，基于已有监管体系的职责细分，建立部/省联动机制，重点整合部/省安全监管平台、国家/行业/地方认证、检测、监测等相关技术手段建设力量；另一方面，在明确监管机制、法规政策、标准规范、技术能力和手段建设等监管手段的基础上，充分汇聚企业、行业协会/联盟、用户等力量，共同推进车联网网络安全防护工作，形成企业、行业组织、用户和社会民众共同参与、多方共治的良好局面，共同促进车联网安全健康发展（见图7）。

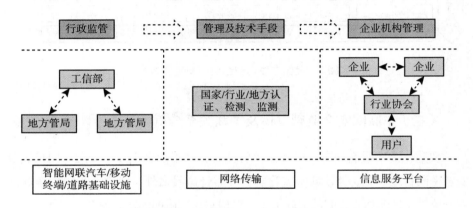

图7　我国车联网安全监管平台、技术及安全防护

（四）车联网安全责任体系建设分析

安全主体责任是基于我国相关法律法规及标准规范的规定，明确相关参与方应承担的安全职能和相关工作中应尽的责任。

在新一轮车联网发展布局的关键节点，从安全管理层面，我国还需进一步统筹谋划，健全车联网安全监管责任体系，落实车联网产业链各环节参与各方的主体责任，推动车联网网络安全工作的进一步落地。针对车联网网络安全责任的初步建议如下。

车联网安全相关企业履行主体责任。明确车联网网络安全责任部门和责任人，建立健全车联网相关设备、系统平台联网前后的风险评估、安全审计等制度，建立安全事件报告和问责机制，加大网络安全投入，部署有效安全技术防护手段，保障企业车联网安全工作的顺利开展，为车联网相关系统和业务的可靠稳定提供基础保障。

政府履行监督管理责任。行业主管部门组织开展车联网安全相关政策、标准研制等综合性工作，并按照职责对主管行业领域的车联网安全工作开展行业指导和监管。地方行业主管部门指导本行政区域内车联网相关企业的安全工作，同步推进安全产业发展；推进本行政区域内车联网应用和平台等安全工作，并在公共互联网上对车联网相关的联网设备等进行安全监测。

车联网安全主体责任落实。政府层面要支持科研机构开展车联网网络安全责任体系研究，明确产业链各环节，如汽车、移动终端、信息服务平台等全生命周期的安全监管责任。加强车联网安全责任体系建设，明确各级监管部门的监督管理职责。明确车联网供应链各方的网络安全责任，并将网络安全责任落实到上线前、运营使用中和事后追责等生命周期相关的各个环节。配合安全监管责任体系的落地实施，建立网络安全定期检查、考核等机制，加大安全监管力度。

（五）车联网安全重点标准研究制定方向分析

车联网是自组织网络，具有无中心、自组织、拓扑快速变化等特点，使车联网的通信环节更容易受到来自恶意节点的威胁。车联网通信安全涉及车—车、车—路、车—人、车—平台、车内通信等，其通信安全需求复杂、通信安全对象多样。协议破解及缺乏认证机制是当前车联网短距离通信中面临的主要威胁，车与车通信中可能存在的恶意节点使车联网可信网络环境受到威胁，而无线通信协议破解和中间人攻击成为车与云平台通信安全的主要威胁。目前，业内尚不具备成熟的通信安全解决方案，缺乏统一的标准作为指导。因此，急需开展车联网无线通信安全相关标准研究。

随着车联网智能化和技术网联化，联网汽车电子设备不断增加，车联网应用种类和服务数量不断丰富，车联网信息服务各环节设计的数据量大幅上升。同时，车联网信息服务所采集的车主信息（如姓名、身份证、电话）、车辆静态信息（如车牌号、车辆识别码）、车辆动态信息（如位置信息、行驶轨迹），以及用户的使用习惯等，都属于用户个人隐私信息。因此，保护车联网信息服务的数据安全和用户个人信息安全，是车联网网络安全的重要内容。当前，由于车联网系统安全漏洞修复机制缺失，攻击者可能通过窃听广播消息、分析数据、预测轨迹和跟踪车辆等手段，对车联网各环节中的数据信息进行假冒、伪造或篡改，使车联网数据安全面临挑战。另外，由于数据流动管理体系的缺失，车联网用户个人信息的过度采集和越界使用等现象普遍存在，缺乏标准加以约束。为此，开展车联网信息服务数据安全和用户个人信息保护相关标准研究工作的意义重大。

车联网信息服务平台作为车联网行业基于云计算和大数据提供的一种互联网服务，其在极大增强车联网应用功能、改善用户业务体验的同时，也将云计算安全问题引入了车联网，如云计算虚拟化、多租户、云计算数据安全、隐私保护、虚拟资源调度和管理等。同时，车联网信息服务平台作为车联网应用服务的中心节点，自身具备的开放接入环境、汽车的高速移动性等特性，也在一定程度上使车联网信息服务平台安全面临更大挑战。车联网云平台也可能因操作系统等存在的安全漏洞而面临云平台大批量的汽车信息被泄露、车辆被控制等安全风险。车联网业务应用场景复杂多样，某一种特定的安全技术不能完全解决应用平台的所有安全问题，且目前业内身份认证和可控性评估等技术能力薄弱，尚未建立针对车联网信息服务平台的综合安全防护措施。为此，车联网信息服务平台安全防护标准研究是目前亟须开展的重点工作。

另外，应加快制定车联网相关主体的全生命周期安全管理、整车安全评估规范等标准，加快落地一批对企业安全生产制造具有指导意义的标准。

因此，在车联网安全标准研究制定方面，需以"急用先用"的原则，加快推进车联网通信安全、数据保护、服务平台安全和用户个人信息保护、生命周期安全管理、安全评估、测试认证等重点标准的研究和制定工作。

五 我国车联网安全监管重点工作建议

安全作为车联网的重要组成部分，是车联网发展的重要前提和保障。结合我国车联网安全工作布局，应尽快建立层次分明、权责清晰、技管结合、多方共治的安全监管体系。

在监管主体方面，除了各级政府，针对监管机制体制、法规制度、标准规范、技术支撑和手段建设等，还需要联合企业、行业组织、用户和社会民众的力量，实现多方共治，具体工作建议如下。

一是创新车联网安全监管机制。充分参考和借鉴相关行业已有监管经验，充分研究车联网安全监管的难点问题，厘清监管职责和边界，创新车联网安全监管机制，使车联网网络安全监管适应技术和产业发展需要，有效引导和规范车联网行业健康发展。

二是建立车联网安全监管责任体系，落实企业网络安全主体责任。在新一轮车联网发展布局的关键节点，统筹谋划和积极部署车联网安全责任体系研究，健全相关监管责任体系，落实产业链各环节参与企业的主体责任，推动车联网安全工作落地。

三是出台政策制度，推动急需标准研制。从国家层面制定出台车联网安全保障战略、行动计划、建设指南等重大政策或指导性文件，明确车联网安全防护工作定位、目标和保障措施等，指导行业安全工作。构建车联网网络安全事件通报和应急处置等安全监管机制，建立健全车联网安全态势感知预警、风险评估和运行监测等安全防护机制。同时，组织、协调行业监管部门、研究机构、车联网企业、安全厂商等共同合作，研究制定车联网安全相关的管理、技术、测评等标准规范，强调车辆全生命周期网络安全管理。积极主导或参与车联网安全国际标准化活动及工作规则制定，推动具有自主知识产权的标准成为国际标准，逐步提升我国在车联网安全国际标准化组织中的影响力。

四是提升安全技术防护能力，加强数据安全和车联网隐私保护。重点突

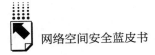

破智能网联汽车相关系统安全、车联网平台安全、数据安全等核心技术研究。支持硬件加密、攻击防护、漏洞挖掘、入侵检测和态势感知等系统安全产品的研发。推动车联网安全态势感知预警、风险评估和运行监测等相关技术研究。研究车联网数据安全和个人信息保护的技术，加强数据采集、数据传输、数据使用、数据迁移、数据存储、数据销毁、数据备份和恢复等生命周期各环节的安全。加强数据分类分级和用户个人信息保护研究，包括不同安全等级的研究数据、个人信息的安全管理和技术要求。

五是通过安全监测、测试认证等制度，提升评估咨询等安全服务保障能力。着力提升隐患排查、攻击发现、应急处置和攻击溯源水平，建立涵盖中央、地方和企业的三级联动安全监测预警、威胁分析和应急处置平台，建立安全试验验证、数据安全保护等安全平台，建立车辆上路前认证、运行使用中的安全检查监管、事后责任追究等制度。构建智能网联汽车、无线通信网络、车联网数据和平台的全要素安全评估认证体系，开展安全能力评估与认证。推动横跨工信、公安、质检总局等部门的汽车相关产品的第三方认证机制、汽车道路测试等测试认证工作，推动相关企业加大安全投入，创新安全运维与咨询等服务模式，提升行业安全保障服务水平。

B.6
安全风险视域下的云平台
责任界定与治理探析

云安全责任研究课题组 *

摘　要：　当前，云计算技术全面成熟并得到广泛普及，是各行业数字化转型采用的通用技术模式，而各类云平台已成为支撑经济社会运行的网络基础设施。云平台安全风险日益复杂泛化，加之云平台服务模式的特殊性，云平台安全治理涉及监管、平台、用户等多元嵌套主体，如何科学界定各类多元主体的安全责任成为云平台安全治理的重要前提。由此，本文在云平台的系统安全、应用安全、数据安全及内容安全等安全风险视域下，结合国内外的法律法规以及产业实践，界定云平台安全的责任主体与相关责任。同时，基于"安全域—责任主体—服务模式"的维度，构建"权利—责任"动态匹配的云平台安全责任分担框架，以此为指引对我国云平台安全治理提出具体的对策建议。

关键词：　安全风险　云平台　责任界定　治理

＊　云安全责任研究课题组主要成员：唐巧盈，赛博研究院高级研究员，上海社会科学院博士研究生；惠志斌，上海社会科学院互联网研究中心主任，研究员；韩李云，腾讯安全战略研究中心高级研究员；陈慧慧，腾讯公司数据安全部安全专家；张娜，腾讯网络安全与犯罪研究基地高级研究员；殷俊，腾讯公司安全管理部安全策略专家。

一 云平台安全风险域与安全责任

(一)云平台及其安全风险域

云计算作为随着信息技术演进而出现的一种新型生产和服务模式,能够按需配置和优化一种或多种昂贵的计算资源,实现资源的有效整合,促进生产效率提升,创新数字经济商业模式。市场调研公司 Gartner 的数据显示,2018 年全球公共云服务市场规模为 1824 亿美元,到 2022 年全球公有云服务营收将增长至 3312 亿美元。[①]

在全球云服务市场,存在产业相互依存与用户层级嵌套的现象,"服务商—用户"身份可随着产业链延伸而不断衍化(见图 1)。本文所指的云平台服务商是指管理、运营、支撑云计算的基础设施及软件,并通过网络交付云计算资源的供应方;云平台用户是指直接使用云计算服务,并同云平台服务商建立业务关系的参与方;而云计算平台即云平台,则是云平台服务商提供的云计算基础设施及其上的服务软件的集合。[②]

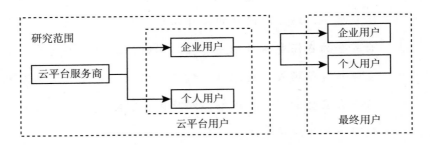

图 1 本文研究的"云平台服务商—云平台用户"范围

---

① Gartner, "Gartner Forecasts Worldwide Public Cloud Revenue to Grow 17.5 Percent in 2019", https://www.gartner.com/en/newsroom/press-releases/2019-04-02-gartner-forecasts-worldwide-public-cloud-revenue-to-g.

② 《信息安全技术 云计算服务安全指南》(GB/T 31167-2014), http://c.gb688.cn/bzgk/gb/showGb? type=online&hcno=09688362A71B05A46B4E3E73DCBACAAD。

以云平台服务商提供的资源类型划分，云平台主要有三种服务模式（见图2）：基础设施即服务（IaaS）、平台即服务（PaaS）和软件即服务（SaaS）。在 IaaS 模式下，云平台是作为网络基础设施存在的，云平台服务商向用户提供虚拟计算机、存储、网络等计算资源及访问云平台的服务接口，用户可在这些资源上部署或运行操作系统、中间件、数据库和应用软件等；在 PaaS 模式下，云平台主要作为软件开发和运行平台，云平台服务商向用户提供标准语言与工具、数据访问、通用接口等，用户可利用该平台开发和部署软件；在 SaaS 模式下，云平台主要作为应用软件，云平台服务商向用户提供的是运行在云计算基础设施上的应用软件，用户无须自行开发软件，可利用不同设备上的用户端（如 Web 浏览器）或程序接口直接使用云平台服务商提供的应用软件。

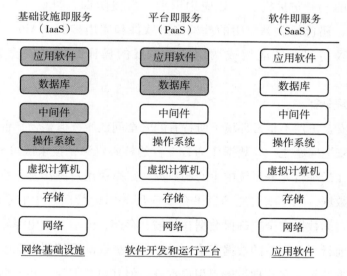

图 2　云平台三种服务模式

在不同的云平台服务模式和运营方式中，潜藏着各种安全风险，深刻影响了云平台的广泛应用，可谓"牵一发而动全身"。具体来看，这些安全问题涉及如下四个安全风险域。

1. 系统安全

系统安全涵盖保障和支撑云平台运行的通信、软件、硬件等一系列基础设施的安全域，如云主机安全、虚拟化平台安全、通信安全及运行环境安全。其中，资源虚拟化技术是云平台的特有基础技术之一，需关注虚拟化软件的脆弱点、主机虚拟化后容器安全及其日常管理安全等风险。由于虚拟化环境独特的动态特性，在遇到虚拟机未能激活、资源冲突、虚拟系统通信中断等问题时，传统的静态安全防护措施往往无法奏效。

2. 应用安全

应用安全涵盖预防与管控在云平台中部署的与业务相关的应用或应用开发接口所带来风险的安全域，包括业务应用系统在设计、开发、发布及配置等过程中所应采取的安全措施，也包括应用在上线运行后所采取的业务防护措施，如应用识别、入侵防御、身份认证及资源访问控制等，还包括业务应用的基础支撑软件和应用扩展（APIs）的防护、加固，以及访问业务应用或调用应用扩展的操作终端的安全管理与控制等。

3. 数据安全

数据安全虽然不是云环境下所特有的安全问题域，但是云平台用户最关心的关键安全问题之一。数据作为云平台的核心资源，按来源可分为三类：一是用户在云平台业务系统中生产的数据，二是由用户操作业务系统的行为而产生的数据，三是来自通信、平台及应用等因运行而产生的系统运维数据。云平台的数据安全应确保数据在传输、存储、流动、应用等环节中风险可控。当前云平台用户的数据安全对云平台服务商的管控能力高度依赖，用户业务数据的权属和管理虽属于用户本身，但其对数据保护和数据管理的能力有待提升。

4. 内容安全

内容安全是在云平台中所承载的业务运营结果或其数据所附着的信息的防护或监管的安全域，这些内容最终往往以图片、文本、视频、声音等形式呈现。依据安全管控的目标不同，可分为合法内容的保护和非法内容的监管与打击。前者主要包括商业秘密保护、版权保护、复制防护等，后者通常涉及云平台上可能潜藏的色情、暴力、低俗、政治敏感、恶意广告等违法违规或有害内容，这些也是当前云平台中最常见、最难监管、防控难度较大的安全问题之一，轻则影响业务平稳运营，重则造成巨大社会舆论压力，导致云服务被暂停甚至中止。

（二）云平台安全责任概念界定

为解决日益凸显的云平台安全问题，云平台安全责任的落实与划分至关重要。如图3所示，与云平台相关的责任主体包括监管部门、云平台服务商和云平台用户，其相关的安全责任一方面是来自监管部门对云平台服务商的责任要求，另一方面则是云平台服务商与云平台用户之间的责任划分问题。

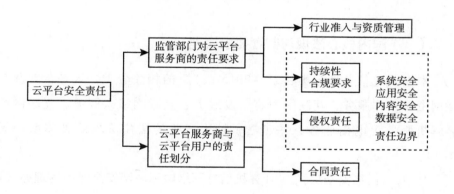

图3 本文研究的"云平台安全责任"范围

其中，监管部门对云平台服务商的安全责任要求为：一是行业准入与资质管理，即国家对电信业务经营实行许可制度，云平台服务商需要依据相关规定取得《增值电信业务经营许可证》，开展云平台涉及互联网资源协作服务、互联网内容分发服务、互联网接入服务、互联网域名解析服务等电信业务；二是云平台服务商需依据法律法规合规开展业务。而云平台服务商与云平台用户的责任关系主要涉及：一是依据合同关系划分责任，二是在侵权关系下依据不同情境进行责任界定。

本文研究的重点是根据在系统安全、应用安全、数据安全、内容安全四个安全风险域下，监管部门对云平台的监管要求，界定云平台服务商基于合规的安全责任，以及云平台服务商与云平台用户的责任划分。可以发现，云平台安全涉及责任主体的多样性、平台服务模式的多样性以及部署方式的特殊性，再加上不同场景的合规需求差异巨大，以及国内外不同的监管要求，导致云平台服务商和云平台用户之间的安全责任难以清晰界定，这也进一步说明了云平台安全治理的复杂性与艰巨性。

二　云平台安全责任的国内外监管

（一）国内核心法规与监管要求梳理

根据《电信业务分类目录（2015 版）》的相关分类，云平台涉及互联网资源协作服务、互联网内容分发服务、互联网接入服务、互联网域名解析服务等电信业务，并建立了较为完善的法律法规监管体系（见图 4）。

其中，《网络安全法》、《计算机信息网络国际联网安全保护管理办法》（公安部第 33 号令）、《电信条例》、《信息安全技术 云计算服务安全指南》（GB/T 31167 – 2014）等对云平台在系统安全、应用安全、数据安全、内容安全等方面提出了相关的要求（见表 1），具体有：①网络安全防护；②网站/App 实名备案审核；③日志留存；④针对用户违法行为配合处置；⑤违法内容监测处置；⑥安全风险向有关部门报告；⑦执法技术协助；等等。此外，《侵权责任法》《信息网络传播权保护条例》《互联网信息服务管理办法》等法律也从不同角度对云平台安全责任有所覆盖。但是，当前法律法规对于云平台服务商和云平台用户的安全责任划分仍待进一步研究。

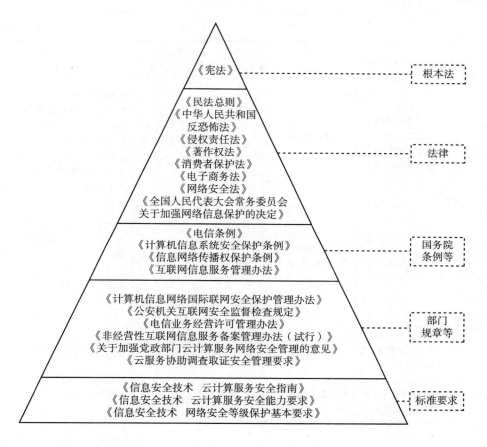

图4 云平台安全责任法律法规与监管体系

表1 国内云平台安全相关政策文件

序号	政策/法规/标准	云平台服务商	云平台用户	涉及的云安全域	对云平台具体监管要求
1	《网络安全法》	网络运营者	个人或组织	系统安全、应用安全、数据安全、内容安全	①网络安全防护；②网站/App 实名备案审核；③日志留存；④针对用户违法行为配合处置；⑤违法内容监测处置；⑥安全风险向有关部门报告；⑦执法技术协助

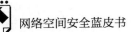

续表

序号	政策/法规/标准	云平台服务商	云平台用户	涉及的云安全域	对云平台具体监管要求
2	《全国人民代表大会常务委员会关于加强网络信息保护的决定》	网络服务提供者	用户	系统安全、数据安全、内容安全	①网络安全防护；②网站/App实名备案审核；③针对用户违法行为配合处置；④违法内容监测处置；⑤安全风险向有关部门报告；⑥执法技术协助
3	《电信条例》	电信业务经营者（增值业务）	电信用户	内容安全、系统安全	①网络安全防护；②网站/App实名备案审核；③日志留存；④针对用户违法行为配合处置；⑤安全风险向有关部门报告
4	《计算机信息系统安全保护条例》	计算机信息系统的使用单位	计算机信息系统的使用单位	系统安全、数据安全	①网络安全防护；②安全风险向有关部门报告
5	《信息网络传播权保护条例》	网络服务提供者	服务对象	内容安全	针对用户违法行为配合处置
6	《计算机信息网络国际联网安全保护管理办法》（公安部第33号令）	互联单位、接入单位、使用计算机信息网络国际联网的法人和其他组织	单位和个人	系统安全、应用安全、数据安全、内容安全	①网络安全防护；②网站/App实名备案审核；③日志留存；④针对用户违法行为配合处置；⑤违法内容监测处置；⑥安全风险向有关部门报告；⑦执法技术协助
7	《公安机关互联网安全监督检查规定》（公安部令第151号）	网络服务运营机构（互联网接入、域名服务、内容分发服务）	联网使用单位	系统安全、应用安全、数据安全、内容安全	①网络安全防护；②网站/App实名备案审核；③日志留存；④针对用户违法行为配合处置；⑤违法内容监测处置；⑥安全风险向有关部门报告；⑦执法技术协助

续表

序号	政策/法规/标准	云平台服务商	云平台用户	涉及的云安全域	对云平台具体监管要求
8	《电信业务经营许可管理办法》（工业和信息化部第42号令）	增值电信业务经营者	单位或者个人	系统安全、内容安全	①网络安全防护；②网站/App实名备案审核；③违法内容监测处置；④安全风险向有关部门报告
9	《非经营性互联网信息服务备案管理办法（试行)》	互联网接入服务提供者	非经营性信息服务提供者	系统安全、内容安全	①网站/App实名备案审核；②日志留存；③违法内容监测处置；④安全风险向有关部门报告
10	《互联网信息安全管理系统使用及运行维护管理办法（试行)》	电信业务经营者/企业	服务对象	系统安全、数据安全	①网络安全防护；②日志留存；③安全风险向有关部门报告；④执法技术协助
11	《关于加强党政部门云计算服务网络安全管理的意见》	云计算服务商	党政部门	系统安全、应用安全、数据安全、内容安全	①网络安全防护；②安全风险向有关部门报告
12	《云服务协助调查取证安全管理要求》	云服务提供者	用户		①网络安全防护；②网站/App实名备案审核；③日志留存；④针对用户违法行为配合处置；⑤违法内容监测处置；⑥安全风险向有关部门报告；⑦执法技术协助
13	《信息安全技术云计算服务安全指南》（GB/T 31167－2014）	云服务商	云服务客户	系统安全、应用安全、数据安全、内容安全	①网络安全防护；②梳理了云计算服务安全管理的主要角色及责任
14	《信息安全技术网络安全等级保护基本要求》（GB/T 22239－2019）	云服务商	云服务客户	系统安全、应用安全、数据安全、内容安全	①网络安全防护；②梳理了云计算应用场景中不同服务模式下云平台服务商和用户的安全管理责任

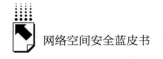

（二）监管要求下的云平台安全责任界定与难点分析

1. 系统安全责任

系统安全责任一方面来自因内部因素导致系统出现问题而形成的安全责任，另一方面也存在资质问题等外部因素带来的安全责任。由此，国内监管政策也基于内外部因素来界定主体安全责任，但其在网络安全防护、实名备案等方面的责任界定上仍存在难点。

我国《网络安全法》第十条、第二十一条、第二十四条，《全国人民代表大会常务委员会关于加强网络信息保护的决定》，《电信条例》第五十九条，《计算机信息网络国际联网安全保护管理办法》（公安部第 33 号令）第十条，《公安机关互联网安全监督检查规定》（公安部令第 151 号）第十条，《非经营性互联网信息服务备案管理办法（试行）》第十条、第十九条，《电信业务经营许可管理办法》（工业和信息化部第 42 号令）第二十六条，《通信网络安全防护管理办法》第五条、第十三条，《计算机信息系统安全保护条例》第十三条等，对云平台的系统安全责任做出了较为明确的规定。其中，云平台服务商须取得经营资质，依据网络安全等级保护制度的要求，承担云平台本身的网络安全防护，保障云平台的系统安全，并对用户使用其服务前进行实名审核、记录备案信息、及时报告系统风险等安全责任，而用户须履行实名备案责任。

然而，监管部门在不同情境中对主体安全责任进行界定，仍面临一定的挑战。如在网络安全防护方面，近年来利用云服务器来进行 DDoS 攻击的事件频发，许多云平台服务商会提供基础的防御外部 DDoS 攻击的安全防护能力或服务，以保护处于云计算平台网络中的各类资源不受来自此类攻击的影响，这其中涉及用户授权、操作或者购买。用户有责任维护并管理已购买的自身的业务系统安全，类似如因用户管理不当造成的云主机主动或被动向外发起恶意攻击（如 DDoS 攻击、网络嗅探、病毒木马攻击等）的情况，其主要安全责任不能单纯归咎于云平台服务商。而在实名备案方面，存在云平台服务商未落实用户身份信息登记和网站备案相关要求，导致虚假备案而被责任整改的案例。但如针对用户使用 PS 营业执照或印章、套用同名法定代表人身份证件等现象，现有审查方法无法有效发现和解决。一方面，云平台服务商在人工审核有效鉴别其身份真伪方面存在缺陷；另一方面，当前权威数据库仅比对营业执照上的证件号和单位名称，这种审核机制或导致缺乏主体真实信息而难以有效溯源，从而引发相应的安全责任。可以说，此类问题的安全责任界定仍存在模糊现象。

2. 应用安全责任

当前，国内的法律法规和政策对云平台的应用安全做出明确责任界定相对较少。《网络安全法》第十条、第二十七条，《电信条例》第五十七条，《电信业务经营许可管理办法》（工业和信息化部第 42 号令）第二十四条等，主要对云平台应用中可能存在的违规手段和目的做出规定。因此，云平台服务商和用户须做好自身业务应用系统在设计、开发、发布及配置等过程中的安全措施，承担相应的安全责任。

法规明确指出，作为增值电信业务经营者云平台服务商不得为未依法取得经营许可证或者履行非经营性互联网信息服务备案手续的单位或者个人提供接入或者代收费等服务。由此，云平台服务商需要履行对用户接入目的核实与监测义务，如若发现用户在云平台服务器上非法部署虚拟专用网络等应用，应当立即停止接入等服务，保存有关记录，并向国家有关机关报告。但在实际运行过程中，云平台服务商对云服务用户使用目的的全面核实仍无法实现，如对带登录态的网站存在技术难题。

3. 数据安全责任

数据安全责任是当前云平台服务商和用户最为关注的责任之一。《网络安全法》第二十一条、第三十七条，《全国人民代表大会常务委员会关于加强网络信息保护的决定》，《信息安全技术　云计算服务安全指南》（GB/T 31167－2014），《互联网信息安全管理系统使用及运行维护管理办法（试行）》第九条、第十三条、第十四条，《关于加强党政部门云计算服务网络安全管理的意见》，《云服务协助调查取证安全管理要求》第八条、第九条、第十条、第十一条、第十二条、第十三条等，对云平台数据安全责任做出了相关规定。其中，云平台服务商应承担监测与记录网络运行状态、日志留存、数据分类、重要数据备份、数据跨境与本地化留存、协助调查取证、将安全风险主动报告至主管部门等安全责任，用户则需承担部署或迁移到云计算平台上的数据和业务的最终安全责任。

但在云平台日常运行中，仍然存在责任无法明确落实的情况，云平台与用户之间的数据权限边界亟待厘清。在日志留存方面，云平台服务商可接触、管理和控制的数据主要是系统日志信息，实现技术功能、提高服务质量、维护客户数据和系统安全及遵照法律法规相关规定。若云平台某服务器上涉嫌内容违规，用户收到通报处置后可能会以后台登录等方式修改、删除数据，待后续监管部门调证时，服务器已不具备原始调证环境，云平台则被质疑"日志留存不全"，相应的安全责任无法有效落实。而针对数据跨境流动，我国规定云平台服务商收集和产生的个人信息及重要数据应当在境内存储，现有的《个人信息出境安全评估办法（草案）》等法规未正式出台，加之国际社会对云服务中的跨境数据存储、流动等监管尚未达成一致，这在一定程度上加大了云平台安全责任界定的难度。

4. 内容安全责任

内容安全责任的界定是国内云平台服务商和用户责任划分的难点。《网络安全法》第十二条、第二十八条、第四十七条、第四十九条，《全国人民代表大会常务委员会关于加强网络信息保护的决定》，《电信条例》第五十六条、第六十一条、第六十二条、第六十五条，《计算机信息网络国际联网安全保护管理办法》（公安部第 33 号令）第八条、第十条，《公安机关互联网安全监督检查规定》（公安部令第 151 号）第十条，《非经营性互联网信息服务备案管理办法（试行）》第十九条，《侵权责任法》第三十六条等法律法规涉及相关责任要求。用户需要承担保障内容安全的责任，云平台服务商不仅需要保障用户的数据与信息保密安全，还要承担内容安全巡查、违法违规内容处置、安全风险报告、执法协助等安全责任，若未采取法律规定的相关合理且必要的措施的，可能需要与该用户承担连带责任。

但在实践中，云平台服务商的主动巡查往往涉及权利与义务的对等性、用户隐私与商业秘密保护等问题，云平台安全责任的问题与矛盾集中凸显。

在违规和不良信息方面，监管部门要求云服务商重点加强对公开网站内容可能涉及的违法违规信息的巡查监测。其中存在的较为突出的问题为：一是对于云平台用户储存在云端的加密文件，云平台服务商往往处于保护用户隐私与解析内容监测的两难境地；二是对于带登录态功能的网站页面诱导点击进而推广宣传违法违规虚拟专用网络服务及其他不良信息的情况，云平台服务商往往因登录页本身不存在违法违规信息而难以进行有害内容巡查。对于上述问题的责任边界问题，业界尚未形成一致共识，但也有云平台服务商通过技术和商业模式创新，为云平台用户提供可靠的内容安全产品服务。

在知识产权侵权处置方面，与其他网络平台不同，云平台服务商作为底层技术架构和存储空间的提供者，不具有事先审查被租用的服务器中存储内容是否侵权的义务，也没有审查被租用的服务器存储内容是否侵权的权利，这与"故意视而不见等于明知"不同，云平台服务商并没有"故意忽视"侵权行为，其已满足了"红旗原则"下对网络服务商注意义务的要求。① 加之在云环境下权利人难以发现侵权行为，因此，云平台服务商无法实施《信息网络传播权保护条例》和《侵权责任法》第三十六条规定的针对具体侵权内容的"删除、屏蔽、断开链接"等必要措施，在法律层面应参照《最高人民法院关于审理侵害信息网络传播权民事纠纷案件适用法律若干问题的规定》第四条，不主张云平台服务商构成侵权。

这并不意味着云平台服务商不承担侵权关系下的安全责任。一是在执法部门判断云平台用户侵权后，云平台服务商需要承担法律规定的配合处置的相关责任；二是在收到权利人侵权投诉举报的情况下，云平台服务商需视具体情况，履行和其商业模式风险相适应的注意义务，采取必要的、合理的、适当的措施配合权利人维权行为（见表2）。

---

① 戴哲：《云计算技术下的著作权侵权问题研究》，《青海社会科学》2014 年第 5 期。

表2　云平台安全的主体责任界定与难点

安全域责任	国内法律法规的责任界定		待明确的问题
	云平台服务商	云平台用户	
系统安全责任	网络安全防护、网站/App实名备案、安全风险报告等	实名备案等	用户消极防护的安全责任界定,因技术等原因无法有效进行实名认证的安全责任等
应用安全责任	应用系统安全保障、用户应用目的核实与违规监测、安全风险报告等	应用部署的合规与安全等	因技术等原因无法全面核实用户应用目的而带来的安全责任等
数据安全责任	监测与记录网络运行状态、日志留存、数据分类、重要数据备份、数据跨境与本地化留存、协助调查取证、安全风险报告等	部署或迁移到云计算平台上的数据和业务的最终安全责任	因交叉执法等原因可能存在责任无法明确落实,各国数据跨境要求差异带来的安全责任等
内容安全责任	保障用户的数据与信息保密安全,承担内容安全巡查、违法违规内容处置、安全风险报告、执法协助等责任	保障内容安全和合规	因用户内容违规和不良信息与知识产权侵权等原因而形成的侵权连带责任

（三）国外对云平台安全责任的主要监管思路与方式

1. 美国：基于安全评估与服务明确主体责任

对网络平台的治理，《美国通信法案》构建了独立的网络平台责任基本准则，特别是其中的第230条规定的免责条款及其适用范围，且在第230条立法时，美国国会明确宣称其立法的目的在于避免网络服务提供者背负对内容提供者发布的信息审查义务。美国的《数字千年版权法案》第512条第（m）条也规定，不得将有关网络服务提供者的法律责任或免责条款解释为网络服务提供者对于用户发布的网络信息负有监控或审查的义务。而美国联邦第二巡回法院在BMG和EMI案中确认了网络服务提供者对于重复侵权行为负有积极采取防范措施的义务。[①] 在云平台监管方面，美国政府以第三方评估机构做支撑，对云服务进行安全评估，通过初始安全授权，加强双层授权机制，[②] 同时对云平台服务商持续监管，注重对云平台和用户的自律引导，保证云服务的系统安全。

2011年，美国预算管理办公室（OMB）发布《云计算环境下信息系统的安全授权》，即FedRAMP备忘录，建立了联邦政府风险授权管理项目，提供了采用云计算服务的低开销、高效率和基于风险的方法。[③] FedRAMP规定，云平台服务商的相关安全责任有：①基于FedRAMP安全基线实施安全控制措施；②创建与FedRAMP需求一致的安全评估包；③与独立的第三方评估机构签订合同实施初始系统评估并要求持续评估和授权；④维护持续评估项目；⑤遵从有关变更管理和安全事件报告的要求。

与此同时，美国政府提供服务等级协议（SLA）、合同等指导，在标准模板中确立安全责任。2010年9月发布的《政府客户云计算SLA考虑》，对政府部门与云平台服务商之间的SLA设计给出了具体的指南，涵盖SLA设计的背景、服务描述、测量与关键性能指标、连续性或业务中断、安全管理、角色与责任、支付与赔偿及奖励、术语与条件、报告指南与需求、服务管理、定义/术语表[④]等方面的内容与具体指导。在合同方面，2012年2月发布的《联邦政府制定有效的云计算合同——获取IT即服务的最佳实践》给出了采购云服务的合同需求和建议，包括服务协议条款、保密协议、服务级别协议等，并分析安全、隐私、电子发现、信息自由访问、联邦记录保留等方面的需求，同时给出了具体建议。[⑤]

2017年发布的美国《增强联邦政府网络与关键基础设施网络安全》行

---

① 周雪峰、李平：《网络平台治理与法律责任》，中国法制出版社，2018。
② 刘晨鸣、王一梅、叶志强：《云计算技术在广电行业应用安全风险及对策分析》，《现代电视技术》2016年第8期。
③ 王惠莅、杨晨、杨建军：《美国云计算安全FedRAMP项目研究》，《信息技术与标准化》2012年第8期。
④ 赵章界、刘海峰：《美国联邦政府云计算安全策略分析》，《信息网络安全》2013年第2期。
⑤ 陈驰、于晶等：《云计算安全体系》，科学出版社，2014。

政令强调，政府执行部门和机构的负责人有责任管理其业务的风险，而且这种责任不能通过服务水平协议外包。这种权责分配思路在 2018 年更新版"联邦政府云战略"（Cloud Smart）中有所延续，即获取云服务的一个重要因素是明确云平台服务商能够执行什么服务以及在什么级别上执行什么服务，这将有助于机构确保有效、高效和安全地执行服务。①

2018 年 8 月，美国国家安全局在一份文件中提出了云平台安全责任应取决于用户选择的云服务与托管方式，并提出了国防部采购云服务应共享责任（见图 5）。云平台服务商和国防部共享独特且重叠的职责，以确保存储在公有云中的服务和敏感数据的安全性。通常，云平台服务商负责云基础架构的物理安全性，以及实现逻辑控制以分离用户数据。用户通常负责应用程序级安全性配置，如对数据授权的强制访问控制。与此同时，许多云平台服务商提供云安全配置工具和监控系统，但国防部也有责任根据其安全要求配置相关服务。②

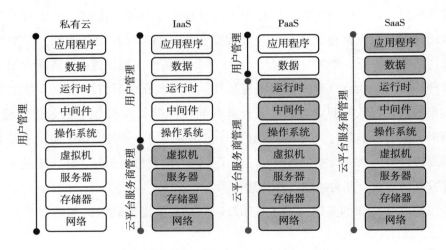

图 5　美国国家安全局—云安全责任分担模型

---

① Suzette Kent，"From Cloud First to Cloud Smart"，https：//cloud. cio. gov/strategy/.

② Nsa，"Cloud Security Basics"，https：//www. nsa. gov/Portals/70/documents/what－we－do/cybersecurity/professional－resources/csi－cloud－security－basics. pdf？v＝1.

2. 欧盟：注重云安全指南，出台合同模板规范服务商权责

欧盟重视云计算标准建设与认证体系建设支持，开展云计算认证保障云服务质量和安全。2010年，欧盟网络与信息安全局（ENISA）成立国家风险管理防范工作小组，从风险评估与安全管理的角度来研究制定云安全的相关标准。2012年，欧盟推出云计算战略及三大关键行动，其中一项为云计算安全和公平的合同条款及条件。2013年，欧盟委员会成立了云计算合同专家组，该专家组由来自云平台服务商、中小企业、用户、学术界和法律界的30名代表组成，将对云服务合同条款进行研究，解决当前云服务合同中对云服务质量、云服务安全、服务商权责等内容规定不清的问题，为企业和个人用户制定安全、公平的云服务合同模板，提升用户安全使用云服务的信心和能力。[①]

在数据安全方面，欧盟《云计算信息安全保障框架》提出了数据和服务可移植性，规定了数据可导出的测试及可移植性的验证。而欧盟《通用数据保护条例》（GDPR）向云平台服务商以两种不同方式规定了一系列新义务：通过引入数据处理者的合同性责任和通过引入以强化数据主体权利的新措施。[②] 具体来看，云平台服务商将被要求遵守一些新的具体义务（specific obligations），包括：保持所有数据处理活动的足够文件、实施适当的安全标准、执行检查数据保护影响评估的常规日程、指定一名数据保护官员、遵守与国际数据传输规则，并与国家的"机构"进行合作。

在内容安全方面，欧盟认为云平台服务商等网络服务商并不负有积极审查的一般性义务，但对于重复侵权等行为负有特殊防范义务。《电子商务指令》第15条禁止欧盟成员国对网络服务提供者施加一般性义务，使其在提供服务的过程中对传输或储存的信息进行监控，成员国亦不得对网络服务提

---

① "Expert Group on Cloud Computing Contracts"，https：//ec. europa. eu/info/business – economy – euro/doing – business – eu/contract – rules/cloud – computing/expert – group – cloud – computing – contracts_ en.

② Marina Skrinjar Vidovic，"EU Data Protection Reform：Challenges for Cloud Computing"，https：//www. secrss. com/articles/10153.

供者施加积极查找涉嫌违法活动的事实或情况的一般性义务；第 13 条第 3 款允许成员国在各自法律框架内针对终止或预防侵权以及删除或屏蔽信息进行进一步规定，并允许成员国可要求网络服务提供者对于发现和预防侵权信息尽到合理的注意义务。

比较国内外的监管要求，两者均未出台专门针对云平台安全的法律，云平台服务商和用户的安全责任散落于各国与网络安全、数据安全、知识产权等相关的法规中。欧美相关国家主要通过建立云安全标准与认证体系，完善服务等级协议（SLA）、合同等方式落实云平台安全责任，典型的如美国的 FedRAMP，云平台服务商不负有一般性的审查义务；而我国通过建立完善的法律法规监管体系，以行政监管等方式落实云平台服务商在系统安全、应用安全、数据安全、内容安全等方面的主体责任，从而界定云平台安全责任。值得注意的是，在我国加强网络综合治理、营造清朗网络空间的背景下，国内监管部门对云平台在网络安全防护、实名备案审核、日志留存、违法行为配合处置、违法内容监测处置、执法技术协助等方面做出了具体规定，但仍存在安全责任分配不清的模糊地带。因此，建立符合中国特色的云平台监管体系，有待深入研究。

三 云平台安全责任行业实践

Gartner 预测，到 2020 年，95% 的云安全问题都是云平台用户的过错。[①] 对于云平台服务商与用户的安全责任，云计算产业界已形成了不同的责任分担模型。

（一）企业实践层面

目前全球各大云平台服务商在企业层面的责任分担实践大致可分为三类：AWS 模式、微软模式及行业模式（见表3）。

---

① Gartner, "Recommendations for Developing a Cloud Computing Strategy and Predictions for the Future of Cloud Security", https：//www. gartner. com/smarterwithgartner/is - the - cloud - secure/.

表3　企业云平台安全责任分担模式比较

安全责任分担模式	概述	特点	共性
AWS模式(亚马逊AWS、阿里云、华为云等)	云平台服务商仅负责基础设施部分的责任,而与应用相关(含用户选择平台提供的应用)的责任则大多由云用户来承担	①云平台服务商的安全责任相对较小②辅以安全责任产品化和服务化	①云平台服务商与云平台用户需分担责任②云平台服务商主要承担网络接入和提供基础设施资源服务的相关安全责任③结合云服务技术逻辑和运营模式,数据和信息层及以上的责任更多的需要由云平台用户承担
微软模式(微软Azure、腾讯云)	根据用户选择的云服务类型来进行责任分担	安全责任较为明晰,能够较为有效地界定不同云服务模式下的安全责任	
行业模式(谷歌云等)	根据不同行业的监管要求进行更为细致的责任分担	①安全责任非常明晰②主要集中在金融、医疗等重点领域	

1. 亚马逊 AWS 模式责任分担模式

亚马逊 AWS 模式最早由亚马逊提出,其特点是云平台服务商仅负责基础设施部分的责任,而与应用相关(含云用户选择 AWS 提供的应用)的责任均由云用户来承担,国内的阿里云、华为云提出的责任分担模型与 AWS 模式较为相似,但也有所发展。

在亚马逊的云责任分担模型中(见图6),用户有更大的自主权,同时也意味着用户需要承担更大的安全责任。这一方面是因为亚马逊作为云平台服务商提供的主要是 IaaS 模式与 PaaS 模式,用户业务系统部署的界线较为清晰,由此也带来了安全责任的界定清晰;另一方面除了亚马逊自身提供云服务,AWS 云平台上集成了丰富的第三方云服务产品。值得注意的是,AWS 特意将网络流量保护、服务端加密等归入云用户责任范畴,有助于 AWS 规避在全球各国不同的监管制度,极大地减少了云平台服务商的责任。

类似地,在阿里云安全责任分担模型中(见图7),阿里云负责基础设施,用户则负责基于阿里云服务构建的应用系统的安全。同时,阿里云以技术的复合运营来减少和防范安全风险,通过以"防"为先为用户提供安全服务。

除了上述的划分思路,华为云根据用户是否选择其提供的 IAM 产品来划分安全责任(如果用户选择华为云提供的 IAM 服务,则华为云将与用户

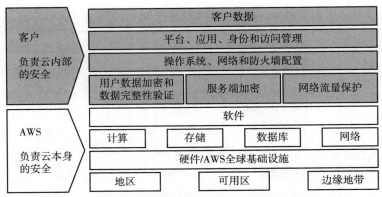

图 6　亚马逊云安全责任分担模型

资料来源：AWS：《责任共担模式》，https：//aws.amazon.com/cn/compliance/shared－responsibility－model/。

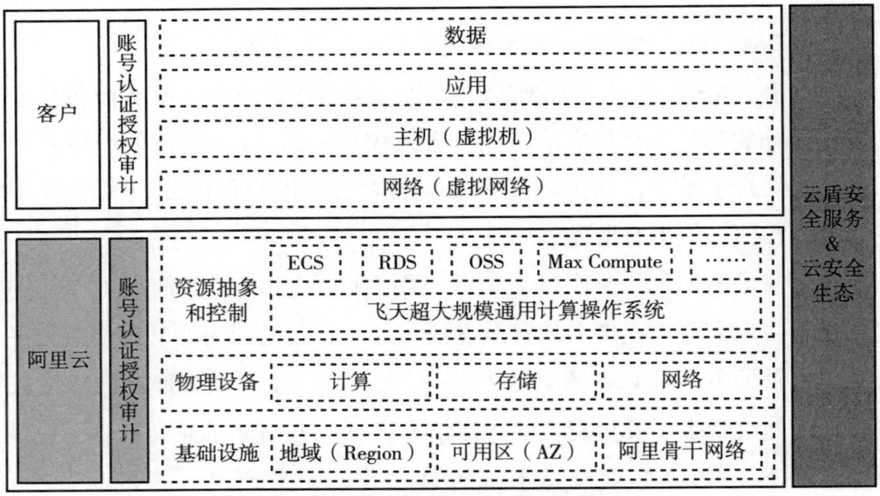

客户	账号认证授权审计	数据
		应用
		主机（虚拟机）
		网络（虚拟网络）

图 7　阿里云安全责任分担模型

资料来源：阿里云：《阿里云安全责任分担模型》，https：//security.aliyun.com/trust?spm＝5176.11125874.963206.1.77e43970lv9LXe。

共同承担安全责任），这在当前业界也属一项创举（见图 8）。

2. 微软 Azure 模式责任分担模式

微软 Azure 模式根据用户选择的云服务类型来进行责任分担（见图 9），腾讯云的责任分担与微软模式本质上相近，主要基于云用户选择云服务类型

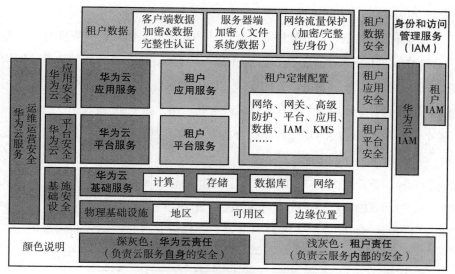

图8 华为云安全责任分担模型

资料来源：华为云：《华为云安全白皮书》，https：//intl. huaweicloud. com/content/dam/ cloudbu - site/archive/hk/zh - cn/securecenter/security_ doc/Security_ cn_ 201709. pdf。

背后的应用层次来进行责任分担。微软提出，物理安全是云平台服务商在提供云计算服务时应该承担全部责任的一项内容，而数据安全、终端安全等往往归咎于用户的责任，其余安全责任则由用户和云平台服务商分担，这取决

责任	SaaS	PaaS	IaaS	On-prem	
数据治理及权利管理	■	■	■	■	责任通常由客户承担
客户终端	■	■	■	■	
账号及访问管理	■	■	■	■	
身份及目录基础设施	◩	◩	■	■	
应用程序	□	◩	■	■	依据具体服务类型而定
网络控制	□	◩	■	■	
操作系统	□	■	■	■	
物理主机	□	□	□	■	
物理网络	□	□	□	■	责任转移至云平台服务商
物理数据中心	□	□	□	■	

□ 微软　　■ 客户

图9 微软 Azure 责任分担模型

资料来源：Alice Rison，"Microsoft Incident Response and Shared Responsibility for Cloud Computing"，https：//azure. microsoft. com/en - us/blog/microsoft - incident - response - and - shared - responsibility - for - cloud - computing/。

137

于用户在云平台上的部署模式。

无独有偶，腾讯云基于信息资产和产品功能建立了信息安全责任分担模型（见图10）。在IaaS模式中，腾讯云负责整个云计算环境底层的物理和基础架构安全，用户需要对数据安全、终端安全、访问控制管理和应用安全负责，主机和网络层面的安全管理则由用户与腾讯云共同承担；在PaaS模式中，腾讯云负责整个云计算环境底层的物理和基础架构安全以及为平台类云产品提供支撑能力的主机和网络层面的安全，用户需要对数据安全和终端安全负责，而应用安全和访问控制管理则由客户与腾讯云共同承担；在SaaS模式中，腾讯云负责从底层的物理和基础架构到主机和网络层面以及应用层面的安全，而用户需要对数据安全负责，访问控制管理和终端安全同样由客户与腾讯云共同承担。

客户的责任	IaaS	PaaS	SaaS	
	数据安全	数据安全	数据安全	责任部分共担
	终端安全	终端安全	终端安全	
	访问控制管理	访问控制管理	访问控制管理	
	应用安全	应用安全	应用安全	
	主机和网络安全	主机和网络安全	主机和网络安全	腾讯云的责任
	物理和基础架构安全	物理和基础架构安全	物理和基础架构安全	

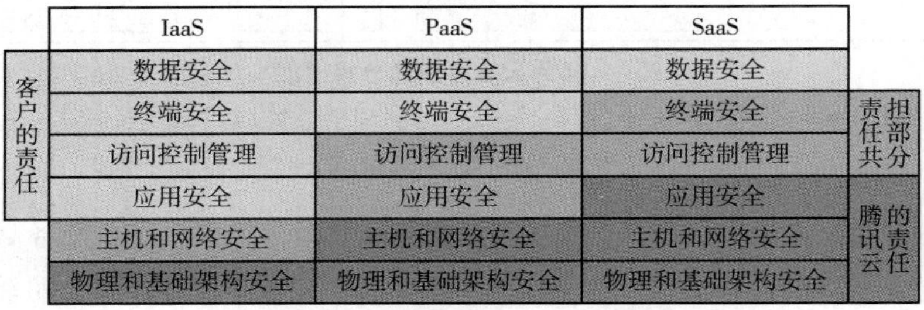

图10 腾讯云信息安全责任分担模型

资料来源：腾讯云：《云安全白皮书》，https：//cloud.tencent.com/services/security。

3. 行业监管云安全责任分担

行业监管云安全责任分担是根据不同行业的监管要求进行更为细致的责任划分，如Google云针对支付卡行业数据安全标准（PCI DSS）监管需求专门提出的PCI DSS责任分担、Healthcare Blocks根据HIPAA医疗数据监管要求提出的责任分担清单等。谷歌云虽没有明确提出自己的责任分担，但谷歌在PCI DSS[①]支付卡产业数据安全标准领域方面，发布了在谷歌云平台上云平台服务商与用户所需共同承担的非常详尽的责任以符合PCI DSS的合规性（见图11）。

① PCI DSS是PCI安全标准委员会采用的一套网络安全和企业最佳做法指南，旨在为客户支付卡信息的保护工作设立"最低安全标准"。PCI DSS适用于所有负责处理、存储或传输持卡人数据的系统、网络和应用，以及用于记录那些适用此标准的系统的访问情况并保证访问安全的系统。

PCI DSS Requirements 3.1	Testing Procedures 3.1	GCP(Google Cloud Platform) Responsibility	Customer Responsibility
1.1 Establish and implement firewall and router configuration standards that include the following:	1.1 Inspect the firewall and router configuration standards and other documentation specified below and verify that standards are complete and implemented as follows:		
1.1.1 A formal process for approving and testing all network connections and changes to the firewall and router configurations	1.1.1.a Examine documented procedures to verify there is a formal process for testing and approval of all: · Network connections and · Changes to firewall and router configurations	Google's internal production network and systems have been assessed against and comply with this requirement	GCP customers are responsible for implementing processes and procedures necessary to ensure that all network connections, inbound and outbound traffic on any customer instances deployed on GCP comply the requirements of Section 1 of PCI DSS
	1.1.1.b For a sample of network connections, interview responsible personnel and examine records to verify that network connections were approved and tested	Google's internal production network and systems have been assessed against and comply with this requirement	GCP customers are responsible for implementing processes and procedures necessary to ensure that all network connections, inbound and outbound traffic on any customer instances deployed on GCP comply the requirements of Section 1 of PCI DSS
	1.1.1.c Identify a sample of actual changes made to firewall and router configurations, compare to the change records, and interview responsible personnel to verify the changes were approved and tested	Google's internal production network and systems have been assessed against and comply with this requirement	GCP customers are responsible for implementing processes and procedures necessary to ensure that all network connections, inbound and outbound traffic on any customer instances deployed on GCP comply the requirements of Section 1 of PCI DSS

续表

PCI DSS Requirements 3.1	Testing Procedures 3.1	GCP(Google Cloud Platform) Responsibility	Customer Responsibility
1.1.2 Current network diagram that identifies all connections between the cardholder data environment and other networks, including any wireless networks	1.1.2.a Examine diagram (s) and observe network configurations to verify that a current network diagram exists and that it documents all connections to cardholder data, including any wireless networks	Google's internal production network and systems have been assessed against and comply with this requirement	GCP customers are responsible for implementing processes and procedures necessary to ensure that all network connections, inbound and outbound traffic on any customer instances deployed on GCP comply the requirements of Section 1 of PCI DSS

图 11 PCI DSS—谷歌云安全责任分担模型

资料来源: Google, "PCI DSS Shared Responsibility of Google Cloud Platform", https://cloud. google. com/files/PCI_ DSS_ Shared_ Responsibility_ GCP_ v31. pdf。

而 Healthcare Blocks 云自身主要基于亚马逊的 AWS，但根据 HIPAA 医疗数据的合规要求，为其提供了一个客户可以部署应用程序的安全环境，并专门提出了 HIPAA 云安全责任分担模型（见图 12）。

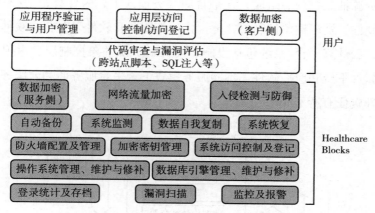

图 12　HIPAA-Healthcare Blocks 云责任分担模型

资料来源：Healthcare blocks，"Shared Responsibility Model"，https：//www. healthcareblocks. com/hipaa/shared_ responsibilities。

（二）行业联盟与标准实践

云安全联盟（CSA）认为，从宏观上讲，安全职责是与任何角色对于架构堆栈的控制程度相对应的（见图 13）。在 SaaS 层面，云平台服务商负责几乎所有的安全性，因为用户只能访问和管理其使用的应用程序，且无法更改应用程序。在 PaaS 层面，云平台服务商负责平台的安全性，而用户负责他们在平台上所部署的应用，包括所有安全配置。因此两者职责几乎是平均分配的。在 IaaS 层面，云平台服务商负责基本的安全，而用户需要承担更多的责任。

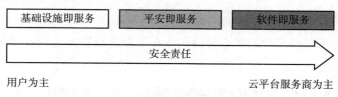

图 13　CSA – 云服务与用户责任分担关系

国内等保2.0也对云计算的应用场景做出了相关规定：云平台服务商和云服务客户对计算资源拥有不同的控制范围（见图14），控制范围则决定了安全责任的边界。[①] 在基础设施即服务模式下，云计算平台/系统由设施、硬件、资源抽象控制层组成；在平台即服务模式下，云计算平台/系统包括设施、硬件、资源抽象控制层、虚拟化计算资源和软件平台；在软件即服务模式下，云计算平台/系统包括设施、硬件、资源抽象控制层、虚拟化计算资源、软件平台和应用软件。不同服务模式下云平台服务商和云服务用户的安全管理责任有所不同。

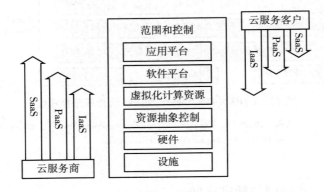

图14　云计算服务模式与控制范围的关系

四　云平台安全责任划分与治理路径

（一）重要问题分析

1. 云平台服务商提供互联网接入和网络接入资源设施等服务，主要履行互联网服务提供商的相关义务，并与云平台用户（互联网内容提供商等）共同承担其他平台责任

当前，互联网平台的核心价值仍然在于促进双边市场的资源匹配，但其

---

① 《信息安全技术　网络安全等级保护基本要求》（GB/T 22239 - 2019），http：//c. gb688. cn/bzgk/gb/showGb？type = online&hcno = 09688362A71B05A46B4E3E73DCBACAAD。

经济社会角色已经发生了巨大的变化，不论是在市场资源的配置还是信息资源的占有上，平台都具备了强大的影响力，[①] 特别是在政务云、金融云等重要行业云方面，云平台在某种程度上已具备公共服务属性。

在云平台上，云平台服务商是提供服务的主体，其理应承担相应的平台主体责任。但相较于其他互联网平台服务提供者，云平台服务商扮演着多重角色，这在国内不同法规中云平台服务商所对应的主体名称上有所体现。但无论提供何种电信增值服务，云平台服务商提供核心服务时，特别是在 IaaS 服务和 PaaS 服务中，其主要提供网络、服务器、环境组件等基础技术架构、存储服务等，直接承载和传输数据信息的软件应用主要由用户自行配置和控制，处于网络接入层。因此，云平台服务商从技术角度能够履行代备案核验、切断接入、采集日志信息、锁定溯源信息等安全责任，但并不参与用户平台实际的运营，其发挥着互联网服务提供商（ISP）而非互联网内容提供商（ICP）的角色功能（见图 15）。

梳理云平台治理的相关思路，可以发现，云平台服务商应该承担起与网络基础设施角色相一致的安全责任。结合云平台的相关业务，监管者应主要以对互联网服务提供商的要求进行平台治理，同时也要依据法律法规让其与互联网内容提供商/云平台用户共同承担内容处置和内容监测巡查的职责。

2. 面对监管与合规要求，云平台服务商执行巡查监测，但从法律依据、主体属性、用户隐私及商业模式等角度来看，客观上难以实现全面的主动巡查

结合对国内外的法规要求分析与实际调研的情况，本文发现，在复杂的网络环境下，当前监管机构对云平台服务商的安全能力和主体责任要求有提高的趋势，需要云平台服务商承担云平台的系统安全、应用安全、数据安全和应用安全等方面的多重安全责任，强调云平台服务商的主动（全面）巡查，这也意味着将部分监管的权力赋予了云平台服务商（见表 4）。

---

① 中国信息通信研究院：《互联网平台治理研究报告（2019）》，http：//www.100ec.cn/detail - 6499852.html。

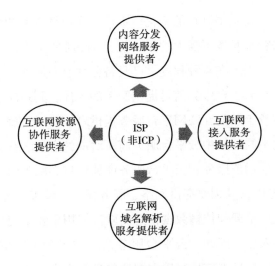

图15 云平台服务商的角色

但由云平台上的云平台服务商这样一个并不具备专业判断或执法能力的法人机构来承担一些监管或类似监管的安全职责，既要给定云平台服务商作为（代）审查机构进行全面巡查的法律依据，又要平衡政府监管的便捷性和技术有效性问题。而当前在主动（全面）巡查的问题上，显然存在矛盾。

一是云平台服务商主体属性与权力属性不匹配，在现有的法律体系中，基于执法和司法方面的需求，云平台服务商可协助调取用户的内容数据，但为定向调取，且要有相关案件作为依据，其履行网络安全保护义务缺乏保障性制度或配套规定，有"既当裁判又当选手"之嫌。

二是云平台作为底层设施无法直接接触系统平台软件应用内承载传输的内容，用户的后台内容数据往往涉及隐私、知识产权和商业秘密，因前面所述的主动内容巡查并无法定权利来源，而在相关的合同约定中又有保密的义务。如果云平台服务商违反合同主动抓取用户数据，则构成违约，处理不当还会引发诉讼，或将影响云平台服务商和用户的双方利益。

三是云平台服务商若实行主动（全面）巡查，或将平台自身利益纳入其中，用户的权益则难以有效保障。如在协议签订过程中，用户与云平台服务商地位不对等，云平台服务商可能单方制定格式条款与免责条款，不利于保障用户权利。

表 4　云平台服务商巡查形式比较

项目	主动(全面)巡查	主动(有限)巡查	被动(有限)巡查
巡查范围	全量内容	部分公开内容	部分公开内容
巡查方式	技术＋人工	以技术为主，以人工为辅	以技术为主
实现可能性	难度高，几乎不可能	难度较高	难度一般
云平台服务商成本	高	较高	一般
法律依据	无	有	有
承担责任	云平台服务商需承担在巡查过程中，违法个案被遗漏的安全责任	云平台服务商需对巡查的系统性、制度性失控负责	云平台服务商在接到主管单位或用户举报后进行巡查，需对个案或类型化案例做到安全巡查

四是从当前的技术实现的角度看，云平台服务商进行主动（全面）巡查在事实层面无法实现。用户租用云服务器，一类是搭建公开页面，另一类是搭建其他服务（比如 App 或其他服务）。其中，前者涉及不少带登录功能的网站和 App，无法进行技术或人工巡查，后者的服务则多采用私有协议和加密技术，云平台无法破解数据，因此无法对其传输内容做主动（全面）巡查。

当然，这并不意味着云平台服务商不承担巡查的责任。本文认为，云平台服务商应依据不同场景与服务模式，在法律规定的范围内，依托正当程序承担有限范围的技术巡查和内容处置。

3. 在云平台服务多元模式下，云平台安全责任划分应考虑责任主体权利与义务的对等性，"一刀切"的治理思路会加重主体责任，从而影响各方利益，也会导致问责无效

云安全责任是一个综合的概念和问题，涉及环境、流程、技术、管理、

服务等各个层面引起的综合性的安全责任，各方应切忌"一刀切"的治理思路。毋庸置疑，云平台服务商在提供不同模式的服务时，对数据内容的控制程度是不同的，由此云平台服务商在法规和合同范围内能够实现巡查的范围也不同。

针对 IaaS 模式，除管理或控制云计算的基础设施，其余部分均由用户控制和管理；针对 PaaS 模式，云平台可以控制和管理的是支撑"平台"运行所需的低层资源；针对 SaaS 模式，云平台服务商可以控制和管理的是支撑"应用软件"运行的低层资源。因此，多样化与差异化的云服务模式在一定程度上决定着云安全责任的分配。对于责任的具体划分，当前产业界虽有具体实践，但还未达成一致共识，多数是根据云计算技术和服务模式不同而界定责任分担的模型。这样的划分方式，未能将监管的要求和责任主体的权利纳入其中，在日常实践中指导云平台服务商和云用户的安全责任担当的效度不够。

（二）"权利—责任"动态匹配的云平台安全责任分担框架构建

本文基于"安全域—责任主体—服务模式"的维度，探索构建"权利—责任"动态匹配的云平台安全责任分担框架（见表5）。本文认为，无论用户选择哪种云计算服务模式，均可以通过网络访问可扩展的、灵活的物理或虚拟共享资源池（如服务器、操作系统、网络、软件、应用和存储设施等），并可按需自助获取和管理资源。因此，做好云平台的网络安全防护，保障云平台系统安全责任的主体均为云平台服务商。针对 IaaS 模式，云平台服务商搭建系统，有向用户提供存储、网络等计算资源的权利，但不支持用户的应用，无法触及用户的数据和内容，因此其只承担系统安全责任。针对 PaaS 模式，除了承担系统安全责任外，云平台服务商搭建应用系统的中间层，提供应用开发接口等，但不接触用户的数据和内容，因此云平台服务商还应承担应用安全。针对 SaaS 模式，云平台服务商给用户提供基于云计算基础设施的应用软件，有权触及部分因使用平台提供的应用而形成的用户数据，但不涉及用户的内容，因此其需要承担系统安全责任、应用安全责任和数据安全责任。

表5 "权利－责任"动态匹配的云平台安全责任分担框架

安全责任		IaaS 服务模式	PaaS 服务模式		SaaS 服务模式	
政策法规与监管要求	内容安全	权利分配:云平台服务商没有触及用户内容的权利;用户有权发布、编辑、删除内容等	权利分配:云平台服务商没有触及用户内容的权利;用户有权发布、编辑、删除内容等		权利分配:云平台服务商没有触及用户内容的权利;用户有权发布、编辑、删除内容等	
		云平台用户责任	云平台用户责任		云平台用户责任	
	数据安全	权利分配:云平台服务商没有触及用户数据的权利;用户有权收集、传输、处理、储存、删除用户系统的数据等	权利分配:云平台服务商几乎没有触及用户的业务数据;用户有权收集、传输、处理、储存、删除用户系统的数据等		权利分配:云平台服务商触及部分因使用平台提供的应用而形成的用户数据;用户有权收集、传输、处理、储存、删除用户系统的数据等	
		云平台用户责任	云平台用户责任		云平台服务商责任	云平台用户责任
	应用安全	权利分配:云平台服务商没有触及用户应用开发和部署的权利;用户可设计、开发、发布及配置相关应用	权利分配:云平台服务商搭建应用系统的中间层,提供应用开发接口等;用户可在平台上搭建、设计、开发、发布及配置相关应用		权利分配:云平台服务商给用户提供应用服务,用户使用基于云计算基础设施的应用软件	
		云平台用户责任	云平台服务商责任	云平台用户责任	云平台服务商责任	云平台用户责任
	系统安全	权利分配:云平台服务商搭建系统,有向用户提供计算机、存储、网络等计算资源的权利;用户不参与搭建主机、底层系统等	权利分配:云平台服务商搭建系统,有向用户提供计算机、存储、网络等计算资源的权利;用户不参与搭建主机、底层系统等		权利分配:云平台服务商搭建系统,有向用户提供计算机、存储、网络等计算资源的权利,做好网络防护;用户不参与搭建主机、底层系统等	
		云平台服务商责任	云平台服务商责任		云平台服务商责任	

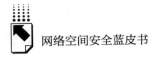
（三）主要对策建议

1. 完善政策法规，合理界定云平台主体责任边界

在全球化的背景下，网络平台竞争的背后更多的是政策与法规的竞争。当前，云平台安全责任的界定仍然面临不少的争议与难点，这源于一方面云平台责任主体与服务模式的多样性，另一方面法律法规对云平台安全责任的界定存在模糊地带，如主动巡查的范围、数据跨境的司法管辖、因用户违规需要承担多大程度的连带责任等问题尚未有明确的规定。因此，应完善制度政策和法律法规，确保监管的与时俱进，着力提升云平台治理的系统有效性，从云计算的技术架构和商业模式本身出发，对云平台服务商的角色定位侧重于互联网接入等服务的提供者，并与互联网内容提供者共同承担内容处置和内容监测巡查的安全责任。同时也应明确云平台用户是其数据安全和内容安全的最终责任主体。

2. 创新监管方式，授权个案与类型化的平台巡查

云平台是经济社会健康运行的网络基础设施，特别是在政务云、金融云等重要行业云方面，云平台在某种程度上已具备公共服务属性，因此，云平台服务商虽不负有一般性的审查义务，但仍需要在符合法律法规的范围内进行巡查。然而，结合云计算行业的技术特征、商业模式与技术实现，要求云平台进行主动全面巡查难以实现。因此，当监管部门发现个案的违法违规时，可通过正常的行政监管程序，授权云平台服务商进行个案调查配合；若云平台上出现了某一类系统性或重复性的违法违规现象时，监管部门可以非正式的方式，单次集中授权，要求云平台服务商有效处理违规问题。此外，监管部门可探索引入权威可信的第三方巡查机构，通过签署保密协议，通过一定的安全审查、安全评估程序等来进行安全巡查。

3. 加强治理理念，建设多元主体协同的治理模式

党的十九大报告指出，"加强互联网内容建设，建立网络综合治理体系，营造清朗的网络空间"。云平台涉及的多元责任主体、云平台服务模式的特殊性以及国内外不同的监管要求等多重因素交织，这就要求建设多元主体协同的云平台综合治理模式。因此，应调动社会各方面参与云平台综合治理体系建设的主动性和积极性，以主管部门牵头联合企业、联盟、行业组织等共同打击违法犯罪活动；通过引入第三方机构，在事前、事中、事后做好相关的安全评估和责任认定。

4. 探索服务模式，推动云平台安全责任分担模型

云平台服务商和用户可基于"权利—责任"的动态匹配共同推进建立云安全责任分担框架与矩阵，并以服务等级协议、标准化合同等方式明确不同场景云平台安全责任；通过明确权利和义务、顶层设计、持续改进、共同分担的方式做好云计算安全防护工作；也可引入网络安全公司和保险公司，通过云安全责任分担的方式界定和转移服务商和用户的相关责任。

5. 抓住重点行业，探索基于重点领域的最佳实践

当前，以 PCI DSS – 谷歌云责任分担模型为代表的重点行业云安全责任分担正不断涌现，并逐渐成为业界的最佳实践。因此，应以金融、工业等重要行业和重点领域为切入点，鼓励推进金融云、医疗云、教育云、工业云等云平台安全责任分担实践。同时强化技术手段在云安全治理中的作用，如通过支持备案小程序和电子化核验推广，推动相关部门资质真伪鉴别与电子接口开放。

技术产业篇

Technology and Industry

B.7
2018年全球网络安全产业
投融资研究报告

惠志斌　石建兵　李　宁　夏帅伟*

摘　要：　近年来，全球网络安全态势日趋严峻，网络威胁全面泛化，
　　　　　网络安全已经从专业技术领域上升到国家战略的高度，成为
　　　　　关系各国国家安全、经济发展和社会稳定的核心议题。全球
　　　　　主要国家纷纷出台网络安全产业政策，积极推动网络安全产
　　　　　业发展。由于网络安全产业是典型的技术和资金密集型产业，
　　　　　技术含量高、研发周期长、创新难度大，因此资本对网络安
　　　　　全产业发展尤为关键，全球主要网络安全产业强国高度重视
　　　　　网络安全产融结合发展。本报告通过对全球网络安全产业投
　　　　　融资事件的系统梳理，研判全球网络安全产融结合发展趋势，

* 惠志斌，上海社会科学院信息研究所研究员；石建兵、李宁、夏帅伟，供职于赛博研究院。

研究适应网络安全企业的估值模型，旨在引导和推动各类投资主体与网络安全企业的有效对接，推动我国网络安全产业的跨越式发展。

关键词： 网络安全产业　投融资　投资机构　估值模型

一　网络安全产业发展概述

近年来，云计算、大数据、物联网、人工智能等新一代网络信息技术飞速发展，网络空间与现实世界深度融合，网络安全风险全面泛化，网络安全产业范畴也随之不断延伸拓展。

本报告借鉴国内外主流的网络安全产业分类方法，结合网络安全最新发展趋势，将网络安全的产品/服务划分为十五大类 59 种小类（见表 1），包括网络与基础设施安全、端安全、应用安全、数据安全、移动安全、云安全、安全服务、身份与访问管理、风险与合规、工控与物联网安全、安全运维与事件响应等。

表 1　网络安全产业细分

序号	大类	细分小类
1	网络与基础设施安全	下一代通信安全
		网络防火墙
		网络准入控制
		软件定义网络
		DDoS 防护
		DNS 安全
		欺骗与蜜罐技术
		入侵检测与防御
2	端安全	端防御
		端检测与响应

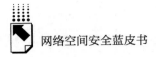

续表

序号	大类	细分小类
3	应用安全	Web 应用防火墙
		应用安全
		应用安全测试
		消息安全
		Web 安全
4	工控与物联网安全	物联网设备安全
		汽车安全
		智能家居安全
		工控安全
5	安全运维与事件响应	安全信息与事件管理
		网络空间资产测绘
		事件响应
		安全分析
		专业化威胁对策
6	移动安全	移动安全
7	数据安全	加密
		数据防泄露
		隐私保护
		容灾、备份与恢复
		文档安全
8	安全服务	传统安全服务
		可管理检测与响应
		渗透测试与攻击仿真
		靶场服务
		竞赛与赛事
9	风险与合规	风险评估与可视化
		安全评级
		数字风险管理
		治理、风险与合规
		安全意识与培训
10	智能安全	威胁智能感知
		高级威胁防护
		网络分析/取证
		用户行为分析
		数据图谱
		欺诈预防及交易安全
11	身份与访问管理	认证
		新型生物认证
		身份即服务
		特权管理

续表

序号	大类	细分小类
		身份治理
		数字证书
		用户标识管理
12	云安全	云基础设施安全
		容器安全
		云访问安全代理
13	安全咨询	安全咨询
14	区块链安全	区块链安全
15	人工智能安全	人工智能安全

（一）全球网络安全产业规模持续稳步增长

21世纪以来，全球网络安全产业规模持续稳步增长。根据Gartner报告，2017年全球网络安全产业规模达到989.86亿美元，较2016年增长7.9%，尽管增速较2015年的17.3%有明显回落，但是随着5G、物联网、人工智能等新技术的普及，未来网络安全投入将保持高速增长态势。本报告综合相关权威机构数据，预计未来五年全球网络安全行业市场规模将保持每年10%以上的年复合增长率，并于2022年达到1800亿美元的规模（见图1）。

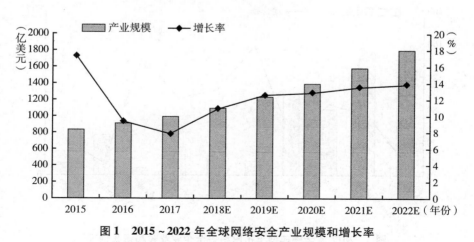

图1 2015~2022年全球网络安全产业规模和增长率

资料来源：Gartner，上海赛博网络安全产业创新研究院整理。

从网络安全企业数量来看，据不完全统计，2013~2017 年全球网络安全企业数量以每年将近 14% 的速度增长，2017 年达到 8982 家，预计 2018 年网络安全企业数量突破 1 万家（见图 2）。从网络安全企业质量来看，根据 2017 年以网络安全为主营业务的上市企业的财务数据来看，全球上市网络安全企业总体表现良好，营业收入均出现持续稳步增长，包括 Checkpoint、Palo Alto Networks、Splunk、Fortinet、Okta、深信服等在内的 10 家典型企业平均营收 60 亿元，营收平均增长 30.55%。

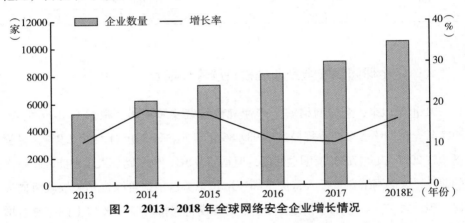

图 2　2013~2018 年全球网络安全企业增长情况

资料来源：Momentum Cyber、Worldwide 等，上海赛博网络安全产业创新研究院整理。

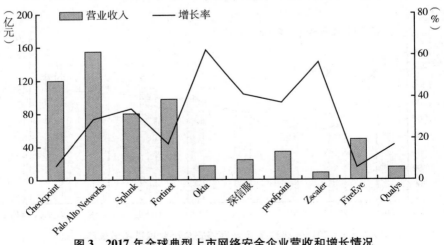

图 3　2017 年全球典型上市网络安全企业营收和增长情况

资料来源：Wind，上海赛博网络安全产业创新研究院整理。

（二）中国网络安全产业后发优势全面凸显

长期以来，我国网络安全产业规模较小且较为封闭，市场空间受限，总体处于 IT 产业边缘门类。但是，近年来随着网络威胁的日趋严峻，政府和企业高度重视网络安全投入，尤其是中央网络强国战略和《网络安全法》等颁布之后，我国网络安全产业进入高速增长期。中国信通院研究报告显示，2017 年中国网络安全产业规模达到 438.6 亿元，较 2016 年增长 27.4%，增速全球领先。但是，相较于美国等发达国家的产业规模，我国网络安全产业基数仍然较小（不到美国的 1/5）。未来，随着市场内生需求快速增长以及政策效应的持续释放，我国网络安全产业后发优势将凸显。本报告基于相关权威机构数据，预计中国网络安全产业在未来五年年均增长率将达到 30% 以上，到 2020 年中国网络安全产业规模将达到 1130 亿元，进入千亿级规模；到 2022 年，中国网络安全产业规模有望突破 2000 亿元，达到美国 2017 年的水平，成为全球网络安全产业的重要一极（见图 4）。

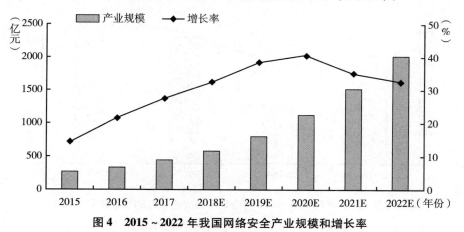

图 4　2015～2022 年我国网络安全产业规模和增长率

资料来源：上海赛博网络安全产业创新研究院基于公开资料整理。

二　网络安全产业投融资现状与趋势

本报告基于 Crunchbase、Momentum Cyber、IT 桔子、CB Insights、中国

IDC 圈、Wind 等公开披露的投融资事件（2015 年 1 月至 2018 年 11 月），就一、二级市场的网络安全企业投融资状况进行梳理和分析。

（一）全球网络安全投融资热度保持高速增长

近年来，网络安全成为全球投资机构热衷的新兴领域，不管是单个投资金额还是整体投资金额均处于增长态势。如图 5 所示，2015 年以来全球网络安全领域投融资事件逐年增长，并呈现快速上升的趋势。CB Insights 数据显示，2016 年全球网络安全企业融资超过 400 起，共计 35 亿美元；2017 年全球网络安全企业融资数量增长到 548 起，总金额达到 76 亿美元，成为网络安全企业风险资本融资创纪录的一年。截至 2018 年 11 月，全球网络安全领域共发起融资 632 起，金额达到 86.3 亿美元。

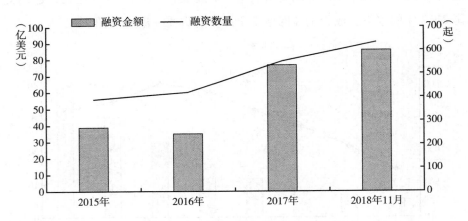

图 5　2015 年至 2018 年 11 月全球网络安全领域融资数量和金额

资料来源：上海赛博网络安全产业创新研究院基于公开资料整理。

就具体投融资案例来看，2017 年以来众多网络安全企业获得千万美元级投资，少数企业甚至获得亿美元级投资。统计显示，2017 年至 2018 年 11 月 30 日，全球网络安全领域共发起 103 起千万级美元的融资，其中有 13 起达到亿美元级，如 CrowdStrike 获得的 2 亿美元 E 轮、Illumio 获得的 1.25 亿美元 D 轮、Netskope 获得的 1 亿美元 E 轮、Tanium 获得的 1 亿美元 C 轮、CrowdStrike 获得的 1 亿美元 D 轮等。

（二）美、英、中、以四国成为网络安全投融资热土

据不完全统计，2015 年至 2018 年 11 月全球网络安全有 1992 起投融资案例。从地域来看，主要集中在美国、英国、中国和以色列。美国以 1101 起的数量居首位，占比 55.27%，紧随其后的是英国、中国和以色列，分别有 155 起、143 起和 137 起（见图 6）。

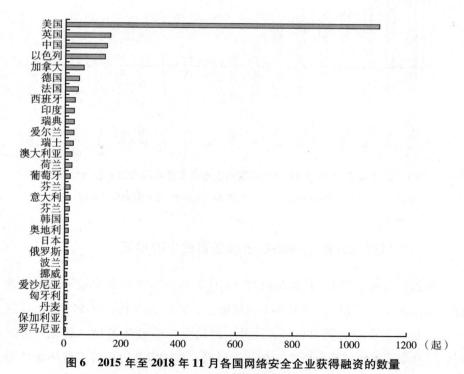

图 6　2015 年至 2018 年 11 月各国网络安全企业获得融资的数量

资料来源：IT 桔子、Crunchbase 等，上海赛博网络安全产业创新研究院整理。

从城市/地区来看，在统计的 1992 起融资事件中，整体集中在创业氛围良好、投资机构众多、政府支持力度较大的城市/地区。目前美国硅谷以 207 起融资事件占据第一的位置，美国纽约、中国北京分别占据第二、第三

的位置，远远超过平均值。可以看出，对于网络安全这一高新技术领域的创业公司来说，硅谷、纽约、北京、伦敦、波士顿占有很大优势，不仅拥有良好的孵化器和产业园，还有多层次的市场需求（见图7）。

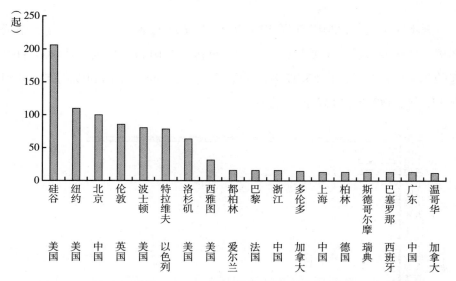

图7　2015 年至 2018 年 11 月全球网络安全企业获得融资活跃的地域分布

资料来源：IT 桔子、Crunchbase 等，上海赛博网络安全产业创新研究院整理。

（三）风投和并购是网络安全投融资的主要形式

本报告分析了 2016 年至 2018 年 11 月全球网络安全企业融资渠道的选择。如图 8 所示，风险投资以 944 起列第一，其次为并购，共 518 起，排第三位的是无偿资助，共 160 起。此外，网络安全企业还通过可转债、IPO、ICO 以及众筹等模式获取资金。相较于风投、并购以及 IPO 等主流的融资形式，无偿资助、可转债、ICO、众筹等方式在不同国家也被采用。

无偿资助主要是指政府扶持基金、大学生创业基金、创业竞赛、政府支持的众创空间和孵化器、企业家扶持计划等。目前采用此种方式募集资本的企业主要处于极早期，甚至还只是团队。

可转债：这种融资工具有灵活、成本低等优点，但网络安全企业极少采

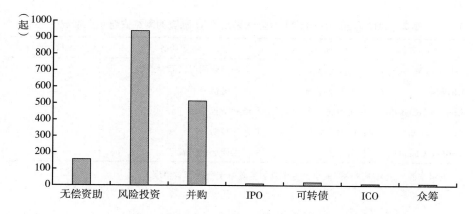

图8 2016 年至 2018 年 11 月全球网络安全企业融资渠道

资料来源：CrunchBase 等，上海赛博网络安全产业创新研究院整理。

用。在所有的筹资中，仅有 20 笔交易采用可转换债进行融资，而且多数采用投融贷形式。比较典型的案例是位于加拿大从事威胁情报研究的 HYAS InfoSec 公司，在 2018 年 9 月 24 日获得总额为 670 万美元的 A 轮融资后，随即于 2018 年 11 月 28 日从硅谷银行获得 200 万美元的可转债。此外，还有数起投资与这种情况相似，但获可转债的机构有所不同，如从事物联网安全的美国 NETSHIELD 公司则是在获得 320 万美元投资后，又从其企业所在地的霍华德县经济发展局获得 27.5 万美元可转债形式的补贴；美国云安全公司 SysCloud 在获得 25 万美元的投资后从光线资本（Lighter Capital）获得 20 万美元的可转债投资。唯一不同的案例是位于美国休斯敦从事云安全的 Alert Logic 公司的可转债融资项目，该公司在 2017 年 1 月 22 日从 Square 1 银行获得 7000 万美元的可转债，据称主要用于营运，而该公司以往已经获得 9 轮融资合计 3.29 亿美元的股权投资。但无论选择何种债权融资渠道，可转债这个工具目前在网络安全行业的使用频率并不高。

ICO 融资：2016 年至 2018 年 11 月区块链技术逐渐渗透各个领域，包括用于解决网络安全问题，国外有厂商将区块链技术应用于威胁情报、隐私保护、数据资产保护等，因此也有网络安全企业采用 ICO 来筹资。初步统计，全球共有 5 家网络安全企业采用 ICO 方式进行筹资，如表 2 所示。

表2　2016年至2018年11月全球采用ICO融资的网络安全企业情况

企业名称	所在区域	主要业务	发行次数
Telegram Messenger	英国伦敦	去中心化的保密即时通信	2
Gladius	美国华盛顿	区块链抗D	2
Uppsala Foundation	新加坡	威胁情报平台	1
Authoreon. io	德国慕尼黑	欺诈预防	1
VeriDoc Global	新加坡	二维码区块链验证	1

资料来源：上海赛博网络安全产业创新研究院基于公开资料整理。

众筹融资分为资金众筹和产品众筹，在全球网络安全产业仅发生7起，未能成为网络安全企业的主流融资渠道。

（四）网络安全风险投资各轮次发展较为均衡

从融资轮次分布来看，2015年至2018年11月，网络安全企业各轮次融资呈现同步上升趋势。2017年，共有89家网络安全企业处于天使轮阶段，相对于2016年增加了27.1%；处于A轮的企业有97家，较2016年增加了10.2%；有50家企业处于B轮阶段，相比于2016年增加了25%；处于C轮的有75家，比2016年增加了10.3%。

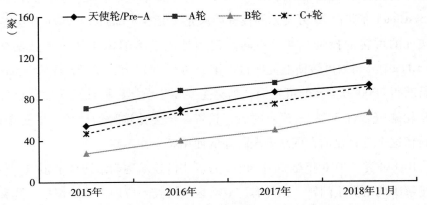

图9　2015年至2018年11月全球网络安全企业融资轮数情况

资料来源：IT桔子、Crunchbase等，上海赛博网络安全产业创新研究院整理。

总体来看，网络安全初创企业受到资本的青睐，不同轮次的获投概率持续增加，风险投资各轮次平衡发展有助于促进网络安全产业健康发展。

（五）中国网络安全企业上市步伐全面提速

2017 年至 2018 年 11 月，全球有 13 家网络安全企业实现上市融资。在此期间，尽管中国资本市场非常低迷，但其中仍有 4 家网络安全企业实现上市，其中深信服仅用 24 天就成功过会 IPO，反映出我国政府及资本市场仍然高度重视网络安全。预计随着科创板的推出，未来几年我国网络安全企业上市步伐将进一步加快。

表3　2017 年至 2018 年 11 月全球网络安全企业 IPO 情况

上市日期	企业名称	技术领域	成立年份	所属市场	募集资金（亿美元）
2018 年 10 月	SecureMetric Technology	身份管理与访问控制	2007	KLSE	0.04
2018 年 7 月	Tenable Network	风险管理	2001	NASDAQ	2.5
2018 年 7 月	迪普科技（已过会）	网络与基础设施安全	2008	创业板	0.67
2018 年 5 月	Avast	端防御	1988	LSE	8.11
2018 年 5 月	深信服	综合安全	2000	创业板	1.73
2018 年 4 月	Carbon Black	端安全	2002	NASDAQ	1.52
2018 年 3 月	Zscaler	云安全	2008	NASDAQ	1.92
2018 年 1 月	WhiteHawk	安全咨询	2015	ASX	0.03
2017 年 11 月	IXUP Limited	数据安全	2011	ASX	0.09
2017 年 10 月	Forescout	物联网安全	2000	NASDAQ	1.16
2017 年 4 月	Okta	身份管理与访问控制	2009	NASDAQ	1.87
2017 年 5 月	中孚信息	加密保密	2002	创业板	0.33
2017 年 4 月	格尔软件	数字认证	1998	A 股	0.31

资料来源：上海赛博网络安全产业创新研究院基于公开资料整理。

（六）身份管理与访问控制领域获投数量最多

从获投企业所处的细分领域来看（见图10），身份管理与访问控制类是最热门的领域。2017 年，该细分市场的企业获投数量为 58 起，比 2016 年增加了 34.88%，市场占比达 14%。

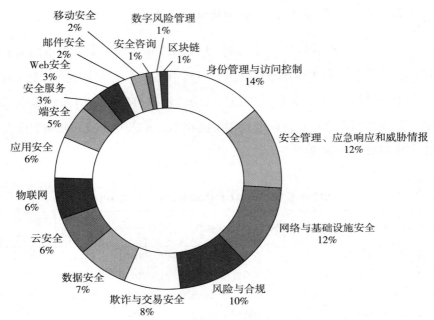

图 10　2017 年全球获得融资的网络安全企业领域情况

资料来源：Momentum 等，上海赛博网络安全产业创新研究院综合整理。

对从 2017 年起上市的 13 家公司的分析发现，主要从事身份管理与访问控制类（含数字证书）业务的企业有 3 家，数量同样在网络安全细分领域中居于领先地位，说明该细分市场经过多年发展已相对成熟。随着应用场景深化及新型验证技术不断涌现，预计未来将有更多的网络安全企业进入这一领域。

（七）网络安全产业指数估值远高于标准指数

2015 年以来，无论是国内网络安全指数 PS-TTM 还是国际网络安全指数均高于其所在市场的标准指数，表明越来越多的资本给予网络安全企业更高的估值。如图 11 所示，从国际指数来看，HACK 网络安全 ETF

在 2015 ～ 2018 年基本上跑赢标普 500。从国内估值指标来看，2015 ～ 2018 年，网络安全指数的估值水平远远高于沪深 300、上证综指、深证成指、上证 50（见图 12）。从指数具体走势来看，2016 年初网络安全被正式列入"十三五"规划重点建设方向，同年 11 月 7 日我国《网络安全法》获得通过，12 月国家互联网信息办公室发布《国家网络空间安全战略》，2018 年 3 月中央网信办和证监会联合印发《关于推动资本市场服务网络强国建设的指导意见》，这一系列政策支撑了网络安全产业指数持续走强，最终跑赢大市。

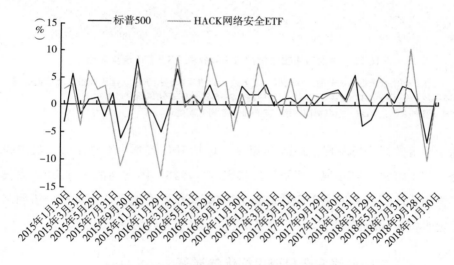

图 11　全球网络安全 ETF vs 标普 500 走势比较

注：HACK 网络安全 ETF 成分股：CISCO、TREND、SYMANTEC、CHECK POINT（以色列）、FIREEYE、PALO ALTO NETWORKS、CYBERARK（以色列）等 32 家全球上市公司（时间：2015 年 1 月至 2018 年 11 月 30 日）。

资料来源：雪球、Wind，上海赛博网络安全产业创新研究院整理。

三　网络安全产业投资机构分析

基于 Crunchbase、Momentum Cyber、CB Insights、IT 桔子、中国 IDC 圈、

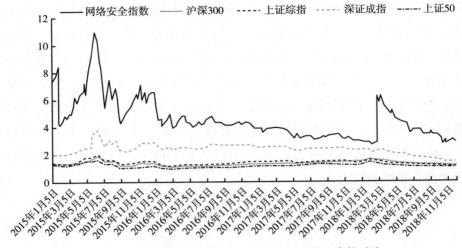

图 12　中国网络安全指数与主要指数 PS-TTM 走势对比

注：网络安全指数成分股：深信服、卫士通、启明星辰、拓尔思、蓝盾股份、北信源、绿盟科技、任子行等 33 家中国上市公司（时间：2015 年 1 月至 2018 年 11 月 30 日）。

资料来源：Wind，上海赛博网络安全产业创新研究院整理。

猎云网等数据分析发现，2015 年以来，包括 IDG 资本、真格基金、红点投资、苹果资本、NEA 恩颐投资、红杉资本、经纬中国在内的全球 2084 家投资机构、IT 巨头和安全厂商共发起了 1992 起投资案例，从中可以分析网络安全投资机构的情况。

（一）美国网络安全投资机构优势显著

2015 年至 2018 年 11 月 30 日，美国有 967 家机构投资了网络安全企业，参与了全球过半的网络安全投资事件，其次是英国（240 家）、以色列（102 家）、中国（99 家）、法国（80 家）等国家（见图 13）。中国以 99 家投资机构居第四位，主要受益于近年来中国网络安全战略的实施，投资机构逐渐提升对网络安全企业的关注。

美国网络安全产业投资活跃，主要表现在风险投资数量和总金额上，根据 Momentum 公司的统计，2010 年至 2018 年 7 月，美国网络安全产业共完成 2156 起合计 237 亿美元的风险投资，其中 2018 年上半年就完成 209 起投

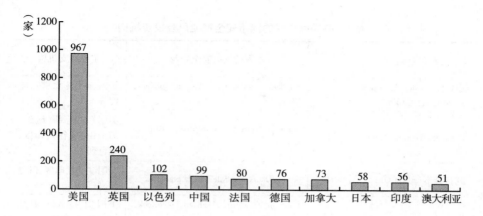

图13　2015年至2018年11月30日主要国家投资
网络安全的投资机构情况

资料来源：IT桔子、Crunchbase等，上海赛博网络安全产业创新研究院整理。

资、总投资额30亿美元。

目前活跃的美国网络安全产业投资机构及其投资数量见表4。

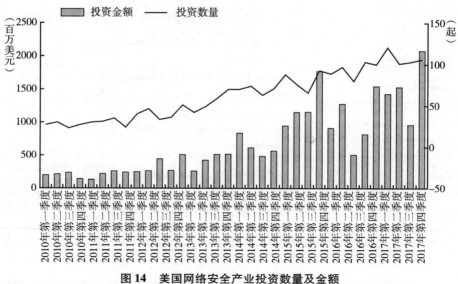

图14　美国网络安全产业投资数量及金额

资料来源：Momentum，上海赛博网络安全产业创新研究院整理。

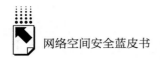

表4   美国最活跃的网络安全产业风险投资机构

投资机构名称	投资数量（起）	投资的网络安全企业	主要分支机构
恩颐投资（New Enterprise Associates，NEA）	22	BitGlass，HanckerOne，Threat Quotient，Virtrv	美国、中国（北京）、印度等
Bessemer Venture Partners	19	Auth0，Claroty，Capsule8，Kenna，Wandera	美国（波士顿、纽约、旧金山、硅谷）、印度、以色列
红杉资本（SEQUOIA）	18	Armis，DataVisor，SafeBreach，StackRox	美国、中国、印度、以色列、新加坡
Accel Partner	16	CallSign，CrowStrick，Demisto，ForgeRock，NetSkope	美国（Palo Alto、旧金山）、英国、印度
Battery Ventures	14	Cheq，Contrast，BigPanda，Expel	美国（波士顿、纽约、旧金山、硅谷）、以色列、英国
贝恩资本（BainCaptial）	13	Attivo，Armis，BetterCload，Observe	美国、中国、韩国、日本、英国、德国、印度等
NorWest VC	12	Agrari，BitGlass，CyberX，Cynet，Dtex	美国（旧金山）、印度、以色列
GV（Google Ventures）	11	Anomali，CyberGRX，Ionic，Synack	美国
圣骑士资本集团（Paladin Capital Group）	11	Anomali，Expel，Karamba，Panaseer	美国、英国、卢森堡
ForgePoint Capital（原Trident Capital）	11	BehavioSec，HyTrust，IronNet，Mocana，Reversing Labs	美国
General Catalyst	10	Anomali，Contrast，Illumio，Melo Security，PreeMpt	美国（旧金山、波士顿、纽约）
Night Dragon Security（Momentum）	10	ForeScout，Phantom Cyber，CallSign，Claroty，Team8，DataTribe，Illusive，Networks，Optiv	美国
ClearSky	9	BigID，CyberGRX，Demisto，IntSights	美国（旧金山、波士顿、佛罗里达）
ALLEGIS CYBER	9	CallSign，Drago，Signify，SocialSafeGuard	美国（旧金山、波士顿、纽约）

资料来源：上海赛博网络安全产业创新研究院基于公开资料整理（2016年以来）。

在全球网络安全领域，自2016年以来投资绝对数量最多的是EASME（欧盟中小企业资助计划），达到41家，累计投资2051万欧元，每个初创企业的平均获投额约 50 万欧元，但由于网络安全企业仅占其近三年投资总数的 2.5%，未将其列入最活跃的投资机构。

（二）以色列风投机构擅长投资网络安全领域

对自 2015 年至 2018 年 11 月投过一次网络安全企业的各国风投机构的数量进行统计，发现以色列的投资机构以 21.98% 的比例高居榜首。在以色列活跃的风投机构总数约 464 家，其中有 102 家曾经投资过网络安全企业。其余比较高的国家有日本（11.07%）、英国（10.96%）、美国（10.85%）、法国（10.72%），中国仅为 6.68%，而全球均值为 8.8%（见图 15）。美国的风投机构众多，共有 1823 家风投机构至少投过一次网络安全企业。

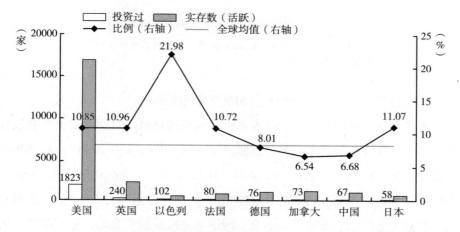

图 15　2015 年至 2018 年 11 月各国风投机构对网络安全企业投资的活跃度

资料来源：CrunchBase，上海赛博网络安全产业创新研究院整理。

（三）投资主体以产业资本与风险投资基金为主

从图 16 可以看出，2015 年至 2018 年 11 月，投资网络安全产业的机构主要以产业资本和风险投资基金为主，其中风险投资基金占 40%，产业资本略低于风险投资基金，占 36%，两者占比接近。居于第三位的是私募股权投资，占比

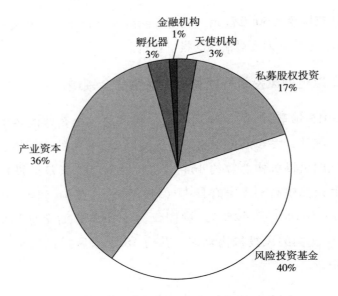

图 16　全球网络安全投资机构性质分布

资料来源：IT 桔子、Crunchbase 等，上海赛博网络安全产业创新研究院整理。

17%，符合网络安全企业的发展特点和投资机构的偏好。

2015 年至 2018 年 11 月，共有 824 家风险投资基金对网络安全企业进行投资。其中投资数量最多的美国恩颐投资（New Enterprise Associates，NEA）投资 27 次，包括 UnifyID、BitGlass、HanckerOne、ThreatQuotient、Virtrv、DataVisor、Illusive networks 等明星网络安全企业，涵盖身份认证、应用安全、数据安全、安全服务、云安全、网络与基础设施安全等，基本覆盖了网络安全领域的主要细分领域。

从图 18 可以看出，产业资本也是网络安全产业发展的重要推动力量。2015 年至 2018 年 11 月，大量产业资本投向网络安全企业。其中 360 企业安全集团、腾讯、雷神公司热衷于投资网络安全企业。同时，全球大型跨国信息技术公司如微软、IBM、思科、甲骨文、英特尔、华为等，在不断提升自家产品安全性能的同时，构建了强大的网络安全产品线和服务体系，借助庞大的客户群体，在全球网络安全市场占有较大份额。同时，它们通过并购或者参股等方式不断吸收全球最先进的网络安全技术（收购网络安全企业情况见表5），无论在创新资源整合方面还是产品集成方面，都具有先天优势。

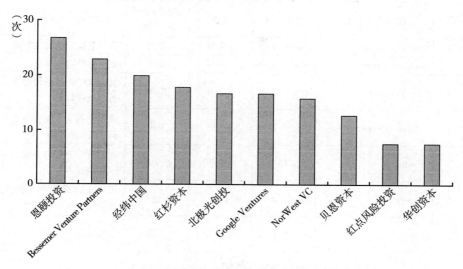

图17　前十大网络安全风险投资基金投资笔数

资料来源：IT 桔子、Crunchbase 等，上海赛博网络安全产业创新研究院整理。

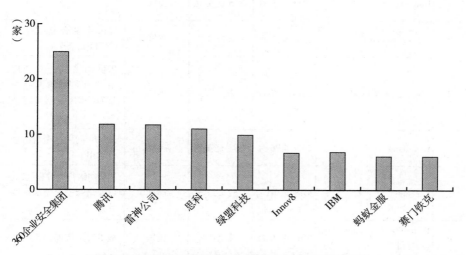

图18　比较活跃的产业资本投资网络安全企业的情况

资料来源：IT 桔子、Crunchbase 等，上海赛博网络安全产业创新研究院整理。

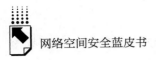

表5　大型信息技术公司收购网络安全公司

IBM				
收购公司名称	收购时间	金额	被收购公司所属国	被收购公司主营业务
1	Agile 3 Solutions	2017 年 1 月	未公开	美国	提供数据安全解决方案
2	Resilient Systems	2016 年 2 月	未公开	美国	提供事件响应平台
3	IRIS Analytics	2016 年 1 月	未公开	德国	开发基于机器学习技术的反欺诈软件
4	Lighthouse Security Group	2014 年 8 月	未公开	美国	云安全服务（身份与访问管理）提供商
5	CrossIdeas	2014 年 7 月	未公开	意大利	提供身份分析与访问管理解决方案
6	Trusteer	2013 年 8 月	10 亿美元	以色列	提供金融反欺诈软件，也提供云安全服务
7	Q1 Labs	2011 年 10 月	未公开	美国	安全情报软件提供商

Cisco				
被收购公司名称	收购时间	金额	被收购公司所属国	被收购公司主营业务
1	Duo Security	2018 年 8 月	23.5 亿美元	美国	云的访问安全与多因素认证
2	Skyport Systems	2018 年 1 月	未公开	美国	提供超融合基础架构（HCI）安全产品
3	Observable Networks	2017 年 7 月	未公布	美国	提供网络取证安全应用,用于网络异常行为监测（利用机器学习技术）
4	CloudLock	2016 年 6 月	2.93 亿美元	美国	云访问安全代理（CASB）
5	Lancope	2015 年 10 月	4.52 亿美元	美国	提供网络行为分析、威胁可视化和安全情报解决方案
6	Portcullis Computer Security, Ltd.	2015 年 9 月	未公开	英国	提供安全咨询服务
7	OpenDNS	2915 年 6 月	6.52 亿美元	美国	云安全、威胁保护
8	Neohapsis	2014 年 12 月	未公开	美国	提供安全咨询服务

续表

	Cisco				
	被收购公司名称	收购时间	金额	被收购公司所属国	被收购公司主营业务
9	ThreatGRID	2014 年 5 月	未公开	美国	提供动态恶意软件分析和威胁情报技术
10	Sourcefire	2013 年 7 月	27 亿美元	美国	提供智能网络安全解决方案
11	Cognitive Security	2013 年 1 月	未公开	捷克	利用人工智能技术检测高级网络威胁

	Microsoft				
	收购公司名称	收购时间	金额	被收购公司所属国	被收购公司主营业务
1	Hexadite	2017 年 6 月	1 亿美元	以色列	基于人工智能技术的安全事件响应
2	Cloudyn	2017 年 6 月	6000 万美元	以色列	提供云监测服务
3	Secure Islands Technologies	2015 年 11 月	7750 万美元	以色列	保护用户数据安全
4	Adallom	2015 年 9 月	3.2 亿美元	以色列	提供云安全平台

	Oracle				
	收购公司名称	收购时间	金额	被收购公司所属国	被收购公司主营业务
1	Zenedge	2018 年 2 月	未公开	美国	提供 Web 应用防火墙和抗 DDoS 攻击产品
2	Palerra	2016 年 9 月	未公开	美国	提供云访问安全代理产品

	华为				
	收购公司名称	收购时间	金额	被收购公司所属国	被收购公司主营业务
1	HexaTier	2016 年 12 月	4200 万美元	以色列	提供数据安全和合规解决方案

	AT&T				
	收购公司名称	收购时间	金额	被收购公司所属国	被收购公司主营业务
1	AlienVault	2018 年 7 月	未公开	美国	针对中小型企业提供统一安全管理平台（USM）、开放式威胁情报交换平台（OTX）等网络安全产品

资料来源：上海赛博网络安全产业创新研究院基于公开资料整理。

（四）并购和IPO为投资机构主要退出方式

2015年至2018年11月，网络安全初创企业中风险投资退出数量也有不俗表现（见图19）。2015年，网络安全领域发生了38起并购交易和2起IPO；2016年，有39家风险投资支持的网络安全初创企业实现投资退出，其中38起为并购交易，1起为IPO；2017年，网络安全领域有46起退出交易，其中43起为并购交易，3起为IPO；截至2018年11月，网络安全领域已经有52起投资退出交易，其中包括46家企业被并购，6家企业上市（SecureMetric Technology，Tenable Network，Avast，Carbon Black，Zscaler，WhiteHawk）。

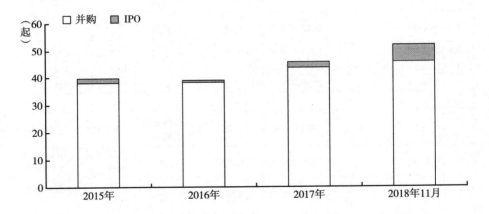

图19　2015年至2018年11月风险投资的网络安全初创企业投资退出数量

资料来源：IT桔子、Crunchbase等，上海赛博网络安全产业创新研究院整理。

四　网络安全企业估值模型建议

企业价值评估是资本市场投融资活动发生的基础，随着多层次资本市场的日趋成熟和投融资交易的日益活跃，企业进行的资产购买、股票发行上市、股权转让、债权融资等经济活动越来越频繁，而这些活动的焦点无疑是交易额的成交价格，目标企业价格确定的基础是对企业的价值评估。近年来，网络安全领域的投融资活动尤为显著，网络安全产业的蓬勃发展对传统企业价值评估方法提出了巨大挑战。由于网络安全企业与传统企业之间存在明显的差异性，其价值无法用成本法及市场法等传统的估值方法进行评估，急需有效的网络安全企业价值评估方法来为网络安全企业提供投融资决策依据。

网络安全企业目前发展参差不齐，其估值的方式根据发展阶段的不同而不同。本报告根据网络安全企业所处的发展阶段将其划分为三类：初创型（营业收入1000万元以下）、成长型（营业收入1000万~3000万元）、成熟型（营业收入3000万元以上），并结合网络安全企业的特点构造了不同的估值模型。

（一）成熟型网络安全企业估值模型——修正现金流贴现法

成熟型网络安全企业的财务数据比较容易获得，财务数据比较详细，且此类企业的规模和市场地位已经初步形成，估值主要依据静态市盈率模型、动态价格收益增长模型与现金流贴现模型等比较成熟的估值方法进行比对和核查计算得出。考虑到网络安全企业"轻资产"和"高收益"的特点，选择收益法——现金流贴现法对其进行评估是相对适合的方法。

现金流贴现模型的公式为：

$$P = \sum_{t=1}^{n} \frac{CF_t}{(1+r)^t} = \sum_{t=1}^{时间} \frac{资产在\ t\ 时刻产生的现金流}{(1+折现率)^t}$$

其中，P 代表企业的评估值；n 代表企业的寿命；CF_t，代表资产在 t 时刻产生的现金流；r 代表预期现金流的折现率。

考虑到网络安全企业的特征及其客户的需求，本报告主要对企业的寿命（t）和预期现金流的折现率（r）的确定方式进行改良。

（二）成长型网络安全企业估值模型——P/CCI估值模型

成长型网络安全企业的核心是捕捉成长机会和发展的动力，并非关注短期内企业是否能够快速盈利，加上这类企业的数据公开化程度不高，导致无法准确估值。本报告基于关键价值因素相似度的可比公司法对成长型网络安全企业进行估值，并构造赛博竞争力指数（Cyber Competitiveness Index，CCI）。此指数包含的指标为：网络安全业务营业收入、网络安全业务营收增长率、研发投入、研发密度、专利数量、产品迭代周期、产品获奖情况、市场开拓能力和所属国市场空间九大综合指标。计算可比基准公司的 CCI，然后根据目标企业相应的 CCI 进行对比，进而得到目标企业的估值。估值的基本公式为：

$$被评估目标企业的市场价值 = \frac{被评估目标企业的 CCI}{可比基准公司的 CCI} \times 可比基准公司的市场价值$$

$$CCI = \sum 相应指标数值 \times 对应的权重$$

（三）初创型网络安全企业估值模型——复合实物期权定价

处于初创期的网络安全企业，其生产规模一般较小（加上网络安全企业的特殊性，更有部分初创企业仅具备单项领先技术），产品类型较少且通常不是很成熟，市场覆盖也较窄，初期可能盈利微薄甚至亏损，因此专利技术、尖端成果等无形资产的价值评估就成为估值过程的重中之重。此外，还可以结合期权定价方法来判断估值结果。将企业的专利、技术等视为一定的未来投资选择权（即期权），该专利技术生产的产品作为标的资产，那么未来生产经营预期的净现金流量现值就可用该标的资产价格代替，未来开展生产的投资成本的现值是标的资产的执行价格。因此，采用复合实物期权法对初创期网络安全企业进行评估，构造 n 阶段复合实物期权定价公式为：

$$C_n = e^{-nr\Delta t} \Big[\sum_{j=0}^{n} \Big(\frac{n!}{j!(n-j)!} \Big) p^j (1-p)^{n-j} \max(0, u^j d^{n-j} V - I) \Big]$$

在前期投入阶段，初创网络安全企业产出不抵支出，净现金流量为负，采用传统的 NPV 评估企业价值，就显得不够全面和不合理。因此，本报告将 Trigeorgis 公式拓展到初创网络安全企业价值评估中，引入"网络空间期权"因子，采用期权评价组合的方式评估初创企业价值，考虑到创投公司对初创企业的投资通常分多个阶段进行，本报告将初创企业估值公式拓展至 k 个阶段。初创型网络安全企业估值模型为：

初创型网络安全企业价值＝净现值（NPV_k）＋复合网络空间期权价值（C_k）

B.8
2018年全球网络安全企业
竞争力研究报告

惠志斌　李　宁　石建兵*

摘　要： 当今，全球网络安全形势日趋严峻，影响错综复杂，成为关系各国国家安全、经济发展和社会稳定的核心议题。为了应对网络安全威胁，全球各国持续加大网络安全投入，推动网络安全产业发展。企业是产业的微观构成，企业竞争力是企业在竞争性市场条件下为利益相关方持续创造价值的综合能力。通过对网络安全企业竞争力的研究，不仅可以观测单个网络安全企业的能力优劣，还可以全面认识网络安全产业的特征和趋势。本报告基于2017～2018年的数据，对全球近500家网络安全企业进行了竞争力评价，研判国内外网络安全产业的现状和趋势，为我国网络安全产业发展提供启示和借鉴。

关键词： 网络安全　企业竞争力　创新力　增长力

一　网络安全企业竞争力评价方法

（一）网络安全企业概述

网络安全是网络空间中所有要素和活动免受来自各种威胁的状态。随着

---

* 惠志斌，上海社会科学院信息研究所研究员；李宁、石建兵，供职于赛博研究院。

信息技术的不断创新发展和数字化时代的来临，网络安全的范畴正在不断扩大，并正与物理空间安全加速融合。具体而言，网络安全既包括软件系统的运行安全性、数据的存储及传输安全性、信息的内容安全性，还包括网络基础设施与物理资产的安全性等。

网络安全企业是指提供保障网络空间安全的所有硬件、软件和服务的企业的统称。网络安全企业提供的产品和服务的细分程度非常高，可分为十多个大类，包括网络与基础设施安全、端安全、应用安全、数据安全、移动安全、云安全、身份与访问管理、风险与合规、物联网安全、安全运维与事件响应等。其中每个大类又可被细分成多个小类。因此网络安全企业群体涵盖的对象非常广泛。同时，随着网络安全的重要性不断升级，一些大型互联网公司、国防承包商、大型咨询公司以及垂直领域的部分企业都开始涉足网络安全业务。因此，这类企业也成为本报告观察对象的重要组成部分。

（二）评价指标体系构建

企业竞争力是指在目前和未来的市场环境中，一个企业所具有的能够持续地比其他企业更有效地向市场提供产品或服务，并获得盈利和自身发展的综合素质和能力。[①] 企业竞争力不是一个静态的概念，而是始终处于动态变化发展之中的，企业竞争力也不仅限于目前企业在市场中竞争所表现出的增长和盈利能力，还要看企业为未来的创新和发展所储备的能力，即企业所拥有的发展潜力。

网络安全是典型的知识/技术密集型产业，创新能力是网络安全企业保持长久活力的源泉。与此同时，企业的创新能力需要转化为企业的增长能力，即将创新的技术转化为产品和服务，通过竞争性市场持续获得企业价值的能力。因此，本报告以"创新力"和"增长力"两个维度来构建网络安全企业竞争力评价模型（即"赛博竞争力指数"模型），"创新力"与"增长力"互为因果，是驱动网络安全企业竞争力的"双轮"（见图1）。

在"创新力"和"增长力"两个维度下，"赛博竞争力指数"模型由4

[①] 金碚：《论企业竞争力的性质》，《中国工业经济》2001年第10期。

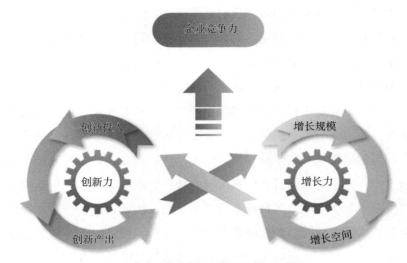

图1 "赛博竞争力指数"模型逻辑

个二级指标和9个三级指标构成（见图2）。同时，根据网络安全产业的特点，以及从数据的可获得性和可比较性角度考虑，本报告遵循以下原则进一步设置了二级指标和三级指标。

（1）主导性原则：用较少关键指标反映企业竞争力，避免过多冗余指标将核心指标淹没。

（2）可操作性原则：选取可获得、可量化的外显性指标来反映决定企业竞争力的内因性影响因素。

（3）可比性原则：指标本身具有横向和纵向的可比性。

（4）针对性原则：突出反映网络安全行业特点。

基于以上原则，本报告在"创新力"维度设置了"创新投入"和"创新产出"两个二级指标，其中，"创新投入"由研发投入、研发密度两个三级指标构成，"创新产出"由专利数量、产品迭代周期和产品获奖情况三个三级指标构成。在"增长力"维度下，本报告设置了"增长规模"和"增长空间"两个二级指标，其中，"增长规模"由网络安全业务营收和网络安全业务营收增长率两个三级指标构成，"增长空间"由市场开拓能力和所属国市场空间两个三级指标构成。各级指标权重设定基于德尔菲等方法形成，详细说明和评价方法如表1所示。

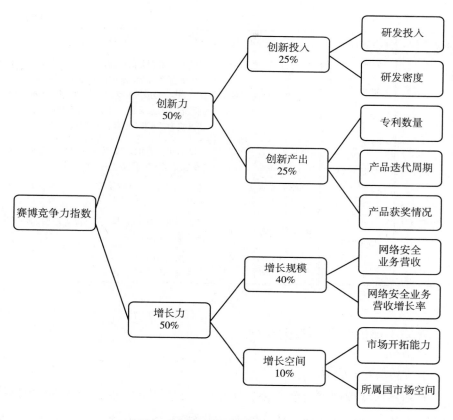

图2　"赛博竞争力指数"评价体系

表1　"赛博竞争力指数"模型中各指标的评价说明

竞争力维度	二级指标	三级指标	评价说明
创新力（50%）	创新投入（25%）	研发投入（20%）	企业2017财年的研发投入总额。以2亿美元及以上为最高分，按比例递减计算
		研发密度（5%）	企业2017财年的研发投入总额占网络安全业务营收的比例。以50%为最高分，按比例递减计算
	创新产出（25%）	专利数量（10%）	公司申请及授权的专利数量。1000项及以上为最高分，按比例递减计算
		产品迭代周期（10%）	新产品推出或原有产品新版本迭代的频度。3个月以内为第一档，6个月以内为第二档，9个月以内为第三档，1年以内为第四档，1年以上为第五档

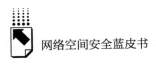
续表

竞争力维度	二级指标	三级指标	评价说明
	创新产出（25%）	产品获奖情况（5%）	2017年以来企业的创新产品在细分领域产品评选中的获奖情况。在国际级别的产品评选和测试中，获金奖或冠军为第一档，获银奖为第二档；在区域或国家级别的评选中，获金奖为第二档，获银奖为第三档；无获奖为第四档
增长力（50%）	增长规模（40%）	网络安全业务营收（30%）	2017财年企业的网络安全业务营业收入总额（非独立安全厂商仅使用其安全业务营收数据）
		网络安全业务营收增长率（10%）	2017财年企业的网络安全业务营业收入增长率
	增长空间（10%）	市场开拓能力（5%）	基于企业的客户数量、客户覆盖范围、客户质量等综合评定
		所属国市场空间（5%）	基于所属国GDP数据、数字化水平、网络安全法规环境等综合评定

（三）评价对象和数据获取

1. 评价对象的选取

针对本次全球网络安全企业竞争力排名，本报告选取了全球500家网络安全企业作为评价样本池，这些企业分散在31个国家和地区。在选取网络安全企业时，遵循以下原则。

（1）主营业务为网络安全的独立安全厂商，凡业务类型为表2中所列的网络安全业务类型，都属于本报告的观察对象。

（2）评价对象除独立安全厂商以外，还包括主营业务虽非网络安全但对外提供网络安全产品和服务的大型IT企业、通信企业和电信运营商，如微软、IBM、思科、甲骨文、富士通、AT&T、BT等。同时，近几年将业务扩展到网络安全领域的大型军工企业和国防承包商，如Raytheon、Thales、BAE Systems、Airbus等；全球知名咨询类公司，如埃森哲、德勤、安永等，都被包含在本次评价样本池中。

（3）本次评价对象未包括安防等泛安全企业。

（4）虽已被收购但仍保留品牌并独立运营的网络安全公司仍作为独立公司参与了此次企业竞争力评价。

表2　网络安全企业业务类型分类

序号	大类	细分小类
1	网络与基础设施安全	下一代通信安全
		网络防火墙
		网络准入控制
		软件定义网络
		DDoS 防护
		DNS 安全
		欺骗与蜜罐技术
		入侵检测与防御
2	端安全	端防御
		端检测与响应
3	应用安全	Web 应用防火墙
		应用安全
		应用安全测试
		消息安全
		Web 安全
4	工控与物联网安全	物联网设备安全
		汽车安全
		智能家居安全
		工控安全
5	安全运维与事件响应	安全信息与事件管理
		网络空间资产测绘
		事件响应
		安全分析
		专业化威胁对策
6	移动安全	移动安全
7	数据安全	加密
		数据防泄露
		隐私保护
		容灾、备份与恢复
		文档安全

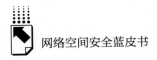

续表

序号	大类	细分小类
8	安全服务	传统安全服务
		可管理检测与响应
		渗透测试与攻击仿真
		靶场服务
		竞赛与赛事
9	风险与合规	风险评估与可视化
		安全评级
		数字风险管理
		治理、风险与合规
		安全意识与培训
10	智能安全	威胁智能感知
		高级威胁防护
		网络分析/取证
		用户行为分析
		数据图谱
		欺诈预防及交易安全
11	身份与访问管理	认证
		新型生物认证
		身份即服务
		特权管理
		身份治理
		数字证书
		用户标识管理
12	云安全	云基础设施安全
		容器安全
		云访问安全代理
13	安全咨询	安全咨询
14	区块链安全	区块链安全
15	人工智能安全	人工智能安全

2. 数据来源

数据获取的途径包括：公开信息资料（包括上市公司年度财报、企业新闻报道、企业高管公开采访、企业官网信息、专利数据库资源），企业通过调查问卷反馈的信息，权威机构发布的相关数据资料，行业专家访谈，企业调研等。

（四）赛博竞争力指数计算方法

本报告基于各指标评价说明，依据企业样本池中各企业的各项指标数据，对各项指标进行分值换算和综合打分。"赛博竞争力指数"等于各项指标的分值乘以相应权重的加权平均分，计算公式为：

$$赛博竞争力指数 = \sum（创新力维度指标分值 \times 权重）$$
$$+ \sum（增长力维度指标分值 \times 权重）$$

二 全球网络安全企业竞争力评价结果与分析

（一）赛博竞争力指数排名

基于模型和数据，本报告计算得出全球网络安全企业竞争力指数，通过排序得出全球网络安全企业100强，如表3所示。

表3 全球网络安全企业百强名单

排名	企业名称	安全业务类型	国别	是否独立安全厂商	上市/非上市
1	Microsoft	综合安全	美国	否	上市
2	Symantec	综合安全	美国	是	上市
3	Cisco	网络与基础设施安全	美国	否	上市
4	Palo Alto Networks	综合安全	美国	是	上市
5	IBM	综合安全	美国	否	上市
6	Deloitte	安全服务	英国	否	非上市
7	McAfee	综合安全	美国	是	非上市
8	华为	网络与基础设施安全	中国	否	非上市
9	Check Point	综合安全	以色列	是	上市
10	Fortinet	网络与基础设施安全	美国	是	上市
11	F5 Networks	网络与基础设施安全	美国	是	上市

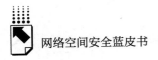

续表

排名	企业名称	安全业务类型	国别	是否独立安全厂商	上市/非上市
12	Optiv	安全服务	美国	是	非上市
13	EY	安全服务	英国	否	非上市
14	Accenture	安全服务	美国	否	上市
15	Akamai	云安全	美国	是	上市
16	Dell EMC	数据安全	美国	否	上市
17	Oracle	云安全	美国	否	上市
18	Raytheon	国防军工	美国	否	上市
19	KPMG	安全服务	荷兰	否	非上市
20	PwC	安全服务	英国	否	非上市
21	Airbus	航空军工	法国	否	上市
22	Splunk	安全智能	美国	是	上市
23	AT&T	网络与基础设施安全	美国	否	上市
24	DXC Technology	安全服务	美国	否	上市
25	Trend Micro	端安全	日本	是	上市
26	Kaspersky	综合安全	俄罗斯	是	非上市
27	NetScout	性能检测	美国	是	上市
28	FireEye	安全智能	美国	是	上市
29	BAE Systems	航空军工	英国	否	上市
30	Thales	国防军工	法国	否	上市
31	Proofpoint	应用安全	美国	是	上市
32	Sophos	统一威胁管理	英国	是	上市
33	Palantir	安全智能	美国	是	非上市
34	Commvault	数据安全	美国	是	上市
35	Avast	端安全	捷克	是	上市
36	Leidos	国防军工	美国	否	上市
37	Juniper Networks	网络与基础设施安全	美国	是	上市
38	Entrust Datacard	身份治理	美国	是	非上市
39	ESET	端安全	斯洛伐克	是	非上市
40	深信服	网络与基础设施安全	中国	是	上市
41	Okta	身份与访问管理	美国	是	上市
42	Micro Focus	安全服务	英国	否	上市
43	Verint	用户行为分析	美国	是	上市
44	启明星辰	综合安全	中国	是	上市
45	Synopsys	安全服务	美国	否	上市
46	Fujitsu	安全服务	日本	否	上市

续表

排名	企业名称	安全业务类型	国别	是否独立安全厂商	上市/非上市
47	Infoblox	网络与基础设施安全	美国	是	非上市
48	卫士通	数据安全	中国	是	上市
49	Barracuda Networks	应用安全	美国	是	非上市
50	BT	网络与基础设施安全	英国	否	上市
51	360企业安全集团	综合安全	中国	是	非上市
52	SecureWorks	安全服务	美国	是	上市
53	HID Global	身份与访问管理	美国	是	非上市
54	Tenable	风险管理与合规	美国	是	上市
55	Iron mountain	数据安全	美国	否	上市
56	CyberArk	身份与访问管理	以色列	是	上市
57	Mimecast	应用安全	英国	是	上市
58	绿盟科技	网络与基础设施安全	中国	是	上市
59	Qualys	云安全	美国	是	上市
60	Gigamon	网络分析/取证	美国	是	退市
61	Zscaler	云安全	美国	是	上市
62	天融信	综合安全	中国	是	上市
63	Rapid7	可管理检测与响应	美国	是	上市
64	ForeScout	身份与访问管理	以色列	是	上市
65	Imperva	数据安全	以色列	是	上市
66	Cyxtera	网络与基础设施安全	美国	是	非上市
67	Masergy	安全服务	美国	否	非上市
68	Bitdefender	端安全	罗马尼亚	是	非上市
69	SailPoint	身份与访问管理	美国	是	上市
70	Carbon Black	端安全	美国	是	上市
71	Radware	应用交付	以色列	是	上市
72	A10 Networks	应用交付	美国	是	上市
73	Fingerprint Cards	生物识别	瑞典	是	上市
74	F-Secure	端安全	芬兰	是	上市
75	Tanium	端安全	美国	是	非上市
76	安恒	综合安全	中国	是	非上市
77	Unisys	风险管理与合规	美国	是	上市
78	亚信安全	综合安全	中国	是	非上市
79	MobileIron	移动安全	美国	是	上市
80	新华三	综合安全	中国	否	非上市
81	Booz Allen Hamilton	安全服务	美国	否	上市

续表

排名	企业名称	安全业务类型	国别	是否独立安全厂商	上市/非上市
82	迪普科技	应用交付	中国	是	正在上市
83	CA Technologies	应用安全	美国	是	非上市
84	Capgemini	安全服务	法国	否	上市
85	NCC Group	安全服务	英国	是	上市
86	AhnLab	端安全	韩国	是	上市
87	AON	安全服务	英国	否	上市
88	Cylance	安全智能	美国	是	非上市
89	蓝盾股份	云安全	中国	是	上市
90	Webroot	端安全	美国	是	非上市
91	美亚柏科	网络分析/取证	中国	是	上市
92	飞天诚信	身份与访问管理	中国	是	上市
93	CrowdStrike	高级威胁防护	美国	是	非上市
94	Malwarebytes	端安全	美国	是	非上市
95	Ping Identity	身份与访问管理	美国	是	非上市
96	北信源	端安全	中国	是	上市
97	山石网科	网络与基础设施安全	中国	是	非上市
98	安天	安全智能	中国	是	非上市
99	OneSpan	身份与访问管理	美国	是	上市
100	Centrify	身份与访问管理	美国	是	非上市

（二）赛博竞争力指数图谱

基于赛博竞争力指数模型，本报告构建了"赛博竞争力指数图谱"（见图3），以期直观反映主要网络安全企业在"创新力"和"增长力"两个维度的表现。在赛博竞争力指数图谱中，横轴代表创新力，纵轴代表增长力，并根据创新力和增长力的强弱将坐标系分为四个不同的区域。其中，右上角区域代表创新力和增长力都很强的企业，本报告称为"领导者"，这类企业既具有很强的创新力，又具有很强的执行力，能够把创新力转化为公司实际业绩的增长。这类企业一般已经得到市场的充分认可，增长预期已经部分或全部兑现，估值较高。右下角区域代表创新力较强，但增长力表现不佳的企业，本报告称为"创新者",这类企业往往具有很强的技术实力,但是在将创新能力转化为公司业绩方面具有明显的短板。左上角区域为创新能力弱但增长力强的企业,本报告称为"开拓者",这类企业虽然没有很强的技术实力,但在市场营销、政商关系等领域具有特殊的能力,企业业绩增长迅速。左下角区域代表创新力和增长力都稍弱的企业,本报告称为"追随者",这类企业在百强名单中排名偏后,虽有一部分企业的发展已经达到瓶颈,但有很多企业仍具有强劲的发展势头,潜力巨大,未来有望跻身领导者区域。

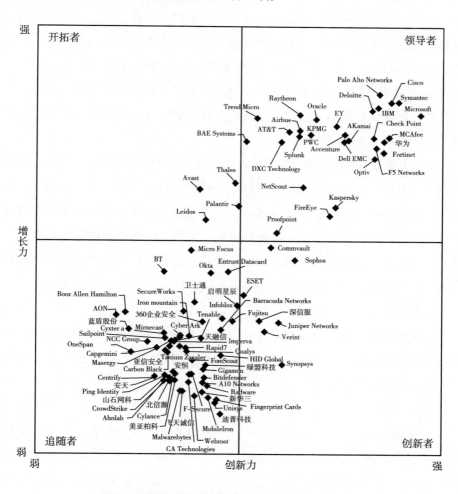

图3　全球网络安全百强企业赛博竞争力指数图谱

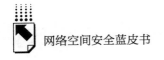
（三）排名结果分析

1. 总体分析

首先，在全球网络安全企业竞争力百强名单中，共有上市公司 69 家，非上市公司 31 家。其中，非上市公司也较为均匀地分布在百强序列中，说明全球网络安全产业尽管主要由上市公司主导，但上市并不是网络安全企业获得成功的唯一途径。

其次，在全球网络安全企业竞争力百强名单中，独立安全厂商有 72 家，非独立安全厂商有 28 家，非独立安全厂商占比达近 30%。但在前五十名中，有 22 家是非独立安全厂商，诸多案例表明，非独立安全厂商一旦开始布局网络安全业务，可以通过收购、投资网络安全企业等快速建立网络安全产品线，同时依托既有的客户网络获取市场份额，这对独立安全厂商已经构成强大的挑战。

最后，通过赛博竞争力指数图谱可以看出，全球网络安全百强企业主要集中在"领导者"区域和"追随者"区域，而另外两个区域的企业数量偏少，说明对于进入百强榜单的大多数企业而言，其在创新力和增长力两个维度的表现都是比较均衡的，呈现出较为明显的正相关关系，由此说明网络安全企业若要在全球网络安全市场获得强大的竞争优势，必须既要有良好的技术创新作为支撑，又要在市场拓展方面具有较强能力，才能在众多企业中脱颖而出。

2. 国别分析

在全球网络安全企业百强名单中，企业数量最多的国家分别为美国、中国和英国，其中美国企业有 55 家，中国企业有 17 家，英国企业有 10 家，以色列有 5 家（见图 4）。

（1）美国

在全球网络安全企业百强名单中，美国企业占据 55 席，是全球范围内网络安全企业最活跃、网络安全产业发展水平最高的国家，占据全球领导地位。美国网络安全企业在百强榜单中不仅数量多，而且整体竞争力强，在前十强中，有 7 家为美国企业，使得美国成为全球网络安全产

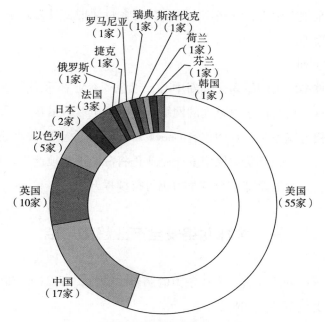

罗马尼亚（1家）　瑞典（1家）　斯洛伐克（1家）
捷克（1家）　荷兰（1家）
俄罗斯（1家）　芬兰（1家）
法国（3家）　韩国（1家）
日本（2家）
以色列（5家）
英国（10家）
美国（55家）
中国（17家）

图4　全球网络安全百强企业国家分布

业和技术的引领者。

（2）中国

凭借庞大的国内市场、网络技术的全面普及以及国家政策法律的引导，近年来中国的网络安全企业发展迅猛，进入2018年全球网络安全企业百强的中国企业共有17家，排名第二。但是从具体排名来看，中国入榜企业整体竞争力方面与美国、英国等有明显差距，除华为外其他企业均位于第30名开外，大部分企业位于"追随者"区域。

（3）英国

英国企业在百强企业名单中有10家，位列第三，其中包括德勤、安永、普华永道三家大型审计和咨询企业，以及2016年收购HPE软件业务的英国企业Micro Focus。同时，BAE Systems（英国宇航系统公司）和BT（英国电信集团）等巨头公司在网络安全领域的布局和投资也带动了英国的网络安全产业发展。近几年，英国伦敦成为继美国硅谷和以色列贝尔谢巴之后的下

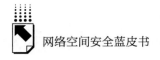

一个网络安全创新中心，网络安全初创公司大量涌现，成为人才、资金等创新要素的集聚地。

（4）以色列

作为全球第二大网络安全创新中心，以色列企业在百强企业中有5家，列第四位。这主要是由于以色列的网络安全企业虽然数量众多、创新能力较强，但是规模普遍不足，其中仅有Check Point一家企业的营收超过10亿美元。总体来看，以色列优秀网络安全企业仍将源源不断地产生，借助美国的资本和市场，未来其全球综合竞争力仍可持续提升。

三　全球网络安全产业趋势总结

通过对全球网络安全企业竞争力的调研和分析，可以进一步发现全球网络安全产业的以下特点和趋势。

（一）跨国科技巨头全面渗透网络安全产业

全球大型跨国ICT公司如微软、IBM、思科、甲骨文、英特尔、华为等，在不断提升自身产品安全性能的同时，构建了强大的网络安全产品线和服务体系，借助庞大的客户群体，在全球网络安全市场占有较大份额。同时，通过收购、投资等渠道不断吸收全球最先进的网络安全技术，这些大型跨国科技巨头无论在创新资源整合，还是产品集成方面，都具有先天优势。借助强大的用户基础和创新能力，这些企业在网络安全领域的综合竞争力处于领先地位，对网络安全产业生态产生着深远影响。

例如，2015年以来，微软将"安全融入云计算"作为业务发展重点，已在四大领域完成安全功能整合，包括身份与访问管理、数据安全、威胁防护以及安全管理服务，目前微软Azure已成为内置安全的云平台标杆。在端安全领域，Windows Defender反病毒产品在Windows桌面系列的市场份额超过了50%。近些年微软的安全业务版图除依靠自身研发外，还发起了对独立厂商的多起并购，如在2015年2月微软以3.2亿美元并购了以色列云安全厂商 Adallom，此后又并购了以色列的 Secure Islands、Cloudyn 和 Hexadite 三家独立安全厂商。在并购之外，微软还注重在全球布局安全初创企业，在 2017 年 1 月投资了以色列的网络安全初创企业孵化器 Team8，还在多个国家设立微软加速器，投入资源辅导和培育初创公司。

思科于 2015 年就宣布了"安全无处不在战略"（Cisco's Security Everywhere Strategy），将安全嵌入全产品线，打造覆盖云、网、端的全方位安全集成产品和服务架构。近三年来，思科先后收购了 Lancope、OpenDNS、Cloudlock、Observable Networks、Duo Security 等多家网络安全企业。通过自主研发、投资、收购和合作伙伴模式迅速推进战略部署，思科拥有了从云、网、端到网络行为分析等众多集成化安全产品和平台，可为用户提供多层次、"一站式"安全解决方案。思科的安全业务营收在 2017 年就已达到 20 亿美元，远超过其他业务板块的增长速率，是全球网络安全市场的领导者。

（二）大型咨询公司强势进军网络安全市场

随着近几年全球网络安全需求不断上涨，世界大型咨询服务公司如德勤、安永、普华永道、毕马威、埃森哲及凯捷等，都发现了潜在的市场机遇，在 2014 年前后纷纷开始布局网络安全领域，将网络安全业务视为业务增长的重要引擎。

传统咨询企业涉足网络安全版图的方法有并购、合作伙伴、自营安全 SOC、开发安全产品补充业务性等。

1. 收购和投资安全独立厂商

埃森哲在不到 3 年的时间里，先后收购了 8 家网络安全公司，打造了包含安全咨询、安全托管服务、身份与访问管理、网络防御、战略与风险评估等业务在内的完整的网络安全服务体系。同时，埃森哲还通过收购以色列网络安全公司 Maglan，在以色列建立了研发中心。此外，埃森哲还投资了以色列的网络安全初创企业孵化器 Team8。

毕马威也于 2015 年开始布局网络安全产品线，并将提升安全服务能力作为其六大战略增长计划之一。随后，毕马威在 5 个月内先后收购了 4 家网

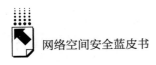

络安全公司，以快速提升其网络安全服务能力。

传统咨询公司近年来在网络安全领域的并购情况如表 4 所示。

表 4　大型咨询企业收购网络安全公司情况

Accenture（埃森哲）				
收购公司名称	收购时间	金额	被收购公司所属国	被收购公司主营业务
1	iDefense（原 VeriSign 业务）	2017 年 4 月	未公开	美国	提供安全威胁情报服务
2	Arismore	2017 年 4 月	未公开	法国	提供安全服务，包括身份与访问管理、企业架构、培训服务
3	Endgame Inc. 的美国政府服务业务部门	2017 年 2 月	未公开	美国	提供端检测与响应网络安全软件
4	Defense Point Security LLC	2016 年 12 月	未公开	美国	提供安全服务，包括安全工程与架构、网络运营、安全托管服务、信息保障、网络安全教育与培训
5	Redcore	2016 年 11 月	未公开	澳大利亚	提供安全服务，包括身份与访问管理，以及云、应用和物联网安全服务
6	Maglan	2016 年 6 月	未公开	以色列	进攻网络模拟，漏洞应对，网络取证和恶意软件防御
7	Cimation	2015 年 12 月	未公开	美国	工控安全
8	FusionX	2015 年 8 月	未公开	美国	提供网络攻击仿真、威胁建模、网络调查和安全风险咨询服务

Deloitte（德勤）				
收购公司名称	收购时间	金额	被收购公司所属国	被收购公司主营业务
1	Integrity-Paahi Solutions	2016 年 8 月	未公开	加拿大	安全托管服务供应商
2	Vigilant	2013 年 5 月	未公开	美国	提供安全监测与网络威胁情报服务

EY（安永）				
收购公司名称	收购时间	金额	被收购公司所属国	被收购公司主营业务
1	Xynapse	2018 年 9 月	未公开	马来西亚	提供身份与访问管理服务
2	Open Windows Identity	2017 年 6 月	未公开	澳大利亚	提供身份与访问管理服务
3	Mycroft	2015 年 7 月	未公开	美国	提供基于云的身份与访问管理服务

		PwC（普华永道）			
	收购公司名称	收购时间	金额	被收购公司所属国	被收购公司主营业务
1	Everett	2016 年 7 月	未公开	英国	提供身份与访问管理服务
2	Praxism	2016 年 2 月	未公开	英国	提供身份与访问管理服务
		KPMG（毕马威）			
	收购公司名称	收购时间	金额	被收购公司所属国	被收购公司主营业务
1	Egyde	2018 年 4 月	未公开	加拿大	提供安全测试与网络安全服务
2	Cyberinc	2018 年 1 月	未公开	美国	提供身份与访问管理服务
3	First Point	2015 年 3 月	未公开	澳大利亚	提供身份与访问管理服务
4	Trusteq	2015 年 2 月	未公开	芬兰	提供身份与访问管理服务
5	P3	2014 年 11 月	未公开	德国	为金融服务领域的客户提供风险管理、安全评估、移动和固定网络保护
6	Qubera Solutions	2014 年 10 月	未公开	美国	提供身份与访问管理服务

2. 与独立安全厂商建立紧密的合作关系

毕马威已经与身份管理解决方案提供商 Okta、访问管理软件提供商 Ping Identity、云身份管理厂商 SailPoint 以及云服务平台提供商甲骨文建立了合作关系，利用这些公司在网络安全领域的优势，服务于自己的核心客户的安全管理需求。普华永道在 2015 年与端安全厂商 Tanium 建立了战略联盟关系，将 Tanium 优势的端安全技术集成到普华永道自有的威胁情报和安全咨询服务中，为客户提供风险评估与威胁识别服务。

3. 在全球范围内建立安全运营中心

德勤在美国、澳大利亚、加拿大、匈牙利、荷兰、印度以及南非等多个国家和地区建立了 20 多个网络情报中心（Cyber Intelligence Center），提供全天候的安全运营服务，可为客户提供安全事件监视、威胁分析、网络威胁管理和事件响应等。德勤仅在美国就拥有 3500 多名网络专家，涵盖 20 个行业领域，可为全球数千家客户提供服务。此外，安永也在美国、印度等国建立了多个安全运营中心。

4. 专注身份与访问管理（IAM）技术

咨询公司在以往业务开拓中，识别出身份识别与访问管理这一细分领域的业务增长点，近几年在 IAM 领域重点发力，从表 4 可以看出，安永、普华永道、毕马威等企业在近几年都以收购 IAM 厂商为主。

在三年左右的时间内，通过积极布局并依托庞大的用户群体，大型咨询公司已经建立了强大的网络安全业务能力。例如，从安全咨询服务的营收数据可以看出，大型咨询公司已成为全球网络安全咨询服务领域的翘首，其中德勤、安永、普华永道、毕马威名列前四，埃森哲名列第六。

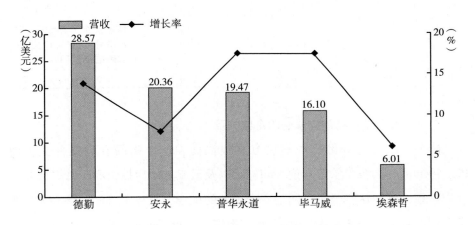

图5 大型咨询公司 2016 年网络安全咨询业务营收及增长率

资料来源：Gartner。

（三）传统工业企业积极拥抱网络安全技术

数字化转型凸显网络安全的重要性，因此在数字化的趋势下，传统产业也在积极拥抱网络安全技术。

在汽车领域，汽车厂商极其重视汽车的网络安全。2017 年 11 月，世界领先的汽车配套产品供应商德国大陆集团以 4 亿美元并购了以色列汽车网络安全初创公司 Argus，合并到大陆集团旗下的 Elektrobit 软件公司。

著名音响产品制造商哈曼集团于 2016 年收购了美国汽车网络安全公司
TowerSec。

在工业互联网领域，众多工业软件厂商为提高工业互联网平台的整体安
全性，也在采用并购的方式快速切入安全领域。美国通用电气于 2014 年 5
月并购了工控安全厂商 Wurldtech，霍尼韦尔公司于 2017 年 6 月收购了工控
安全厂商 Nextnine。工业企业将安全集成于系统中，将成为未来数字化时代
的大趋势，独立安全厂商面临市场缩小的风险。

（四）全球网络安全产业军民融合处境尴尬

美国及欧洲的大型国防承包商或军工企业曾在 2012 年前后开始进入网
络安全商业市场，试图依托在为政府部门服务过程中积累的经验为企业客户
提供网络安全解决方案，如美国的 Raytheon、Lockheed Martin、Northrop
Grumman、Boeing、General Dynamics、Leidos、L－3，英国的 BAE Systems，
法国的 AirBus 和 Thales，以色列的 Elbit 等。

但由于军方、政府客户和企业客户的服务模式差异较大，这些国防
承包商普遍缺乏有效的市场营销手段，它们无法适应竞争激烈的商业市
场，普遍表现不佳。因此，部分国防承包商近年来开始逐渐退出网络安
全商业市场，重回原有业务。Boeing、Lockheed Martin、Northrop Grumman、
General Dynamics 等都在 2015～2017 年将其网络安全商业业务部门出售
给了其他商业网络安全公司或私募公司，Leidos 则在 2018 年 6 月将其网
络安全商业业务部门出售给了法国咨询公司 Capgemini Group（凯捷集
团）。BAE Systems 的网络安全业务营收增速在 2017 年上半年也开始
放缓。

目前仅美国的 Raytheon、法国的 Thales 等少数国防军工企业还在继续保
留或有计划拓展面向商业市场的网络安全业务。

（五）边缘创新为网络安全产业提供持续动能

随着云计算、物联网、人工智能、区块链等技术的快速发展，网络

安全风险正在向更多领域蔓延，导致网络安全产业不断涌现新兴安全细分市场。在新兴领域，初创网络安全公司正成为技术创新的先行者和引领者，传统安全厂商若不能快速适应市场需求的变化，将失去在未来安全市场竞争优势。

目前，人工智能技术已成为网络安全领域的热点应用，如 IBM、思科、微软、赛门铁克、Palo Alto Networks、Fortinet、Sophos 等网络安全领军企业都通过自主研发或收购初创企业推出了基于人工智能的安全产品和服务。另外，这一领域的初创企业也层出不穷，并且极易获得发展资金。2018 年 11 月，黑莓公司以 14 亿美元并购了美国人工智能安全初创公司 Cylance，后者成立时间尚不到 6 年，2017 年营收高达 1 亿美元，客户涵盖全球财富 500 强企业中的 20%，累计融资额近 3 亿美元。此外，成立于 2011 年的美国 CrowdStrike 公司专注于 AI 技术应用安全领域，并在 2018 年 6 月获得了 2 亿美元的融资，目前累计融资 4.8 亿美元，估值已达 30 亿美元，成为近年来最受市场追捧的独角兽公司之一。Cylance 和 CrowdStrike 的快速发展说明 AI 应用安全市场需求巨大。

（六）工业互联网成为网络安全产业新蓝海

随着针对工业控制系统和 OT 的威胁呈指数增长，各国政府对工控安全的法规要求将导致对工控安全的需求持续上涨，预计到 2022 年，工控安全市场规模将达 138.8 亿美元。[①]

近几年，国内外涌现了众多专注于工控及工业互联网安全领域的初创企业（见表 5），同时，原有安全厂商也在努力开拓工控安全市场，表现为工控安全领域的投融资和收并购活动非常活跃。据初步统计，2017 年全球工控安全领域的安全企业融资金额达 1.03 亿美元，2018 年上半年的融资金额达 9000 万美元。

---

① 数据来源于 Market and Market。

表5　国内外工控安全初创企业

公司名称	国别	成立时间	主要产品和服务
APERIO Systems	以色列	2016 年	工控数据防篡改（DFP）
Applied Risk	荷兰	2012 年	安全培训、渗透测试、工控安全保险等
Bayshore	美国	2012 年	工控安全态势监控、动态威胁识别、事件应急与响应
Claroty	以色列	2014 年	一体化监控平台：ICS 漏扫、持续威胁监控、访问控制等
Cyberbit	以色列	2015 年	OT 安全平台（SCADAShield）
CyberX	美国	2012 年	工控网络安全监控、事件应急响应
Dragos	美国	2016 年	ICS 安全监控平台与威胁可视化
Firmitas Cyber Solutions	以色列	2014 年	工控系统实时防护产品
HALO Analytics	以色列	2015 年	工控端到端安全、威胁可视化、合规检查
Indegy	美国	2014 年	工控网络安全态势分析、威胁感知与缓解产品
SCADAfence	以色列	2014 年	工控网络监控、安全评估
威努特	中国	2014 年	工业防火墙、工控主机卫士、工控漏洞挖掘平台、工控漏洞扫描平台、工业互联网雷达、工控网络攻防演练平台
长扬科技	中国	2017 年	工业防火墙、工业网闸、工控主机卫士、工业监测审计系统、工控等保检查工具箱、工控安全评估系统、统一安全管理平台、工业物联网安全态势感知平台
中科兴安	中国	2013 年	工业安全评估系统、工业防火墙系统、工业审计系统、统一安全监管平台、主机安全防护系统
九略智能	中国	2016 年	工业网络智能防护系统、工业主机智能防护系统、工业网络智能监测系统
安点科技	中国	2012 年	工业网闸、工业防火墙、主机威胁免疫系统、网络威胁感知系统、安全审计系统、工业漏洞扫描系统、工业信息安全检查工具集
网藤科技	中国	2016 年	工控行为追溯系统、工控安全防护系统、工控安全审计系统、工业安全隔离网关、网藤账号集中管理与审计系统、网御高级持续性威胁预警系统

（七）数据保护立法推动数据安全市场爆发

全球各地不断爆发数据泄露事件，各国数据和隐私保护法规日趋严格，难以估算的数据泄露成本及巨额的惩罚成本，再加上对企业声誉的强大冲击，使得全球大中型企业都开始高度重视隐私保护和合规性。根据 Gartner 2017 年用户安全支出行为调查，51% 的企业表示数据安全风险是整体安全支出的主要驱动因素，超过七成的企业/组织在 2018 年增加了数据安全的预算。随着 2018 年 5 月 GDRP 的正式实施，提供 GDPR 合规产品和服务成为全球各大网络安全公司的重要业务，微软、IBM、埃森哲、安永、普华永道、BAE Systems、Imperva、Symantec 及 Forcepoint 等厂商纷纷发布了自己的产品和服务。

在合规性和数据隐私安全领域中，专门从事 GDPR 合规产品的初创公司不断涌现（见表 6），初创企业的投融资活动也异常活跃，据统计，2018 年第一季度的投资数量和金额已经超过了 2016 年和 2017 年的总和（见图 6）。例如，2016 年初成立的以色列公司 BigID 就是利用机器学习、智能身份识别和智能关联等技术来帮助企业更好地保护客户的敏感数据和隐私，以减小数据泄露风险，并符合 GDPR 等数据保护法规。该公司目前累计融资达 4600 万美元，并获得了 2018 年 RSA 创新沙盒大赛的冠军。

在国内，预计随着大数据的应用场景不断成熟，以及法律法规的逐渐完善，数据隐私安全领域的市场需求也将迎来爆发式增长。

表 6 GDPR 合规解决方案初创公司

公司名称	国别	成立时间	融资金额（万美元）	主要业务
MinerEye	以色列	2014	460	利用人工智能技术的自动数据追踪系统（MinerEye Data Tracker™）
BigID	以色列	2016	4610	企业隐私数据保护平台:利用机器学习、智能识别关联技术,能够在 PB 级的 on-prem 或云数据中发现个人数据
Protenus	美国	2014	1940	利用人工智能技术保护医疗机构患者的隐私健康数据
Trunomi	美国	2014	1050	基于数据主体同意的数据分享平台提供数据权限管理技术
Privacy Labs	美国	2016	400	用户隐私保护解决方案
Prefender	美国	2015	500	利用人工智能技术发现企业中的个人数据和数据流

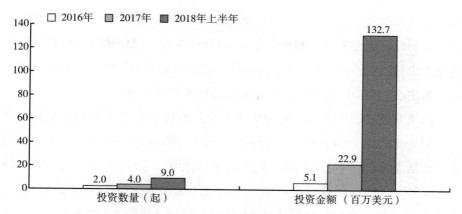

图6 GDPR 合规和数据隐私安全细分领域的投融资数量和金额

资料来源：Momentum Cyber。

（八）网络安全市场呼唤"一站式"服务模式

目前网络安全厂商众多，产品和技术日趋细化，用户难以准确进行产品选型来实现完善的网络安全防御，因此急需能提供"一站式"网络安全产品和服务的厂商。厂商也积极应对，通过自研或与安全细分领域的专业厂商建立合作，意图建立全方位的网络安全产品和服务体系，如从风险评估到安全战略、从威胁情报到事件响应。例如，Optiv Security 就提供包括网络安全战略、安全托管服务、事件响应、风险与合规、安全咨询、培训与支持、集成与架构服务、安全技术等在内的端到端的网络安全解决方案。此外，Fortinet、Capgemini Group 等企业也打造了端到端的网络安全服务。这一趋势预计将使产业集中度提高。

与之相对应，安全产品发展也有集成化的要求，大而全的网络安全平台产品仍受到客户的青睐，如一体化的安全运营与分析平台架构等，将使客户更简便地进行安全风险管理。

（九）网络安全意识与培训市场潜能开始释放

2017 年以来，网络钓鱼邮件、社会工程攻击等方式仍然是网络攻击的重要手段和威胁来源，并且随着国家间网络攻击的愈演愈烈，这种类型的攻击日益猖狂。而越来越多的安全专家和 CISO 发现，仅仅依赖安全技术抵抗这类攻击远远不够，"人"才是关键环节，因此提升员工的安全意识，打造以人为中心的安全防范举措，才能真正避免威胁的入侵。

网络安全意识与培训已成为众多安全厂商提供安全服务的重要内容之一，如 Symantec、Kaspersky、Rapid7、ESET、Webroot、Proofpoint 等，都建立了包括课程培训、在线培训、网络钓鱼模拟测试等在内的安全意识培训服务。此外，一些以网络安全意识培训为主营业务的公司也开始快速成长。2010 年成立的安全意识培训公司 Knowbe4，目前已收购了 3 家企业，累计融资 4350 万美元，并且 2017 年第四季度的营收同比增长 255%。该公司主要开发网络安全意识培训平台和网络钓鱼模拟攻击软件，帮助客户增强对网络钓鱼、垃圾邮件、勒索软件、社会工程攻击等威胁的防范意识。

未来会有更多的企业和机构意识到网络安全培训的重要性，并将带动该领域市场规模的增长。

（十）地缘政治因素强化网络安全市场壁垒

在全球大部分国家都把网络安全提升到国家安全战略高度的背景下，虽然这为网络安全产业带来了极大的发展机遇，但也因地缘政治影响阻碍了网络安全企业的海外市场拓展和业务发展。从各国实施的政策来看，涉及安全相关的事务通常都希望由本国企业来承担，或者至少要求跨国企业具备属地化服务的能力，还要接受所在国政府的监管。因此，目前绝大多数安全企业的经营收入主要来自本国，或与本国有着传统友好关系的国家和地区。在受地缘政治影响严重的国家之间，网络安全企业的业务则会因与国家安全利益相冲突而受到严重影响，甚至被对方国家政府完全抵制，其中最典型的案例莫过于华为和卡巴斯基被欧美政府封杀。因此，这种由地缘政治因素导致的全球市场壁垒使得网络安全企业的经营空间出现了碎片化倾向，这些给企业的市场开拓和未来成长带来了挑战。

B.9
区块链技术安全应用相关问题研究

戴方芳　孟　楠　樊晓贺　赵　爽　崔枭飞*

摘　要： 作为一种全新的信息存储、传播和管理机制，在与现有技术结合催生新业态、新模式的同时，区块链的技术发展和深入应用仍需要漫长的整合过程，其核心机制、应用场景中存在的潜在风险也给技术应用和现有网络安全监管政策带来新的挑战。因此，理性看待区块链的技术优势，积极应对潜在风险成为保障区块链技术健康、有序发展的当务之急。

关键词： 区块链　网络安全　风险

一　安全视角看区块链技术发展和应用态势

（一）全球情况总观

1. 区块链技术生态基本成形，网络安全应用开始落地

自 2008 年中本聪首次提出区块链概念以来，区块链技术架构经过十余

---

* 戴方芳，北京邮电大学信息安全博士，中国信息通信研究院中级工程师，研究方向为网络攻防、虚拟化安全、区块链安全等；孟楠，北京邮电大学博士，中国信息通信研究院安全研究所高级工程师，主要从事云计算安全、区块链等网络安全政策、标准、技术等相关研究工作；樊晓贺，中国信息通信研究院安全研究所工程师，主要研究方向为云计算安全、通信网络安全防护、网络安全风险评估等；赵爽，经济学硕士，中国信息通信研究院安全研究所工程师，研究方向为网络安全产业与基础设施保护；崔枭飞，计算机科学硕士，中国信息通信研究院安全研究所工程师，主要从事人工智能、区块链、云计算等先进技术网络安全研究工作。

年的发展趋于成熟，因此，更多的企业把发展的重心放在探索区块链在各行业领域的应用模式上。据 Gartner 预测，到 2025 年，区块链技术将在以制造业为首的多个行业创造高达 1760 亿美元的商业价值。[①] 根据中国信息通信研究院对 1121 项全球范围内较活跃区块链项目的统计，区块链技术应用以金融领域为典型代表，向医疗健康、物流、工业互联网等领域逐渐扩展延伸，并得到了普遍的关注。

图1　全球区块链技术发展应用情况

从现有区块链相关项目、产品和服务内容上看，全球区块链技术的应用已初步形成了包含硬件和基础设施、底层技术、上层应用和安全服务在内的技术生态格局，如图 2 所示。

众所周知，区块链分布式、点对点的通信具有易连接、大协作的特点，基于哈希加密的匿名性能够很好保护用户隐私和证明唯一性，依托公钥、私钥的权限控制赋予数字资产丰富的管理权限。这些技术优势在为区块链发展应用提供大量创新空间的同时，也使得区块链逐渐成为解决网络和数据安全存储、传播和管理问题的有效手段，在攻击发现和防御、安全认证、安全域名、信任基础设施建立、安全通信和数据安全存储等方面得到了积极的探索，如图 3 所示。

---

① Gartner, "Forecast: Blockchain Business Value, Worldwide, 2017 –2030", https://www.gartner.com/en/documents/3627117 – forecast – blockchain – business – value – worldwide – 2017 – 2030.

图2 区块链技术生态格局

图3 区块链在网络安全领域的典型应用

2. 区块链安全问题逐渐浮出水面，引发各界安全思考

随着区块链技术在各行业领域的不断应用，区块链安全问题受到政产学研等各界的广泛重视，各国对区块链的态度趋于理性，从政策引导、加强监管、技术应对等多方面开展应对，具体表现如下。

（1）英国：推动政产学研各界合作，提出"技术＋法律"的区块链监管新模式

英国政府和央行一直积极响应区块链技术，希望凭借占领区块链技术发

展先机，重夺其国际金融中心地位。早在 2016 年 1 月，英国政府科学办公室①就发布了《分布式记账技术：超越区块链》②，将发展区块链技术上升到英国国家战略高度，同时指出区块链技术中存在的硬件漏洞和软件缺陷可能带来网络安全和保密风险。报告建议英国政府加强与学术界、产业界的合作，加快区块链标准制定，正视发展区块链技术面临的来自技术本身以及应用部署方面的双重问题，以技术监管为核心，以法律监管为辅助，双措并举打造区块链监管新模式。2018 年，英国政府宣布将启动新的加密货币研究工作，与金融市场行为监管局（FCA）和英格兰银行合作，探索比特币等加密货币带来的潜在风险。同时，英国企业也在积极探索区块链安全相关技术。英国最大的电信公司——英国电信于 2016 年 7 月提交了"减轻区块链攻击"的专利申请，旨在建设能防止对区块链进行恶意攻击的安全系统。

（2）美国：鼓励探索区块链在安全领域的应用，注重区块链安全风险技术应对

美国在监管方面多方听证、谨慎立法，对区块链技术发展保持着审慎而友好的态度。2018 年，美国国会发布《2018 年联合经济报告》，提出区块链技术可以作为打击网络犯罪、保护国家经济和基础设施的潜在工具，指出这一领域的应用应成为立法者和监管者的首要任务。美国国防高级研究计划局（DARPA）也正在大力投资区块链项目，旨在安全储存国防部内部高度机密项目数据。在区块链安全应对方面，2017 年，美总统特朗普签署了一份 7000 亿美元的军费开支法案，其中包括授权一项区块链安全性研究，呼吁"调查区块链技术和其他分布式数据库技术的潜在攻击和防御网络应用"，支持美国国土安全部（DHS）开展的加密货币跟踪、取证和分析工具

---

① 英国政府科学办公室（Government Office for Science），向英国总理和内阁成员提出政策建议，确保政府决策具有科学性和远见性。

② 《分布式记账技术：超越区块链》（Distributed Ledger Technology：Beyond Block Chain），https：//www. gov. uk/government/publications/distributed – ledger – technology – blackett – review。

开发项目。美国国家安全局（NSA）开发了名为 MONKEYROCKET 的比特币用户追踪和识别工具，通过与企业合作，从互联网的光纤连接中获取数据，监控通信内容并识别加密货币用户。除此之外，美国各大企业也积极投入提升区块链安全水平的技术研发中，埃森哲、Linux 基金会、IBM 等都在区块链硬件安全模块、区块链云环境安全等方面推出了各自的产品和解决方案。根据 IDC 的《全球区块链支出半年度指南》，① 美国在区块链平台软件和安全软件方面的支出将成为服务类别以外最大的支出类别，是整体增长最快的类别之一。

（3）欧洲：指出区块链监管机制不成熟，呼吁正视区块链安全风险

欧洲各国对待区块链和加密货币技术的态度不一，如法国政府对区块链技术表现出兴趣，但尚未在区块链领域实施重大举措，而瑞士、德国则积极发展区块链技术，并先后开启区块链在本国的规范化应用进程。2016 年 3 月，欧洲央行在《欧元体系的愿景——欧洲金融市场基础设施的未来》② 中提出，欧洲央行正在探索如何使区块链技术为已所用。欧洲证券和市场管理局（ESMA）成立了"特殊小组"，进一步研究区块链技术，于 2016 年 6 月发布了一份关于应用于证券市场分布式记账技术的报告，并指出现阶段区块链技术应用的数量和范围有限，监管机制并不成熟。

此外，新加坡、俄罗斯、加拿大等国也相继通过发布政策文件、成立区块链技术研究机构等积极开展区块链技术研究，尤其是在金融等领域探索区块链应用新模式。随着区块链技术的不断发展和安全事件的频频发生，各国对区块链的态度趋于理性，在鼓励技术创新和应用发展的同时，积极应对区块链安全风险、安全问题。

---

① IDC：《全球区块链支出半年度指南》（*Worldwide Semiannual Blockchain Spending Guide*），https：//www. idc. com/tracker/showproductinfo. jsp？prod_ id ＝1842。

② 《欧元体系的愿景——欧洲金融市场基础设施的未来》（*Eurosystem's Vision for the Future of Europe's Financial Market Infrastructure*），http：//finansdanmark. dk/media/11367/150316_ h_ eurosystems – vision – for – the – future – of – europas – financial – market – infrastructure. pdf。

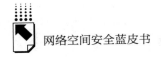

（二）我国发展应用

1. 技术生态结构与国外基本一致，安全服务前景可期

相较于国外，我国在区块链技术发展、政策引导等方面的工作起步较晚，但近几年来，各行各业对区块链关注程度较高，在充分汲取国外发展经验的同时，积极开展自身领域与区块链技术结合的探索，区块链相关产业发展迅速。从数量上看，我国活跃的区块链项目众多，占亚洲地区总量的85.5%，与全球各国相比高居首位。从技术生态格局上看，在我国的区块链项目中，55.4%的项目聚焦探索区块链行业应用，区块链底层技术项目占31.6%，硬件和基础设施类项目占8.5%，而安全服务类项目仅占4.5%，总体来看，与全球技术生态格局基本一致，如图4所示。

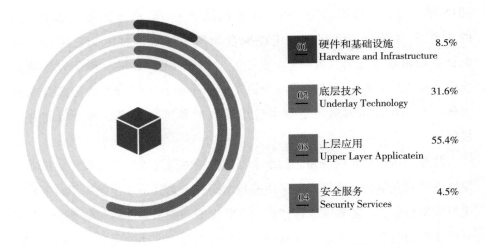

图4　我国区块链技术生态结构

资料来源：中国信息通信研究院根据公开信息统计。

尽管我国目前区块链企业数量众多，尤其是多数企业在行业应用方面积极布局，不断探索现有业务与区块链技术结合和应用模式，但其中不乏

"区块链传销""山寨币""空气币"等行业骗局,以及虚假、夸大宣传区块链产品功能作用等行业乱象,从长期的市场规范化发展来看,相关问题亟待解决和优化。此外,由于目前我国区块链发展多集中于行业应用模式的探索,多数区块链技术开发者、平台运维者、用户等安全意识普遍不高,区块链安全产品和服务的需求驱动尚不明显;尤其是在中小企业、创业团队中,受人、财、物等资源的限制,开发和项目管理人员往往不具备专业的区块链安全知识,更鲜少设置专门的区块链安全管理和技术人员专门从事安全开发控制、安全测试和安全管理相关工作,多种因素导致我国区块链安全产品和服务市场尚未形成规模。

随着近年来区块链平台、应用、智能合约安全事件频发,国内已有企业开始注意到区块链安全问题,一方面,传统安全企业、安全团队逐渐开始布局区块链安全领域,在智能合约漏洞挖掘、区块链产品代码审计、业务安全监测等方面不断开展相关实践,致力于提升区块链产品应用安全水平和抗攻击能力;另一方面,部分企业和研究机构也在开始探索"区块链 + 网络安全"的应用模式,致力于发掘区块链技术在提升数据安全存储、认证安全性等方面的应用价值。

2. 政策聚焦技术发展和应用落地,安全指导初见雏形

近年来,我国在政策方面频频发力,在国家层面多次强调区块链技术应用价值,鼓励推动区块链技术发展和应用。2016 年 12 月发布的《"十三五"国家信息化规划》首次指出,强化区块链等战略性前沿技术的基础研发和超前布局;2018 年 5 月,习近平总书记在两院院士大会上明确提出要加强"以人工智能、量子信息、移动通信、物联网、区块链为代表的新一代信息技术加速突破应用"。

随着区块链安全问题的逐渐显现,在推动技术发展和应用落地的同时,我国在政策制定中也开始注意到区块链安全问题,从区块链安全威胁描述、安全体系构建、安全应对建议等方面加强指导。2016 年 10 月,工信部信软司发布《中国区块链技术和应用发展白皮书》,明确指出了区块链技术面临的安全挑战与应对策略,针对当前区块链技术的安全特性和缺点,从物理安

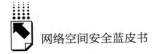
全、数据安全、应用系统安全、密钥安全、风控机制等方面构建区块链安全体系，如图5所示。

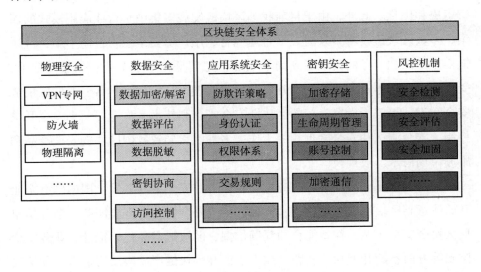

图5 《中国区块链技术和应用发展白皮书》区块链安全体系

2018年5月，工信部信息中心发布《2018中国区块链产业白皮书》，进一步分析了底层的代码安全性、密码算法安全性、共识机制安全性、智能合约安全性、数字钱包安全性等区块链面临的安全问题，梳理了通过技术手段、代码审计等方式提供安全服务的典型企业和实践，并针对性地提出了各项应对举措。

在地方性的政策层面，我国各地政府积极响应国家号召，高度重视区块链技术在本地的发展，积极推动应用落地，对区块链安全的重视程度也不断提升，逐渐将区块链安全作为保障区块链发展不可或缺的重要因素强化引导。2016年12月，贵阳发布《贵阳区块链发展和应用》白皮书，提出通过区块链建立可信安全的数字经济，加强互联网治理，解决传统模式下数据与隐私保护难等问题。北京、深圳、上海、南京等市也相继出台政策，鼓励在金融领域开展对区块链等新兴技术的研究探索，如表1所示。

表1　我国地方性区块链安全相关政策

地区	政策文件	政策内容
北京	《北京市"十三五"时期金融业发展规划》	在兼顾安全性的同时,鼓励发展区块链技术等互联网金融安全技术
深圳	《深圳市金融业发展"十三五"规划》	支持金融机构加强对区块链、数字货币等新兴技术的研究探索
贵阳	《贵阳区块链发展和应用》白皮书	通过区块链建立可信安全的数字经济,加强互联网治理等
南京	《南京市"十三五"金融业发展规划》	以区块链技术等为核心,推进金融科技在征信、授信等领域的广泛应用
上海	《互联网金融从业机构区块链技术应用自律规则》	注重创新与规范、安全的平衡,关注信息安全、防范系统风险等

二　区块链技术应用分层架构及安全风险分析

（一）区块链技术典型应用架构逐渐趋于共识

随着区块链技术在各行业的不断探索，区块链技术应用模式日趋成熟。如前所述，全球主要国家、行业企业等都从各自的视角对区块链技术的应用架构进行了描述，尽管各方提出的技术架构并非完全一致，但总体看来，在区块链技术应用架构中应包含的关键层次和核心机制上已达到了高度的一致，如图6所示。

从技术架构设计的角度看，区块链技术典型应用架构呈四个层面的层次化划分，自下而上依次包含存储层、协议层、扩展层和应用层。

1. 存储层[S]：存储上层应用所需及产生的数据文件

区块链的底层数据存储较为灵活，多结合文件系统、关系数据库、键值数据库等存储方式，在各参与节点侧实现区块链中"区块 + 链"数据结构的存储和检索，如表2所示。

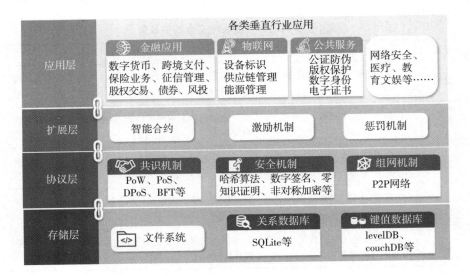

图 6　区块链技术典型应用架构

表 2　典型区块链底层数据存储方式

存储方式			典型应用例
区块数据存储	数据检索	其他运行数据	
关系数据库	关系数据库	文件系统	Ripple 币
文件系统	键值数据库		比特币、Hyperledger Fabric
键值数据库	键值数据库		以太坊

　　如依托键值数据库等非关系型数据库，实现区块链中"区块 + 链"的数据结构的存储和检索；或是采用传统文件系统存储区块数据，而只是在检索时使用"Key + Value"的键值数据库检索区块数据等。

　　2. 协议层[P]：构建分布式、去信任的共识网络

　　协议层通常采用 P2P 网络组网，结合各类密码学安全机制和共识机制，为上层应用构建对等、安全、信任的网络和通信基础。一是使用 P2P 技术构建对等的通信网络。区别于传统 C/S 结构的服务型网络，区块链的每个参与者都将作为 P2P 网络的一个节点，可同时充当客户端和服务端的角色

参与校验区块信息、广播交易、新节点识别等活动。二是依托非对称加密机制提供安全属性保障。在区块链中，数据的加密解密、签名验签、认证校验等均以非对称加密机制实现，为数据的机密性、完整性、不可伪造性和隐私的保护提供不同程度的安全保障。三是基于共识机制维持区块链有序运行。通过共识机制，相互间未建立信任关系的区块链节点可共同对数据写入等行为进行验证，以大多数节点达成一致的信任构建方式，摆脱对传统中心化网络中信任中心的依赖。

3. 扩展层[E]: 作为区块链应用方向延伸的支撑平台

在区块链发展的初期，扩展层并非区块链技术架构中不可或缺的一部分。随着应用场景的持续延伸，区块链技术架构不断演变完善，扩展层的出现使得开发者可在上层应用和底层技术机制之间，以可执行代码的方式，为用户实现复杂业务流程的自动化；或是通过设置激励/惩罚机制，规范区块链节点贡献自身存储和计算资源，共同推动网络和业务的高效运行。目前，扩展层的实现以在以太坊之上开发和运行的智能合约为主，实现在各类交易场景中，交易双方或多方间协议在满足条件时的自动执行。值得注意的是，智能合约也在开始支撑 DApp[①] 的开发和应用，探索新的去中心化的 App 开发、维护和运营模式。

4. 应用层[A]: 技术在各行业领域应用落地的直接体现

区块链以牺牲适量的计算力、带宽或存储资源换取安全性的机制，使其逐渐在金融、医疗、能源、通信等领域成为推动信任机制重塑，解决网络和数据安全存储、传播和管理问题的全新手段。应用层则是区块链技术在不同行业领域的各类应用场景和案例的最直接体现，在支付结算、证券、票据、医疗健康、供应链等应用方向上通过 App、Web 平台等不同形式服务于最终用户。与区块链技术架构的其他层次相比，应用层最直观地体现了区块链技术的应用价值，因此，目前在国内外区块链技术生态中，对区块链技术应用

---

① DApp（Decentralized App），基于智能合约，由参与者共同开发、维护、运营的去中心化应用。

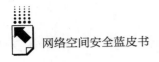

方向的探索尤为活跃，覆盖加密货币、交易清算、能源交易、商品溯源等金融和实体领域应用。

（二）针对区块链技术核心机制的典型攻击

1. 以共识机制为目标的针对性攻击

共识机制是维持区块链系统有序运行的基础，相互间未建立信任关系的区块链节点通过共识机制，共同验证写入新区块中的信息的正确性。区块链中使用的共识机制有很多，包括 PoW（Proof of Work，工作量证明机制）、PoS（Proof of Stake，权益证明机制）、BFT（Byzantine Fault Tolerance，拜占庭容错机制）等。目前，PoW、PoS 和 DPoS（Delegated Proof of Stake，委托权益证明机制）已经过大规模、长时间的实践检验，发展较为成熟。但在区块链共识机制的长期发展应用中，也衍生出了算力攻击、分叉攻击、女巫攻击等大量针对性的攻击手段，造成链上记录被篡改等后果，如表3所示。

表3　以区块链共识机制为目标的典型攻击

攻击类型	攻击对象	攻击手段	影响
分叉攻击	PoW PoS	一个或多个节点通过控制全网特定百分比以上算力/数字资产，利用这些算力/数字资产隐秘计算新区块（攻击区块），构造区块链分叉，并在攻击区块达到一定长度之后向所有节点释放，迫使节点放弃原区块	篡改分叉后攻击者账户数据，实现双重支付；可导致链上记录回滚（可达数月）
女巫攻击	PoW PoS DPoS	攻击者生成大量攻击节点并尽可能多地将攻击节点植入网络中，在攻击期间，这些被称为女巫节点的攻击节点将只传播攻击者的区块，导致攻击者算力无限接近于1	实现攻击者对区块链网络的高度控制权

续表

攻击类型	攻击对象	攻击手段	影响
贿赂攻击	PoS	攻击者购买商品或者服务,商户开始等待区块链网络确认交易,此时攻击者开始在网络中首次宣称,对目前相对最长的不包含本次交易的主链进行奖励。当主链足够长时,攻击者开始放出更大的奖励,奖励那些在包含此次交易的链中挖矿的矿工。六次确认达成后,放弃奖励。货物到手,同时放弃攻击者选中的链条	以小于货物或者服务费用的成本获利
预计算攻击	PoS	将某一时间段内计算出的新区块扣留不公开,等挖到第二块新区块后同时公布	攻击者所在分叉成为最长链

2. 地址不具名机制对攻击者身份追溯的挑战

区块链中使用非对称加密方法,除了可以让用户使用自己的私钥对写入数据进行加密外,还会对用户的公钥进行哈希运算,生成特定格式的字符串作为公开的用户地址以标识用户,如图 7 所示。

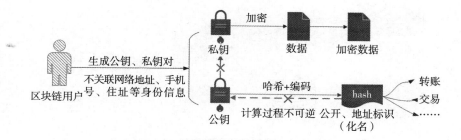

图 7　区块链中不具名的地址生成机制

通过此种方法生成的地址标识将被作为用户的"化名",用户可利用一个或多个"化名"在区块链应用中开展各类转账、交易等活动。在大多数情况下,"化名"的生成只需要几串随机的数字、字母和用户公钥,不包含网络地址、手机号、住址等与用户真实身份相关联的信息。尽管这种"化名"或者说不具名的机制能够在一定程度上保护用户的隐私,但也导致恶意行为难以追溯到人,造成网络安全溯源环节中从网络身份到社会身份的脱节。

3. 分布式存储机制对攻击威胁面的扩大

区块链通过构建开源的共享协议，实现数据在所有用户侧的同步记录和存储。与传统中心式数据库在一个或几个中心集中存储数据的方式不同，在区块链系统中，所有用户侧均有可能存放完整的数据拷贝，因此，单个或多个节点被攻击均不会对全网数据造成毁灭性的影响，提高了存储的可容错性。但是这种分布式的存储机制也在一定程度上扩大了安全威胁面：一是攻击者可以在更多的位置获取数据副本，分析区块链应用、用户、网络结构等有用信息；二是全网的安全性升级将耗费更多时间和资源，导致一旦发生有效的攻击，对区块链系统的影响将更具持续性；三是恶意节点可在新区块中嵌入病毒、木马等恶意代码，利用分布式机制自发向全网传播，伺机发起网络攻击。

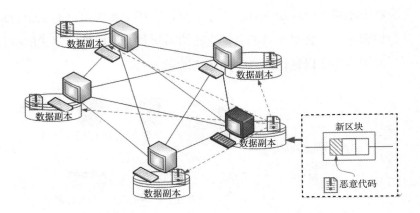

图8 区块链分布式存储机制可能扩大安全威胁面

4. 针对密码学机制固有安全风险的各类攻击

非对称算法、哈希函数等密码学机制在区块链中的应用解决了消息防篡改、隐私信息保护等问题，但这些密码学机制的固有安全风险仍未在区块链系统中得到解决，仍将面临由私钥管理、后门漏洞等引发的各类攻击。一是通过窃取私钥威胁用户数字资产安全。私钥的安全性是区块链中信息不可伪造的前提，在区块链中，私钥由用户自行生成并负责保管，一旦私钥丢失，用户不仅无法对数据进行任何操作，也无法使用和找回其所拥有的数字资产，造成无法挽回的损失。二是 ECC、RSA 等复杂加密算法本身以及在算法的工程实现过程中都可能存在后门和安全漏洞，进而危及整个区块链系统和其上承载的各种应用的安全性。三是随着量子计算技术的飞速发展，大量子比特数的量子计算机、量子芯片、量子计算服务系统等相继问世，可在秒级时间内破解非对称密码算法中的大数因子分解问题（破解 1024 位密钥的 RSA 算法只需数秒），也成为区块链技术面临的典型攻击手段之一。

（三）区块链技术典型应用架构对应的安全风险

尽管区块链的防篡改、分布式存储、用户匿名等技术优势为其发展应用提供了大量的创新空间，但目前区块链技术在各领域的应用模式仍处于大量探索阶段，其深入应用仍需漫长的整合和发展过程。区块链技术本身仍存在一些内在安全风险，去中心化、自组织的颠覆性本质也可能在技术应用过程中引发一些不容忽视的安全问题，如图 9 所示。

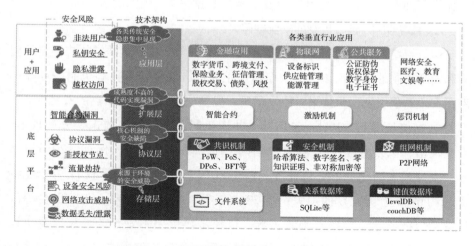

图 9　区块链技术典型应用架构对应的安全风险

1. 存储层[S]：来源于环境的安全威胁

如前所述，区块链存储层通常结合分布式数据库、关系/非关系型数据库、文件系统等存储形式，存储上层应用运行过程中产生的交易信息等各类数据。存储层可能存在的安全风险有基础设施安全风险、网络攻击威胁、数据丢失和泄露等，威胁区块链数据文件的可靠性、完整性及存储数据的安全性，具体包括以下三点。

（1）基础设施安全风险［S1］：主要来自区块链存储设备自身以及所处环境的安全风险，如 LevelDB、Redis 等数据库中可能存在未及时修复的安全漏洞，导致未经授权的区块链存储设备访问和入侵，或者存放存储设备的物理运行、访问环境中存在的安全风险。

（2）网络攻击威胁［S2］：包括 DDoS 攻击、利用设备软硬件漏洞进行的攻击、病毒木马攻击、DNS 污染、路由广播劫持等传统网络安全风险。

（3）数据丢失和泄露［S3］：针对区块数据和数据文件的窃取、破坏，或因误操作、系统故障、管理不善等问题导致的数据丢失和泄露，线上和线下数据存储的一致性问题等。例如，EOS 的 IO 节点可通过原生插件，将不可逆的交易历史数据同步到外部数据库中，外联数据库数据在为开发者和用户提供了便利的同时，也可能引发更多的数据丢失和泄露风险。

2. 协议层[P]：核心机制的安全缺陷

协议层结合共识机制、P2P 网络、密码机制等，实现区块链用户网络的构建和安全机制的形成。该层的安全风险主要由区块链技术核心机制中存在的潜在安全缺陷引发，包括来自协议漏洞、流量攻击以及恶意节点的威胁等。

（1）协议漏洞［P1］：包括针对共识机制漏洞的算力攻击、分叉攻击、女巫攻击，以及利用 P2P 协议缺陷的 DDoS 攻击手段等。例如，2016 年 8 月，全球最大的比特币交易所之一 Bitfinex 因多重签名漏洞导致 12 万个比特币（约 6800 万美元）的损失；自 2016 年起，Krypton 平台、Shift 平台等区块链平台持续受到 51% 算力攻击等。区块链协议层不安全的协议以及协议的不安全实现，给攻击者提供了大量的可乘之机，不仅影响整个区块链系统的一致性，也可能违背区块链的防篡改性。

（2）流量攻击［P2］：攻击者可通过 BGP 劫持、窃听、TCP Flood 攻击等多种手段，接管区块链网络中一个或多个节点的流量，达到迫使区块链网络分割、交易延迟、用户隔离、交易欺诈等攻击目的。尽管目前并未有此类攻击案例被披露，但相关攻击代码已在 Github 等部分网络开发社区上公开。

（3）恶意节点［P3］：完全公开透明的区块链——公有链对加入其中的用户不设任何访问授权机制，恶意节点可在加入后刻意扰乱区块链运行秩序、破坏正常业务；而私有链、联盟链中尽管设置了不同等级的访问权限控制机制，也可能存在恶意节点通过仿冒、漏洞利用等手段非法获取或提升权限进而开展攻击，或发生节点间联合作恶的情况。

3. 扩展层[E]：成熟度不高的代码实现漏洞

目前，在区块链扩展层较典型的实现是智能合约或称可编程合约，由于智能合约的应用起步较晚，大量开发人员尚缺乏对智能合约的安全编码能力，其风险主要来源于代码实现中的安全漏洞。

（1）合约开发漏洞［E1］：合约处理逻辑的正确性、完备性是智能合约的基本要求，由于智能合约的开发者能力、安全编码水平良莠不齐，或是出于利益原因，智能合约的开发中可能存在安全漏洞和后门，在区块链钱包、众筹、代币发行等智能合约典型应用中，不安全的代码实现可能导致合约控制流劫持、未授权访问、拒绝服务等后果。2016 年 6 月，以太坊 The DAO 智能合约递归调用漏洞被利用，导致约 1.5 亿美元众筹资金被劫持；2018 年 3 月，国外学者通过对近 100 万份智能合约进行每份 10 秒的粗略自动化分析后发现，其中有 34200 份存在易利用的安全缺陷，并通过对其中 3759 份智能合约的抽样调查，以高达 89% 的概率确认了 3686 份智能合约中的漏洞存在。①

（2）合约运行安全［E2］：作为区块链 2.0 的核心，智能合约运行环境的安全性是区块链安全的关键环节。目前，部分区块链项目会设计并使用自己的虚拟机环境，如以太坊的 EVM，而 HyperLedger Fabric 等则直接使用成熟的 Docker 等技术作为智能合约的处理环境，一旦在运行环境中存在虚拟

---

① "Finding the Greedy, Prodigal, and Suicidal Contracts at Scale", https：//arxiv. org/pdf/ 1802. 06038. pdf.

机自身安全漏洞，或验证、控制等机制不完善等，攻击者可通过部署恶意智能合约代码，扰乱正常业务秩序，消耗整个系统中的网络、存储和计算资源，进而引发各类安全威胁。

4. 应用层[A]：各类传统安全隐患集中显现

应用层直接面向用户，涉及不同行业领域的应用场景和用户交互，该层业务类别多样、交互频繁等特征也导致各类传统安全隐患集中，成为攻击者实施攻击、突破区块链系统的首选目标。应用层安全风险涉及私钥管理安全、账户窃取、应用软件漏洞、DDoS 攻击、环境漏洞等。

（1）私钥管理安全［A1］：私钥的安全性是区块链中信息不可伪造的前提，区块链中用户负责生成并保管自己的私钥于本地，并可能根据使用需求在单点或多点进行私钥文件备份，该环节不安全的存储可导致私钥文件泄露或被窃取，威胁用户数字资产安全。

（2）账户窃取［A2］：攻击者可利用病毒、木马、钓鱼等传统攻击手段窃取用户账号，进而利用合法用户账号登录系统进行一系列非法操作。2018年 3 月 7 日，虚拟货币交易所币安的大量用户账户被窃取，攻击者利用被盗账户登录后，通过大量抛售等金融手段做高自己持有的虚拟货币种类价格，随后卖空离场实现获利。

（3）应用软件漏洞［A3］：应用层的开源区块链软件中存在大量因开发问题而引发的输入验证、API 误用、内存管理等安全漏洞。根据 2016 年 10月国家互联网应急中心发布的《开源软件源代码安全漏洞分析报告——区块链专题》，① 在 25 款主流区块链开源软件中存在高危漏洞 746 个、中危漏洞 3497 个，可能导致系统运行异常、崩溃，或实现越权访问、窃取私密信息等。

（4）DDoS 攻击［A4］：在区块链应用中，除对底层协议缺陷的 DDoS攻击外，攻击者也可在应用层发起针对性的 DDoS 攻击，影响各类应用业务

---

① 《开源软件源代码安全漏洞分析报告——区块链专题》，http：//if. cert. org. cn/res/web_file/bug_ analyze_ report. pdf。

的可用性。根据云计算安全服务提供商 Incapsula 发布的 2017 年《第四季度 DDoS 威胁报告》,① 应用层 DDoS 攻击数量较前一季度成倍增长,且针对加密货币行业的攻击数量持续增长,占所有攻击数量的 3.7%。

(5) 环境漏洞〔A5〕:区块链应用所在服务器上的恶意软件、系统的安全漏洞、配置不当的安全管理策略等都可能成为攻击者攻破区块链应用的脆弱点。在 2011 年比特币交易所 Mt. Gox 被攻击、2017 年热钱包应用 Gatecoin 被盗等事件中,攻击者都是通过攻击区块链应用或数据所在服务器,间接盗取账户资产获利。

(四)区块链技术给安全监管带来的挑战

如前所述,除区块链技术架构本身存在的安全风险之外,其去中心、自治化、难更改、强匿名等特点也给现有网络和数据安全监管手段带来了不少挑战,具体表现如下。

一是隐匿性强,增加了网络安全事件和网络犯罪的追踪溯源难度。区块链用户账户由随机数字、字母和用户公钥生成,不包含网络地址、设备地址等信息,难以识别用户的真实身份,在导致对恶意网络行为、攻击事件等追溯更加困难的同时,也助长了不法分子网络犯罪的气焰,勒索病毒、暗网交易等往往利用基于区块链技术的加密货币收取赎金、实施结算以逃避溯源。根据澳大利亚研究小组② 2018 年发布的一份比特币交易报告,使用比特币进行结算的违法交易规模已达到 720 亿美元/年。此外,基于区块链的隐匿性较强的即时通信工具也可成为不法分子用以通联交互的工具,为用户提供身份隐藏、通信内容加密等功能,难以实施有效监管手段。

二是无中心化特性导致威胁面扩大,技术接口难以实施。区块链中开源

---

① 《第四季度 DDoS 威胁报告》(*Global DDoS Threat Landscape Q4 2017*),https://www. incapsula. com/collateral/2017 – q4 – ddos – threat – landscape. pdf。

② 澳大利亚研究小组由来自悉尼大学、悉尼科技大学和里加斯德哥尔摩经济学院的经济学和金融学专家组成。

的共享协议可使数据在所有用户侧同步记录和存储，对攻击者来说，能够在更多的位置获取数据副本，分析区块链应用、用户、网络结构等有用信息。对监管方来说，数据的分布式存储、点对点的通信方式，导致监管数据的采集和获取困难，监管技术接口难以实施。

三是防篡改特性为有害信息形成天然技术庇护，给信息内容管理带来挑战。区块链中数据写入时，需要大部分节点通过共识机制进行裁决，决定是否同意写入，并设置了时间戳机制记录写入时间，以实现禁止对历史记录的修改。一旦暴恐、色情等有害信息被写入区块链中，扩散速度快，且难以进行修改、删除，尽管理论上可采取攻击手段制造硬分叉、回滚等，但实施代价高、难度大。在 2018 年 3 月，德国研究人员就曾在比特币区块链中发现超过 274 份儿童色情网站的链接和图片，经查证，为恶意用户通过将有害信息编码为比特币交易信息注入区块链中的行为。

四是数据安全责任边界模糊，可能违背数据跨境、数据可删除等监管要求。区块链作为各类应用的底层技术，能实现上层应用间的交互操作，其应用过程中涉及区块链平台、应用、数据所有者等多方主体，易导致安全责任界限的模糊。当新的数据写入区块链，所有用户侧可同时更新，一旦涉及境外节点加入，这种天然自组织性将使得自发、频繁的跨境数据流动成为必然。此外，欧盟 GDPR 中关于数据纠正、删除等权利的规定也似乎与区块链防篡改的技术核心格格不入。

三　风险应对框架

区块链技术的安全应用需综合考虑其技术架构本身，以及应用在不同场景中可能面临的各类安全风险。基于区块链技术的系统应用普遍拥有较高的复杂度，需要根据存储层、协议层、扩展层、应用层等不同层面的风险来源和成因，从编码、部署、管理等环节实施针对性的应对措施以降低风险，如表 4 所示。

表 4　区块链风险应对框架

项目			应对措施									
			安全开发	代码审计	安全评估和测试	安全配置	输入校验	加密存储/传输	节点/数据安全验证	身份认证和权限管理	流量清洗	必要的安全防护产品/服务
安全风险	存储层〔S〕	S1. 基础设施安全风险			●△	●△		●△				●△
		S2. 网络攻击威胁									●△	●△
		S3. 数据丢失和泄露				●△		●△				●△
	协议层〔P〕	P1. 协议漏洞	●	●	●△		●					
		P2. 流量攻击						●△		●△	△	△
		P3. 恶意节点				●△		●△	●△	●△		●△
	扩展层〔E〕	E1. 合约开发漏洞	●	●		●	●	●				
		E2. 合约运行安全			●△	●△		●△		●△		
	应用层〔A〕	A1. 私钥管理安全				●◎△		●◎△				
		A2. 账户窃取								●△		●◎△
		A3. 应用软件漏洞	●	●	●△							●◎△
		A4. DDoS 攻击					●				●△	●◎△
		A5. 环境漏洞			●△	●◎△	●	●◎△				●◎△

注:"●",区块链开发者;"◎",区块链用户;"△",区块链平台运行者。

1. 安全开发

区块链技术在比特币中的成功实践表明,严谨的技术规范是技术健康有序应用的重要前提,包括区块链应用开发者、智能合约开发者、区块链平台开发者等在内的各类区块链开发者,都应实施规范的开发流程,使用规范的开发和编

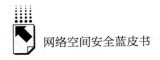

译工具，预留充分的上线试运营周期等，降低编码过程中引入安全风险的概率。

2. 代码审计

近年来在屡屡发生的交易所被攻击、虚拟货币被盗窃等事件中，有大量事件是由代码层面的安全问题所引发，而区块链开源的特性也使攻击者可以便捷地获得代码，通过分析代码的逻辑缺陷找到攻击突破口。因此，区块链开发者应在产品上线发布前，采用自动化或人工的方式，对代码架构、逻辑流程、关键功能模块开展足够的静态代码分析、交互式代码审计等源代码安全检查工作，以检查代码中的安全缺陷和安全隐患。

3. 安全评估和测试

通过对区块链技术架构、应用场景、攻击模式等开展针对性的安全评估和测试，及时识别运行环境、基础设施、核心协议、智能合约以及应用软件等各层面存在的安全漏洞，发现并采取措施应对安全风险；对算力的集中度、节点的分散度以及基础设施的可靠性和安全性进行评估。一方面，区块链开发者可借助贯穿开发生命周期的安全评估和测试，在相关产品投入市场前及时降低产品安全隐患；另一方面，区块链平台、系统的运行维护者也可在产品运行过程中定期或不定期地开展安全评估和测试，及时发现和解决安全问题。

4. 安全配置

在区块链技术应用过程中，软件、硬件、协议、系统等层面不安全的配置也可能成为引入安全风险的原因，如开放了不必要的系统服务访问、设置了不当的权限管理原则等。为此，区块链平台、系统的运行维护者需要实施安全的配置以限制脆弱性的暴露，从各方面缩小攻击面，包括关闭和限制不必要的服务和端口，对系统资源、用户权限等采用"最小特权原则"管理，合理部署智能合约外部调用接口安全参数，为私钥文件配置硬件冷备份，尽量引入无关联利益关系的实体以降低节点间联合作恶的可能性等。

5. 输入校验

实施输入校验的目的是从入口侧降低输入数据对业务逻辑的影响，包括对区块链交易平台 Web 端、智能合约输入变量等参数的合理妥善校验。鉴于输入数据与业务逻辑之间曲折复杂的关联关系，尽管输入校验无法完全解决 DDoS 攻击、利用漏洞的攻击等安全问题，但区块链开发者仍应对区块链应用层、扩展层、协议层等不同层面的输入进行合法性校验，以降低恶意代码执行和逻辑错误风险。

6. 加密存储/传输

一方面，私钥的安全管理是所有非对称加密系统中安全保障的重要环节，区块链也不例外。与明文存储的私钥相比，采取加密存储的方式可大大降低私钥信息泄露的可能性；亦可将加密存储应用于重要配置文件、核心数据库记录中，以减少各类数据泄露风险。另一方面，在协议层、扩展层等层面可通过部署 TLS 等可靠的加密传输，在一定程度上防止恶意节点攻击、流量窃取或劫持，以及针对合约运行安全的攻击方式等。

7. 节点/数据安全验证

区块链中，各节点根据共识机制共同维护网络和相关业务的有序进行，试图向区块链中植入恶意节点也成为攻击者控制区块链，窃取经济利益和实施破坏的主要手段。因此，针对区块链网络中的未授权节点或恶意节点，实施必要的节点/数据安全验证可有效减弱因恶意节点带来的安全隐患。

8. 身份认证和权限管理

与节点/数据安全验证类似，必要的身份认证和权限管理也是对区块链用户、节点和操作进行安全控制的有效手段，以应对协议层可能出现的未授权节点、流量攻击，以及因验证控制机制不完善引发的智能合约运行安全问题等。

9. 流量清洗

主要针对存储层、协议层、应用层等不同层面可能面对的流量攻击威胁，尤其是 DoS、DDoS 攻击威胁，通过对流量的实时监控，及时识别和剥离隐藏在网络流量中的异常攻击流量，可以服务、产品或内嵌安全功能的模式按需在区块链应用场景中部署。

10. 必要的安全防护产品/服务

防火墙、入侵检测、WAF、安全审计等传统安全的部署尽管未必能解决所有层面的安全问题，但能从各自的角度实施针对性的防护，持续监测发现异常交易、异常节点行为、安全漏洞等，对各类安全事件进行及时处理响应，给区块链系统、平台等带来整体安全性的提升，间接提高攻击者发起攻击的成本和被发现的可能性。任何技术安全的落地应用，都离不开必要的安全防护产品或服务的有效部署，区块链也不例外。

四　促进区块链技术安全应用的建议

区块链技术带来的巨大变革不容忽视，技术和应用场景中的潜在安全风险也在逐渐显现。我国在着力把握技术发展先机的同时，也需正视风险，从发展引导、强化监管、风险研判、国际合作等多角度积极应对，有效防范化解新技术安全风险。

（一）强化应用领域引导，鼓励区块链核心技术攻关

一是加强对区块链应用领域的正确引导。政府部门应加强对区块链技术发展、应用领域的正确引导，如鼓励"区块链 + 网络安全"应用模式的探索，以应用试点等模式，推动区块链技术在提升认证安全性、保障关键信息基础设施安全、强化数据存储安全等方面的应用落地；在金融、物联网、工业等领域，在安全风险相对可控的前提下鼓励区块链解决方案的开发和探索；在公共服务、大众媒体等领域，应对利用区块链传播有害信息、恶意代码等风险加强警惕，探索对链上违法信息审核与用户隐私保护需求间的平衡。二是强化推动区块链安全产品和服务市场发展。鼓励网络安全企业、区块链相关企业等重视区块链技术安全问题，推动智能合约漏洞挖掘、区块链产品代码审计、业务安全监测等相关安全产品和服务的开发应用，提升区块链产品应用安全水平和抗攻击能力，不断优化区块链技术生态结构。三是鼓励区块链核心技术研发和攻关。当前，区块链的核心技术机制中仍存在很大的完善空间，且比特币、以太坊等主流的区块链技术平台均发源于国外。因此，应鼓励国内重点企业、科研机构、高校等加强合作，加快对共识机制、可编程合约、分布式存储、数字签名等核心关键技术的攻关；逐步推行区块链中加密算法的国产化替代；打造更加符合国家安全要求的区块链平台，为众多应用的发展与落地保驾护航。

（二）强化技术风险研究，夯实安全风险应对技术基础

一是针对区块链安全风险开展持续性、常态性研究。深入研究区块链技术架构中各层独有安全风险、跨不同层次的接口安全风险等，根据区块链技术发展变化情况，持续开展区块链技术和应用安全风险研判，对区块链核心机制潜在风险、常换时新的攻击威胁，非法组织、犯罪分子等利用区块链的模式等进行跟踪评估，加强对区块链安全风险的认识。二是集中力量攻关区块链风险应对技术。针对区块链存储层、协议层、扩展层、应用层等各层安全风险，研究部署覆盖编码、部署、管理等环节的风险应对措施，如探索对浏览器历史记录、设备 MAC 地址等的多维信息分析技术，实现区块链行为取证分析和用户身份追溯，发展加密环境下有害信息发现、协议逆向分析等风险应对技术等。

（三）加强区块链网络犯罪风险防范，促进国际合作治理

为应对利用区块链开展网络犯罪的全球化趋势，一是积极凝聚国际共识，深化全球合作。以构建网络空间命运共同体为目标，积极推动区块链违法犯罪在定罪标准、管辖协调、情报共享、司法协助等方面的国际共识与合作。二是探寻跨国治理有效手段，提升对区块链违法犯罪行为的及时预警、证据留存、犯罪追溯等领域的跨国实操水平，在一定范围内加强各国区块链应用数据的开放共享程度，以充分利用大数据分析等技术手段，对区块链应用中的用户通信行为和内容进行挖掘分析，及时发现可疑行为。针对利用区块链进行网络犯罪的涉案人员，在必要时候，可采取网络技术侦查等特殊手段进一步深入调查，实现对用户身份、通信行为和内容的追溯排查。

B.10
新兴技术发展对网络信息
安全管理的影响研究

谢俐惊　牛金行　张琳琳　闫希敏　张振涛*

摘　要： 以新一代信息技术为核心的数字浪潮席卷全球，新兴技术创新进入爆发期，新兴技术发展带来新的安全问题，给行业网络信息安全管理带来深远影响。本报告重点跟踪区块链、人工智能、融合应用三类典型性新兴技术应用的内涵特点、发展现状及趋势，总结新兴技术的演进特征，并从网络信息安全作用层次及管理工作实践维度，深入分析各典型新兴技术的发展带来的网络安全、数据安全和信息安全潜在风险，并总结新兴技术潜在网络信息安全风险的共性规律。同时，通过研究国外对于新兴技术的管理实践，并结合我国管理现状，提出新兴技术演进过程中我国应采取的网络信息安全管理策略和措施建议。

关键词： 新兴技术　区块链　人工智能　融合应用　网络信息安全

* 谢俐惊，管理科学与工程硕士，中国信息通信研究院安全研究所工程师，研究方向为互联网新技术新业务安全评估、数据安全、网络信息安全政策法规；牛金行，工学硕士，中国信息通信研究院安全研究所高级工程师，研究方向为人工智能安全、数据安全、信息内容安全；张琳琳，工学硕士，中国信息通信研究院安全研究所高级工程师，研究方向为数据安全、信息安全技术、网络信息安全产业及政策；闫希敏，管理学硕士，中国信息通信研究院安全研究所助理工程师，研究方向为数据安全、个人信息保护、新技术新业务安全评估；张振涛，产业经济学硕士，中国信息通信研究院安全研究所研究员，研究方向为信息安全、电信网络诈骗治理、数据安全。

一 引言

从全球互联到万物互联，从云计算到边缘计算，区块链的出现、工业互联网的兴起、量子通信的应用、人工智能的演进等，以新一代信息技术为核心的数字浪潮正在席卷全球。新兴技术创新进入爆发期，网络应用不断加速，新技术新业务的创新发展、渗透融合引发新风险新问题，大数据安全、人工智能算法漏洞、区块链等网络新型犯罪、车联网网络安全事件持续高发，给网络信息安全管理带来广泛而深刻的影响。

从技术架构来看，新兴技术可以分为四个层次（见图1）：一是终端层，是指工业互联网终端、可穿戴设备、智能机器人、物联网终端等各种智能化终端设备；二是网络层，是指5G、IPv6、卫星互联网、物联网等高速泛在网络及技术；三是平台层，是指云/大数据、区块链、人工智能等支撑上层应用的信息技术和平台；四是应用层，是指"互联网＋"领域/信息技术与实体经济融合领域。从管理现状来看，信息通信行业安全监管主要是以"业务"为抓手。例如新技术新业务安全评估、电信业务经营许可管理等重点管理制度，均是立足于对"业务"及经营该业务的企业主体进行管理。业务创新形式包括平台技术创新产生的新应用和业务模式融合创新产生的新应用。因此，本文聚焦于支撑应用的平台层技术创新以及应用层业务模式创新对网络信息安全管理的影响研究。

在平台层，不论是从专利申请数量、搜索指数热度，还是从各国出台的政策来看，区块链和人工智能都是近年来备受关注的新兴技术。在应用层，信息技术与实体经济进一步融合，深度不断增强，广度不断拓展，新兴技术改变着与互联网融合的国民经济各行各业。因此，本文选取区块链、人工智能、融合应用三项典型新兴技术应用进行深入研究，总结新兴技术的发展趋势和演进特点。分析研判三项典型新兴技术应用带来的潜在风险，并总结新兴技术潜在网络信息安全风险的共性规律。同时，通过研究借鉴国外对于新兴技术的管理实践，结合我国管理现状提出网络信息安全管理思路及策略建议。

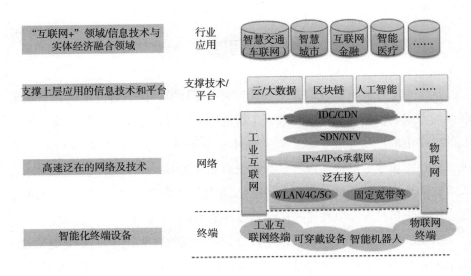

图1 技术架构

二 新兴技术演进趋势和特点

通过跟踪区块链、人工智能、融合应用等热点技术应用的内涵特点、发展现状及趋势，总结新兴技术的演进有以下几个特点。

一是现阶段新兴技术本质上仍是传统技术的迭代创新和集成创新。从技术发展长波规律来看（见图2），目前处于第五次创新周期的后红利期，电子技术、计算机技术正在进入广泛普及阶段，也是新的重大科学技术突破的酝酿期，① 新技术以迭代创新和集成创新为主。一个学科的重大突破往往会带动其他学科的突破，引起重大科学技术突破成群出现，预计本世纪中叶将出现第六次革命性创新。从目前热点技术的本质特征来看，新技术都是基于传统网络和技术的迭代创新、融合创新和应用创新。例如，区块链网络层采用的技术主要是P2P分布式网络、非对称加密，平台层主要是哈希运算和

---

① 李国杰：《21世纪上半叶信息科学技术展望》，《科学发展》2010年第1期。

工作量证明等多种已有机制的整合，应用层是各种应用场景的落地，因此其本质是基于传统技术的重构和融合。人工智能的关键技术是大数据技术、机器学习与数据挖掘、自然语言处理新技术、视听觉感知、智能规划与决策、机器人等传统技术。

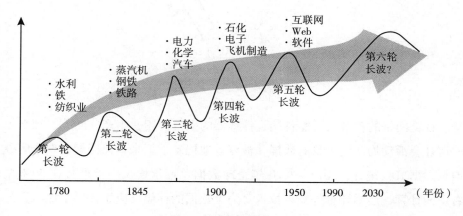

图 2　技术发展长波规律

二是泛在网络打造三元空间，网络形态和信息流发生新变化。过去几十年信息网络发展实现了计算机与计算机、人与人、人与计算机的交互联系，未来信息网络发展的趋势是实现物与物、物与人、物与计算机的交互联系，构建无处不在的万物互联网。随着智能感知、泛在接入、安全无线通信等泛在技术的快速发展，实现"人—机—物"之间直接沟通的泛在网络架构正日渐清晰，根据 Gartner 分析，到 2020 年，260 亿个对象将会被连接到互联网，包括工厂、车、电子消费品、风力发电机、交通灯等。通过泛在网络形成了人类—信息—物理三元空间（见图 3），① 打破了网络空间的边界，带来了网络形态的持续快速变化。网络空间的变化，导致了信息流的新变化。泛在技术将实现覆盖环境、内容、文化和语言的感知能力，支持人与人、人与物、物与物之间无障碍的信息获取、传递、存储、认知、决策和使用。

三是数据成为核心生产要素，引领技术和应用创新方向。随着搜索引

---

① 潘云鹤院士在 2018 AI Cloud 生态国际峰会上的讲话（2018 年 3 月 30 日）。

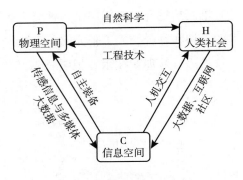

图 3　信息流转

擎、社交网络的普及与智能终端、传感器的大量使用，生产、商务、社交等一切社会活动均产生大量的数据并被有效地记录了下来，数据量呈现几何级增长。据 IDC 统计，2012～2020 年全球数据总量年增长率将维持在 50% 左右。云计算、透明计算等新兴技术又为大数据的存储与应用提供了保障，区块链作为一种全新的数据存储、传播和管理机制，在分布式数据存储、金融、供应链管理等领域有广泛的探索和实践，引领新的创新浪潮，新存储平台将成为信息基础设施。同时，数据成为"新经济时代的石油"，所有的业务越来越依赖数据去进行。根据 Forrester 预测，到 2020 年将会有 20% 的销售来自可穿戴设备收集的数据。基于海量数据资源的挖掘和应用不断催生新的服务业态，进而改变整个社会生产、消费、物流的流程。

四是信息传递和生产模式改变，将激发社会新架构和产业新形态。区块链技术的出现使得去中心化理念重新盛行，分布式多节点网络结构改变了信息的发布、存储和传播方式。自生成、多节点的特性使得信息发布非常容易，分布式存储的特性使得每一个节点完整同步掌握信息，网状传播结构使得信息的自由流动和流动成本大大降低。信息传递方式的改变必然给原有的"中心化"社会体系带来巨大冲击，从而深刻地改变社会深层结构。另外，万物互联破除了集中化大生产的格局，通过生产设备联网，实现广域空间上的生产"一体化"，原有集中式控制的基本生产模式逐渐向分散式增强型的控制模式转变。工业化时代的标准化思维、大规模生产、大规模销售和大规模传播将面临调整，基于个性化定制的规模生产将成为方向。

五是"互联网＋"向"智能＋"升级，加速新业务爆发增长。从互联网发展周期看，互联网经历了从"聚焦内容/功能"的早期互联网阶段到"聚焦连接"的移动互联网阶段，这个阶段兴起了"互联网＋"。当前互联网的最新发展又回归计算本源，在广泛连接、数据聚集的基础上，实现机器的自我学习、深度学习、自我适应，智能服务成为互联网下一演进阶段周期的核心要义。"互联网＋"之后，"智能＋"正在兴起。人工智能正加速向传统行业渗透，新一代信息技术发展的热点不是信息领域各个分支技术的纵向升级，而是信息技术横向渗透融合到制造、金融等其他行业，衍生出各种新模式、新业态。据统计，未来五年智能＋工业制造的年均增长率达15%，智能＋零售的年均增长率达24%，智能＋金融的年均增长率高达40%，智能＋教育的年均增长率高达47%。

三 新兴技术安全风险分析

（一）典型技术潜在的安全风险研判

从网络信息安全作用层次及管理工作实践维度看，新兴技术发展带来的潜在风险包括网络安全、数据安全和信息安全三方面。网络安全是指物理设备、设施、系统平台免受攻击破坏，安全运行。网络安全风险包括外部安全威胁、内部安全漏洞。数据安全是指网络上承载的数据保密性、完整性、可用性，包括数据安全、个人数据保护、国际安全层面的数据保护。信息安全是指信息内容合法性、信息传播安全、信息真实性和可塑性。以下将从这三方面出发，对区块链、人工智能和融合应用三种技术应用的安全风险进行详细分析。

1. 区块链技术

目前区块链在金融、医疗、网络安全和数据安全、物联网、身份认证、供应链管理等领域有广泛深入的应用探索和实践。但是区块链技术本身仍存在一些内在安全风险，其防篡改、分布式存储用户匿名等特性也可能在技术应用过程中引发一些不容忽视的安全问题。

（1）在网络安全方面，外部恶意攻击和内生风险导致区块链网络安全问题。一方面，区块链网络层和平台层是以传统网络技术为基础进行的迭代和集成，因此传统的安全风险仍然存在，例如网络层可能存在加密算法安全风险和P2P网络风险，在应用层可能存在账户窃取风险、应用软件漏洞风险和环境漏洞。另一方面，因为其特有的技术特点和机制，也将产生新的安全漏洞和威胁。例如在网络层存在广播机制风险，区块链系统51%攻击问题已成为现实。在平台层则存在针对共识机制和智能合约进行攻击的新型安全风险。在应用层存在私钥管理安全风险，不安全的存储可导致私钥文件泄露或被窃取，威胁用户数字资产安全。

（2）在数据安全方面，区块链上层应用推广导致责任边界愈发模糊，并引发频繁的数据跨境流动。一是区块链作为底层支撑，能源、金融、电力等关系国计民生和经济安全的国家重要数据、商业信息和隐私数据通过技术平台进行汇聚、共享和使用，存在数据滥用危害国家安全和用户隐私安全的风险。而建构其上的各种应用可实现灵活交互操作和数据共享处理，牵涉多元主体，安全责任边界模糊。二是区块链技术具有天然的自组织性，分布式多节点创建区块存储数据特性，一旦涉及境外节点加入，自发频繁的跨境数据流动将对我国国家安全、经济发展、社会公共利益以及个人信息主体权益的保障带来巨大挑战。

（3）在信息安全方面，区块链的技术特点更有利于违法有害信息的发布和传播。在内容上链环节，区块链防篡改、分布式、匿名等特有属性为写入的有害信息形成天然的技术庇护，给恶意行为溯源带来挑战。在内容扩散环节，区块链的有害信息可通过访问平台网站、安装移动App、安装浏览器插件等多样化的渠道传播扩散，容易造成广泛社会影响。在应急处置环节，区块链技术支持有害信息加密、分布式存储分发，目前缺乏有效的技术手段对区块链中有害信息实现及时精准的管控处置。此外，区块链技术正在加速与传统的微博、社交媒体、即时通信等互联网信息服务平台深度融合，改变了原本的数据采集汇聚路径和信息传播方式，使得既有的监测和管控手段无法适用。例如，基于区块链的即时通信软件 Etherum、iami、CryptoTel 等具备为用户提供身份隐藏、通信内容加密等功能，便于规避现有监管手段，未来极有可能成为暴恐活动、网上违法犯罪活动通联交互的重要手段。

2. 人工智能技术

人工智能作为一种通用目的技术，在跨行业与跨领域中广泛应用。但是人工智能在技术转化和应用场景落地过程中，由于技术的不成熟性和应用的广泛性，其潜在的安全风险不断显现。同时，人工智能技术也受到恶意攻击者的青睐，人为的恶意利用将进一步对网络信息安全与社会秩序造成威胁。

（1）在网络安全方面，人工智能技术主要面临技术不成熟和恶意应用带来的风险。首先，人工智能基础软硬件可能存在未知安全漏洞。据统计，目前约60%的国内开发者都在使用谷歌、微软、百度等公司发布的深度学习框架进行产品研发。但由于缺乏严格的测试管理和安全认证，这些开源框架和组件可能存在安全隐患，近年来，360、腾讯等安全团队屡次发现开源框架及其依赖库的安全漏洞。这些漏洞和后门一旦被恶意利用，可影响人工智能产品的完整性和可用性，甚至将危及人工智能应用安全和产业安全。其次，利用人工智能算法模型的特点产生对抗样本攻击、数据投毒等新型攻击方式。现阶段人工智能技术还是依托海量数据驱动知识学习，含有噪声或偏差的训练数据，以及精心制作的对抗样本都可诱使算法出现错判漏判，产生与预期不符甚至伤害性结果。例如，Biggio 研究团队利用梯度法来产生最优化的逃避对抗样本，成功实现对垃圾邮件检测系统和 PDF 文件中恶意程序检测系统的攻击。[①] 最后，人工智能技术本身可被用作更具威胁的攻击手段。由于人工智能技术可用于大幅提高恶意软件编写分发的自动化程度、生成可扩展攻击的智能僵尸网络，攻击效率和破坏力大幅增加，对现有网络安全防护体系构成严峻的威胁与挑战。Fortinet 发布的 2018 年全球威胁态势预测表

---

① Biggio B., Corona I., Maiorca D., et al., *Evasion Attacks Against Machine Learning at Test Time*, 2018.

示，人工智能技术未来将被大量应用在蜂巢网络（Hivenet）和机器人集群（Swarmbots）中，利用自我学习能力以前所未有的规模攻击脆弱的系统。

（2）在数据安全方面，人工智能领域的安全风险仍然来自技术不成熟和恶意应用两个方面。首先，逆向攻击可导致算法模型内部的数据泄露。由于人工智能算法能够获取并记录训练数据和运行时采集数据的细节，这就存在通过逆向分析来获取算法模型内部数据的风险。例如，Fredrikson 等人在将黑盒式访问用于个人药物剂量预测的人工智能算法的情况下，通过某病人的药物剂量就可恢复病人的基因信息。① 其次，借助人工智能技术超强的数据挖掘分析能力，会加大隐私泄露风险。人工智能设备和系统的推广普及，可获取人脸、声纹、健康指数等生物特征，个人信息采集更加全面，一旦系统受到攻击或采集者本身使用数据不当，都会对个人隐私数据带来泄露风险。此外，人工智能技术可基于碎片化数据的挖掘分析，识别出个人行为特征乃至性格特征，甚至可通过对数据的再学习和再推理，导致数据匿名化等保护措施失效，个人隐私变得更易被挖掘和暴露。Facebook 数据泄露事件的主角剑桥分析公司即通过关联分析的方式获得了海量的美国公民用户信息，包括肤色、性取向、智力水平、性格特征、宗教信仰、政治观点，以及酒精、烟草和毒品的使用情况，并借此实施各种政治宣传和非法牟利活动。②

（3）在信息安全方面，基于人工智能技术的信息伪造和精准传播带来新挑战。在信息生成环节，只要拥有足够训练数据，就可以利用人工智能技术合成以假乱真的图像和音视频，用于传播虚假信息、实施诈骗活动，甚至操控民众政治倾向和行为。2017 年，我国浙江、湖北等地发生多起犯罪分子利用语音合成技术假扮受害人亲属实施诈骗的案件，造成恶劣社会影响。在信息传播环节，融合了人工智能相关算法的智能推荐，可通过对用户兴趣爱好、行为习惯的挖掘和分析，根据用户偏好为用户提供个性化信息内容，成为不法分子隐蔽传播虚假信息、涉黄涉恐、违规言论等不良信息内容的传

---

① Fredrikson M., Lantz E., Jha S., et al., *Privacy in Pharmacogenetics: An End-to-end Case Study of Personalized Warfarin Dosing*, 2018.

② 中国信息通信研究院安全研究所：《人工智能安全白皮书（2018 年）》，2018。

播手段。

3. 融合应用技术

从"互联网＋"到"智能＋"，新兴技术更加广泛、深入融合到各行各业，新技术自有的安全风险与各行各业的安全问题相互交织、相互影响，尤其是在与互联网融合程度较深、信息技术创新和产业应用活跃的工业互联网、车联网、互联网金融、医疗等领域，安全问题已成为融合应用深入推进的关键问题。

（1）在网络安全方面，各行业平台、系统及设备面临的网络攻击挑战不断增加，引发现实威胁。传统行业大量使用网络技术和智能设备，使工业、交通、金融、医疗等行业成为网络攻击的重要目标，网络攻击门槛降低、损害范围扩大、损害程度也更深。据国家工业信息安全发展研究中心监测，2018 年第二季度，针对我国工业互联网平台的网络攻击事件共有 656 起，感染智能设备恶意程序的受控 IP 地址共有 52.7 万余个。2018 年 1 月，国家互金专委会监测 1529 家互联网金融平台网站共发现漏洞 7210 个，其中高危漏洞占比 6.2%，中危漏洞占比 47.1%，低危漏洞占比 46.7%。而大部分融合行业的安全防护能力不足，公共互联网的安全风险不断向传统领域渗透，进一步放大传统安全风险的危害。网络攻击可能导致工业基础设施出现瘫痪、设备损坏等物理破坏，直接影响关键信息基础设施的正常运行。2016 年 3 月，Kemuri 水务公司（KWC）的水处理和流控制系统被攻破，黑客可以根据相关漏洞控制供水。近年来克莱斯勒、特斯拉等相继发生针对汽车动力系统的网络攻击事件，严重威胁驾驶员人身财产安全。过去两年，针对金融行业的网络攻击给各类企业、用户以及金融行业造成每年达百亿元的损失，且其保持快速增长的趋势。

（2）在数据安全方面，融合应用数据价值高，相关数据量剧增，工业、金融、医疗、交通、政务等行业数据泄露隐患严重。智能＋行业融合从消费娱乐服务逐渐向金融、医疗、政务、交通、工业等公共服务和制造业延伸。工业互联网承载着关系企业生产、社会经济命脉乃至国家安全的重要工业数据和大量个人隐私信息，这些数据一旦被窃取篡改或流动至境外将对国家安全造成严重威胁。例如，关键工业生产数据泄露可能导致我国的武器装备、飞机船舶生产数量被推算得知。车联网应用的数据种类丰富，包括车主身份信息、用户关注内容、汽车运行数据、用户行车轨迹等大量用户隐私，以及国家道路、地理等国家重要数据，如果车联网数据被泄露、篡改或劫持，其数据安全事件的影响程度更大。而公共服务行业领域由于数据价值高、变化小、数据库防护能力弱，逐渐成为数据泄露的重灾区。美国 Verizon 发布的《2018 年数据泄露调查报告》显示，医疗、住宿行业、公共事务管理、零售和金融是数据泄露事件最多的前五个行业。2018 年 6 月，DNA 检测公司 MyHeritage 公告称，网站服务器被攻击，9200 万用户的电子邮件地址和密码信息被黑客窃取。

（3）在信息安全方面，互联网开放、聚合、高效的特性为通信信息诈骗、非法集资等犯罪提供了便利渠道，使金融风险不断被放大。通过互联网金融实施非法集资、金融诈骗的活动日益猖獗，成为社会广泛关注及政府重点打击的对象。截至 2018 年 6 月，腾讯大数据金融安全平台累计发现网络非法集资平台 1000 余家，目前已立案查处 200 余家。非法金融平台为了提高自身可信度，通过网站注册、网站备案展开互联网业务，带来更大金融风险。360 发布的《2018 年网络诈骗趋势研究报告》显示，金融理财诈骗高发且带来的人均损失惨重。2018 年，金融理财诈骗是举报数量最多的网络诈骗，共收到举报 2985 例；人均损失方面，损失最严重的也为金融理财诈骗，损失金额达 70985 元。

（二）新兴技术安全风险的共性特点

技术发展的融合、创新两大特性是引发网络安全风险变化的重要因素。一方面，传统网络安全威胁与各行各业的安全问题交织渗透、相互影响；传统安全威胁的传播速度、危害程度等也随之发生变化；另一方面，"智能＋"催生了大量的新技术、新业务、新应用、新业态，引发了各类新型安全风险。

一是传统安全风险与新型安全风险并存。从目前热点技术的本质特征来看，新技术都是以传统网络和技术为基础的迭代创新和集成创新，因此传统的安全风险仍然存在。同时由于新技术的不成熟性和恶意利用，催生了新的网络攻击手段，引发了各类新型安全风险，从传统的漏洞后门、远程控制到利用智能技术手段对抗沙箱、利用分布式账本技术逃避溯源监测、非法"挖矿"等，新型融合性攻击手段不断衍生。攻击手段的融合化、智能化加快了攻击速度，也增加了攻击成功率和危害性。

二是网络空间边界拓展，安全保护对象范围不断扩大。依托泛在技术构建的泛在网络将极大拓展网络空间边界，同时也带来了网络形态的持续快速变动，增加了网络威胁的不可预测性。"人—机—物"的泛在网络架构，导致人、机器设备、任何物体都有可能成为攻击对象，安全保护对象庞杂化、虚拟化、泛化，网络攻击门槛更低。而且越来越多的物理设备连在一起，一旦受到网络攻击会产生"多米诺骨牌"效应，损害范围更广、危害更大。

三是网络数据资源和用户隐私安全问题将更加突出。海量数据资源的开放共享和分析运用在不断提升数据价值的同时，使更广泛的用户信息和各行业领域的重要数据面临严峻的安全风险。分布式存储和计算模式导致安全配置难度成倍增长，对安全运维人员的技术要求较高，一旦出错，会影响整个数据库系统的正常运行。而随着人工智能技术被广泛应用，获取重要数据资源和个人信息的能力以及碎片化信息特征的提取能力大大提升。安全情报提供商 Risk Based Security（RBS）的一份报告显示，2018 年公开披露的数据泄露事件超过 6500 起，数据泄露数量达到 50 亿条，其中有 12 起数据泄露事件涉及人数超过 1 亿或更多。

四是新兴技术应用有利于违法有害信息的生成、发布和传播。在信息生成环节，跨媒体智能、大众艺术家时代的到来，大大提升了伪造和生产违法有害信息内容的能力和便利性。在信息存储和传播环节，去中心化、分布式存储、匿名、加密等技术特点，都为违法有害信息的发布和传播形成天然的技术庇护。同时，人工智能技术的应用可使得有害信息制作更加高效、传播更加精准。在信息溯源环节异构网络环境下，数据流动路径的复杂化导致追踪溯源和精确打击更加困难。

五是网络信息安全风险与传统风险交织，对现实世界的危害与日俱增。网络信息安全风险与各行各业的安全问题交织渗透、相互影响，更趋复杂。根据360威胁情报中心对全球关键信息基础设施重大网络安全事件的公开信息监测数据分析，金融、交通、能源、医疗卫生等各类不同领域的关键信息基础设施都遭受过网络攻击，发生过重大网络安全事件，对经济、社会、军事等领域都产生了严重影响。2015年圣诞节的前夕，乌克兰遭遇了大规模停电事件，数万"灾民"不得不在严寒中煎熬。2016年8月，来自东欧的网络犯罪团伙黑客从泰国的21台ATM机中偷走了超过1200万泰铢，造成了巨大的经济损失。

四　国外典型新兴技术监管现状

新兴技术有着"双刃剑"效应，虽然新兴技术的广泛应用会引发各类新型安全风险，但是也因其特有优势逐渐成为解决特定网络信息安全问题的有效手段。因此，各国监管政策兼顾发展与安全，从政策标准制定、监管技术创新等多方面施策，在鼓励新兴技术创新应用的同时积极防范风险，引导新兴技术健康发展。

（一）区块链技术

一是积极探索"区块链＋安全"应用落地。区块链的去中心化、数据不可篡改和抗攻击的技术优势在为其发展应用提供大量创新空间的同时，也为解决网络和数据安全存储、传播和管理问题提供了有效手段。多国在攻击发现和防御、安全认证、安全域名、信任基础设施建立、安全通信和数据安全存储等方面均做出了积极探索，相关效益初步显现。美国国土安全部早在2015年就已开展与Factom4等区块链企业的合作，支持区块链在身份管理、国土安全分析等领域的应用项目研发；俄罗斯联邦国防部于2018年在其军事技术加速器（the ERA）技术园区建设了区块链研究实验室，研究将区块链技术应用于识别网络攻击和保护关键基础设施等。在产业层面，LaunchKey5、Blockstack6、Guardtime7 等企业均在各自领域推出了"区块链＋网络安全"产品和解决方案。目前国际上区块链在网络安全领域的应用探索如表 1 所示。

表 1　国际上区块链在网络安全领域的应用探索

细分领域	详细信息	代表性企业/政府
攻击发现和防御	建设区块链研究实验室，以确定区块链技术是否可用于识别网络攻击，并保护关键基础设施	俄罗斯研究机构 ERA
	去中心化的解决方案可通过使客户接入附近防护资源池来提供更好的保护并加速客户内容，从而抵御 DDoS 攻击	区块链初创公司 Gladius
身份验证	"篡改验证"区块链技术平台可在设备网络中批量分发隐私数据并进行身份验证，可防护大量异构工业系统	2017 年末创建的 Xage Security 公司
	测试区块链技术以验证其能否防止 IoT 设备被黑（为物理设备赋予唯一身份以确认真实性）	英国马恩岛政府
信任基础设施建立	基于区块链的 PKI，摒弃中心证书颁发机构，使用区块链作为域名和公钥的分发账本	CertCoin
	基于区块链为每个设备赋予其独有的 SSL 证书，杜绝了入侵者伪造证书的可能性	初创公司 REMME
信息通信安全	尝试利用区块链创建外来攻击无法渗透的安全消息服务	美国国防部高级研究计划局
数据安全存储	在其 Watson IoT 平台上提供了以私有区块链账本管理 IoT 数据的选项	IBM
	基于区块链，提供完全可审计、符合规定且可信的数据	爱立信

资料来源：中国信息通信研究院：《区块链安全白皮书》（2018 年）。

二是加速推进区块链安全相关技术和管理标准研究工作。多国政府相继开展区块链安全技术研究。2016 年 1 月，英国政府科学办公室在《分布式记账技术：超越区块链》中指出，将以技术监管为核心，以法律监管为辅助，双措并举打造区块链监管新模式。美国国家安全局（NSA）开发了名为 MONKEYROCKET 的程序用于追踪和识别比特币用户。日本政府建立了首个区块链技术研究和应用行业组织——日本区块链协会（JBA）与区块链合作联盟，以增强加密货币交易所的安全性和有效性。标准化机构、开源组织等纷纷启动区块链安全相关技术和管理标准研究工作。以太坊、R3 CEV、Hyperledger-fabric 等相继发布了以太坊开发指南、fabric 协议规范等，对区块链开源框架、开发规范等做出了积极的探索。

三是创新监管模式和手段，提升监管能力。国外对区块链技术的监管主要有两种创新模式，分别是"沙盒监管"和"穿透式监管"。"沙盒监管"要求被监管对象在沙盒之内进行小规模创新，在创新的同时将风险减到最小。2018 年 3 月 26 日，美国亚利桑那州首推"沙盒监管"，监管区块链和加密货币。新加坡区块链监管政策的开放程度较高，其金融管理局在近期针对金融科技企业推出"沙盒机制"，即只要任何在沙盒中注册的金融科技公司，允许在事先报备的情况下，从事和目前法律法规有所冲突的业务，并且即使以后被官方终止相关业务，也不会追究相关法律责任。通过"沙盒机制"，能够让政府在可控范围内进行多种金融创新，也能够让创业者放心尝试各种相关的创新业务。"穿透式监管"则将监管机构作为一个节点接入区块链网络，使监管机构可获得全面且及时的监管数据，防止数据造假问题。爱尔兰的区块链金融监管解决方案公司 GECKO Goverce 为基金公司提供了基金监管和合规要求监督解决方案，将监管机构接入区块链网络。

（二）人工智能技术

一是初步构建安全管理的政策法律体系。欧盟与英国强化政府主导的伦理原则建设和法律法规约束，同时尝试建立人工智能自动决策应用规范。欧洲委员会下辖的欧洲科学与新技术伦理组织在 2018 年 3 月发布的《关于人工智能、机器人及"自主"系统的声明》中，提出了一套基于欧盟条约和欧盟基本权利宪章规定的价值观的人工智能基本伦理原则。2018 年 4 月 16 日，英国议会发布《英国人工智能发展计划、能力与志向》，提出了五项人工智能基本道德准则。欧盟 2018 年 5 月生效的《通用数据保护条例》为人工智能自动化决策的合法应用规定了极其严格的条件，明确要求数据控制者在收集数据时应向数据主体的告知事项，并且鼓励数据控制者向数据主体解释某项人工智能自动化决策的具体原因。

二是积极研究安全相关标准规范。目前，IEEE 工作组正在开发 IEEE P7000 系列中涉及道德规范的伦理标准，分别对系统设计中伦理问题、自治系统透明度、系统/软件收集个人信息的伦理问题、消除算法负偏差、儿童和学生数据安全、人工智能代理等进行规范。ISO/IEC JTC 1/SC 42 人工智能分技术委员会于 2017 年 10 月成立，其中，ISO/IEC JTC 1/SC 42 第二研究组（可信研究组）广泛研究建立人工智能系统信任的方法、评估人工智能系统典型相关威胁和风险的方法，以及实现人工智能系统鲁棒性、可靠性、准确性、安全性、隐私性等性能的方法，并对人工智能系统中的偏倚问题进行研究。

三是依托企业开展安全监管技术能力建设。多国政府都重视人工智能安全监管技术手段建设工作，主要依托企业自身的相关思路在规划报告中均有体现。人工智能企业和网络安全企业也日益重视人工智能安全防护手段建设，在具体管理方式上，主要围绕事前规范、事中监测和事后应急管控展开。谷歌研究给人工智能系统安装"切断开关"，以便在应急必要时刻触发其自我终结机制，规避人工智能系统运行中常规监管手段的失效风险。

四是围绕自动驾驶、机器人等重点应用开展安全评估与测试。自动驾驶的安全测试验证受到各国高度重视，但未形成统一安全标准和评价体系。美国交通运输部颁布的《联邦自动驾驶汽车政策》和德国修改的现行道路交通法都将自动驾驶的安全性作为强制性要求。在机器人领域，ISO/TC299/WG2 完成了服务机器人领域第一个安全标准——ISO 1348 2：2014《个人护理机器人的安全要求》；工业机器人的标准相对已经比较完善，本体安全与集成安全的标准已修订完成。另外，IEC 标准化工作也涉及家用服务机器人的安全和性能、工业机器人的功能安全和医疗机器人安全等方面，目前主要是对机器人的机械结构、电气特性、系统功能等指标进行安全测试。

（三）融合应用技术

一是强化关键信息基础设施管理，提升重点行业设施的网络安全防御能力。首先，通过政策文件明确关键信息基础设施范围，建立完备的清单管理制度，集中人力、物力着重提升关键信息基础设施安全能力。2013 年 2 月，美国发布的第 21 号总统政策指示《提高关键基础设施安全和弹性》和第 13636 号总统行政令《改进关键基础设施网络安全》将关键基础设施重新确定为 16 类。欧盟在《2009 年欧盟关键基础设施保护指令》等文件中也明确了关键基础设施的定义范畴。其次，建立多部门、多主体共同参与的管理体系。美国关键信息基础设施管理是由国土安全部主导、多机构参与，已建立了安全威胁情报共享、协同监管、联合标准制定和应急处置的机制和流程，合力开展关键信息基础设施态势感知和风险应对。最后，不断强化企业在关键信息基础设施保障领域的责任，加强企业和政府的联动配合。美国将包括互联网巨头、中小企业等在内的各类私营机构纳入关键信息基础设施安全保护责任主体范畴，日、俄等国明确规定了企业特别是中小企业等关键基础设施服务提供者的安全责任。

二是针对重点融合应用领域的不同风险采取相应的措施。针对工业互联网安全防护，美国建立了"政府、企业、非政府组织"三方协作的工作体系，并发布了《保障物联网安全战略原则》《物联网网络安全提升法案》《安全盾法案》等一系列战略法规完善顶层设计，依托非政府组织和执法机构开展标准认证和执法监督来强化政策落地效果，同时发挥制造企业、信息化企业、通信运营企业多方优势加强工业互联网安全技术研发及产业布局，[①] 共同推进工业互联网安全工作。针对车联网安全，以美国、英国为代表的发达国家陆续发布与智能网联汽车与自动驾驶相关的法律法案，力图从国家层面细化涉及汽车全生命周期各参与体的网络数据安全责任，加强对车

---

① 杜霖：《工业互联网网络安全防护体系研究》，载《网络空间安全蓝皮书：中国网络空间安全发展报告（2018）》，社会科学文献出版社，2018。

联网安全的重视程度。2017 年美国出台首部《自动驾驶汽车法案》，要求制造商在销售相关自动驾驶车辆或系统时制作书面隐私计划，加强对消费者的隐私保护。2017 年 8 月，英国政府发布《智能网联汽车网络安全关键原则》，提出包括顶层设计、风险管理与评估、产品售后服务与应急响应机制、整体安全性要求、系统设计、软件安全管理、数据安全、弹性设计在内的八大方面关键原则。针对互联网金融，各国普遍将互联网金融纳入现有金融监管框架，并根据业务性质明确归口监管部门，及时调整和完善互联网金融监管法律体系。同时，加强市场准入管理，强化业务运营监管；充分结合征信体系，促进信息双向沟通；充分发挥行业自律与企业自律作用。

五　网络信息安全管理思路和建议

新兴技术应用蕴含无限契机，也存在诸多变数。技术发展的融合、创新两大特性及其引发的安全风险变化，给网络信息安全管理带来巨大挑战。技术、业务、产业融合，导致各行各业部门间管理边界模糊，认识不一。新技术、新业务爆发增长，主体多元，使得重点管理制度和安全主体责任难以有效落实。安全保护对象范围急剧扩大，对各行各业的关键基础设施、终端设备的安全防护能力带来挑战。而新兴技术的新特性和引发的各类新型安全风险，使现有风险监测和防御手段面临失效风险。我国需正视新兴技术带来的巨大技术变革，统筹发展与安全的关系，既要发展引导、鼓励创新，也要通过法规标准、监管机制、技术管控、协同合作等多角度积极应对风险，保障网络安全、数据安全、信息安全，积极推动新兴技术的健康、有序发展。

（一）健全监管体制，多方合力推动新兴技术应用健康发展

一是明确管理边界，加强行业自律，保障新兴技术应用健康发展。在部门协同方面，应加强顶层设计，根据新兴技术应用发展情况尽快明确网络信息安全监管部门的职责范畴和职能分工。完善跨行业、跨部门监管机制，加强政府部门间、政府和企业间的协同联动，实现对新兴技术应用安全风险或

事件的快速应对。在行业自律方面，推动新兴技术、应用、平台各层级企业主体广泛参与的行业自律体系，强化鼓励引导和示范带动效应。建立健全高校、研究机构、行业组织和产业联盟、智库等的协同推进机制，合力突破技术瓶颈，尤其是在数据安全、基础设施等关键领域。

二是加强政策引导，促进技术正向应用的创新发展。政府部门应鼓励"新兴技术＋安全"应用模式的探索，以应用试点等模式推动新兴技术在反欺诈、数据安全管理、网络安全防护等方面的应用落地。在风险较大的金融、工业、公共服务等领域，应加强风险监测，在安全风险相对可控的前提下鼓励新兴技术的应用和探索。同时，推动新兴技术安全产业和市场发展，培育安全产业生态。鼓励传统安全企业、新兴技术企业等重视新兴技术安全问题，推动漏洞挖掘、代码审计、业务安全监测等相关安全产品和服务的开发应用，提升新产品应用安全水平。

（二）加强跟踪研究，加快推进相关法规政策和安全标准制定

一是加强前瞻技术应用的跟踪研究，完善现行法律法规。首先，针对新兴技术应用及潜在风险组织开展持续性、常态性的跟踪研究。依托专题安全评估和专项技术研究，加强风险认识，结合新兴技术的特性提出针对性的应对策略和措施建议，配套必要政策储备、标准研制和技术支持。其次，基于跟踪研究，探索符合我国技术应用和产业发展的法律规则，对新技术在各个行业中的应用方式、场景等进行法律上的规范，对新技术平台主体的法律责任和义务进行明确。要重点加强对实名制、隐私保护、伦理规范等问题的研究，分析现有相关法律规定能否直接适用于新技术领域，研究是否有必要针对新技术制定相应的特殊法律条款。

二是加快推进新兴技术领域安全标准和规范研制工作。一方面，加快推进相关技术标准和安全规范制订工作，为新技术应用产品和系统的安全设计及评测验证提供统一参考，引导新兴技术应用的规范化发展。特别是在核心基础性技术领域，例如要求区块链产品提供商提供妥善的私钥管理规范，加强人工智能训练算法、决策模型等相关安全技术要求研究。另一方面，推动

各融合业务安全标准或规范的制定出台，解决各行各业的业务运营者和使用者不知道如何采取网络信息安全保障措施的问题，尤其是在关键基础设施保护、终端设备安全等方面。

（三）创新监管手段，强化新兴技术平台和应用安全监管力度

一是探索创新性的监管手段和监管模式。探索"沙盒监管""穿透监管"等创新性的监管模式。为特定新技术产品、服务和应用模式的测试创新构造"安全沙盒空间"，在满足企业在真实场景中测试其产品方案需求的同时，使得风险可控。发挥区块链去中心化等新技术、新理念在安全监管方面的创新应用。探索区块链底层架构优化和应用模式创新，利用分布式存储、去中心化管理、多节点信息同步等技术特征实现监管场景下的用户认证、授权、信息报送、实时匹配、汇总分析与随机抽检等功能。

二是加强新兴技术平台和应用监管力度。推动建立新兴技术平台和应用的备案机制，督促相关企业落实安全保障措施。在新技术应用上线运营前，要求相关运营者向管理部门主动报备主体信息、技术实现平台信息等，监督企业加强安全制度和管理体系建设，及时消除平台和应用安全隐患。强化安全评估评测要求，开展安全评估评测工作。在平台、系统、应用等正式投入使用前及时识别安全风险和脆弱性，并采取必要的安全保障措施，指导新兴技术安全发展和应用。逐步积累安全评估评测样例库，研发测试工具集，构建新技术安全评估评测能力。

（四）强化技管结合，打造新技术应用安全监管硬实力

一是加大安全技术手段研究力度，提升安全保障技术能力。密切关注新型风险演变情况，集中力量研究部署应对措施。比如，探索对浏览器历史记录、设备 MAC 地址等的多维信息分析技术，实现区块链行为取证分析和用户身份追溯；发展加密环境下有害信息发现、协议逆向分析等风险应对技术；构建人工智能安全攻防演练平台等。及时跟踪最新监管手段技术应用情况，通过技术手段研发升级，适配新的应急管控需求，以解决传统管控手段

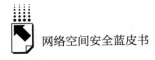

失效的问题。

二是提升新技术应用安全监测和监管平台技术实力。探索通过国家级区块链平台监管技术手段，对现网中区块链平台进行安全监测，及时发现违规信息，全面掌握区块链相关安全漏洞、攻击事件和安全威胁发展态势。加强安全风险管理，提升公共基础平台安全能力。立足金融服务、工业互联网、公共服务等重点领域，建立跨行业、跨地区的网络安全监测评估、标准认证等平台，强化云平台、大数据处理平台等公共基础平台安全能力。

网络安全产业滚动研究

赵　爽[*]

摘　要: 在2014~2017年研究基础上,2018年网络安全产业滚动研究进一步拓展研究的深度和广度。在研究维度上,新增网络空间安全形势分析和人才培养政策举措研究;在研究内容上,对Symantec、CyberArk、深信服、启明星辰等国内外典型上市安全企业进行深入分析。在结合国家网络安全产业支撑工作需求和我国实际情况的基础上,提出发展网络安全产业的措施建议。

关键词: 网络安全产业　网络空间安全形势　网络安全人才培养

一　网络安全产业总体形势

(一)网络空间安全形势日趋复杂严峻

近年来,网络空间安全形势快速变化,国家级博弈更为突出、攻防对抗更为激烈、数字经济安全保障要求不断提升,网络安全形势演变对网络安全产业发展产生深刻影响。

1. 国际网络空间竞争博弈进入深水区

自2015年美国战略核心从"全面防御"调整为"攻击威慑"以来,各

---

* 赵爽,经济学硕士,中国信息通信研究院安全研究所工程师,研究方向为网络安全产业与基础设施保护。

国在网络空间主导权、话语权争夺更加激烈。美国于 2017 年 8 月将网络司令部升级为一级作战司令部,其下属的 133 支网络任务部队已具备作战能力;美国国防部在 2018 年 7 月发布 4580 万美元的采购计划,拟开发武器系统"网络航母",辅助网络部队执行情报侦察、网络攻击等行动;《2019 财年国防授权法案》明确了网络威慑的路径和战略对手,给予美国国防部发起军事网络行动授权。英国在 2017 年首次在联合军事行动中使用了网络攻击、干扰等网络能力。

2. 网络攻击智能化、自动化、武器化趋势蔓延

人工智能等新技术的应用、网络武器泄露的延续效应,正在逐渐转变网络攻击的逻辑和手段,"攻防不对等"形势更为严峻。一是攻击技术愈发先进智能。人工智能等新技术以及社会工程理念驱动网络攻击智能化发展,智能分析使得快速绕过多重防御手段成为可能。二是自动化攻击时代悄然来临。2017 年全流量中 21.8% 为恶意机器流量,较上年增长 9.5%,其中,高级别恶意机器流量(Advanced Persistent Bots,APBs)占比高达 74%。三是网络武器研发和利用提速,潜在危害影响加深。2017 年 5 月,WannaCry 勒索病毒爆发,全球 150 多个国家、20 多万台电脑受到影响,累计损失高达数十亿美元,展示了网络武器的空前威力。

3. 数字经济发展对网络和数据安全提出更高要求

当前,新一轮数字化浪潮已经到来,全球数字经济蓬勃发展,成为驱动经济增长的新引擎和世界各国竞争的新高地,与此同时,网络安全的基础保障作用和发展驱动效应日益突出,成为关系数字经济发展的根基所在。数字基础设施建设加速安全威胁传导渗透,催生了融合领域网络安全保障新需求。例如,在医疗领域,2018 年 1 月,美国医疗机构 Hancock Health 遭到勒索软件 SamSam 攻击,支付 5.5 万美元赎金;8 月,勒索病毒 GlobeImposter 来袭,多家大型医院中招。同时,新兴技术快速应用引发新的安全风险,例如人工智能核心算法不透明,存在恶意操纵导致不正当竞争风险;区块链技术应用暴露多重风险,目前尚未形成覆盖全生命周期的监管思路。

（二）主要国家强化网络安全技术产业投入布局

1. 持续细化提升网络安全保障要求

特朗普政府延续了奥巴马政府对网络安全的重视态度，2018 年以来，美国相继发布了多份网络安全相关政策文件，进一步强化网络安全政策指导，包括商务部国家标准与技术研究院（NIST）《提升关键基础设施网络安全的框架》、能源部《能源行业网络安全多年计划》、国土安全部（DHS）《网络安全战略》等。英国政府内阁办公室于 2018 年 6 月发布实施网络安全最低标准（Minimum Cyber Security Standard），从识别、保护、检测、响应和恢复五个维度，提出了一套网络安全能力建设的最低措施要求。

2. 加大网络安全领域国家投入力度

美国《2019 财年国防授权法案》将网络安全预算大幅增加至 300 亿美元，将从推进技术发展、扩大采购权限、强化政企合作、支持人才培养、创建试点项目等方面提升国家网络安全能力。英国《国家网络安全战略（2016～2021）》提出，英国政府将投入 19 亿英镑强化网络安全能力。德国国防部长和内政部长在 2018 年 9 月宣布，将在未来五年投入 2 亿欧元组建网络安全与关键技术创新局，机构定位类似于美国国防部高级研究计划局（DARPA），主要致力于推动自主网络安全技术创新。

3. 指引网络安全技术产品创新方向

美国、德国等多国通过制定发布指南性文件，引领网络安全技术创新方向。2018 年 3 月，美国国土安全部科学技术局发布指南文件，提供 70 多种技术解决方案以及市场转型方案指导，涵盖移动安全、身份管理、DDoS 防御、数据隐私、网络取证等前沿技术领域。德国教育和研究部计划到 2020 年共投入 1.8 亿欧元对重点网络安全研究项目提供支持。例如，IUNO 项目集合了包括大型企业、中小企业、应用企业、网络安全公司和科研机构的来自业界和学界 21 个合作伙伴，为网络和数据安全提供解决方案。

4. 支持网络安全技术产品出口

英国、以色列等国将网络安全作为对外贸易的重点领域，继续致力于扩大网络安全技术产品出口。以英国为例，2016 年，英国 800 家网络安全企业出口贡献总额达到 15 亿英镑。为进一步支持和促进产业发展，打造充满活力的网络安全产业生态，英国于 2018 年 3 月发布《网络安全出口战略》。根据战略，英国国际贸易部（DIT）将利用其全球办事处，与其他政府部门、贸易和商业专家、学术界、工业界和行业领先机构开展密切合作，提供定制化优惠方案和对接平台，促进和资助网络安全国际贸易和投资。

（三）网络安全创新技术服务进入实质部署应用期

1. 数字化浪潮驱动身份管理与访问控制技术智能化发展

云计算、物联网等 IT 技术发展、数据资产的价值攀升和数据合规要求趋紧，驱动身份管理与访问控制[①]技术创新和市场繁荣。2017 年，身份管理与访问控制市场规模为 47.26 亿美元，较 2016 年增长了 9.15%。[②] 网络融合生态以及指数级增长的设备、平台、应用数量以及外部连接等，加速身份管理与访问控制技术创新和理念变革。

2. 可管理安全服务[③]迎来发展新机遇

网络安全领域的攻防对抗持续激烈，同时网络安全专业人才愈发稀缺，使得越来越多企业倾向于选择可信赖的安全企业提供专业安全运维服务。根据 Gartner 数据，2017 年可管理安全市场规模达到 103 亿美元，较 2016 年增长 9.5%，超过同期全球安全市场增长率。

3. 云安全技术加速拓展和应用

云安全市场规模的持续快速增长和云安全事件的日益频发驱动安全技术创新应用。根据 Gartner 数据，2017 年云安全市场规模达到 49.07 亿美元，

---

① 身份管理与访问控制（Identity and Access Management，IAM），通过对网络中每个用户和其访问权限的有效管理，确保用户活动合规，从而避免非授权访问、身份欺诈等导致数据泄露风险。

② 资料来源于 Gartner。

③ 可管理安全服务（Managed Security Services，MSS），也称安全托管服务，是由专业厂商提供的安全运维服务，包括如安全事件监测和分析、漏洞扫描、应急响应等。可管理安全服务的提供商通常称作 Managed Security Services Provider（MSSP）。

相比 2016 年增长 21.64%。应对多云环境、强化风险控制、数据安全合规等成为云安全热点领域。

4. 威胁情报技术服务逐步走向落地

威胁情报技术推动了传统的事件响应式的安全思维向着全生命周期的持续智能响应转变。借助威胁情报，企业能够从网络安全设备产生的海量告警中解脱出来，以更为智能的方式掌握最新的网络安全事件、重大漏洞隐患、典型攻击手段、潜在危险领域等信息并及时启动预警、响应、应急等工作。Gartner 预测，到 2020 年有 15% 的大型企业将使用商业威胁情报服务。

5. 人工智能将成为重塑网络安全防御模式的主导力量

伴随着人工智能技术成熟和应用拓展，网络安全逐渐成为人工智能应用的最活跃领域之一。据 CB Insights 统计，目前国际上已有 80 余家应用人工智能技术的安全公司，其中自动化终端防护厂商 Tanium 和智能预测分析厂商 Cylance 市值超过 10 亿美元。美国将投入 20 亿美元支持人工智能技术应用，其中网络安全是重点方向之一。

（四）网络安全人才全球紧缺态势加剧

1. 网络安全岗位需求快速增长，网络安全人才呈全球范围短缺局面

从全球上看，网络安全岗位需求快速增加，人才短缺形势日益突出。国际咨询机构预测，2019 年网络安全岗位缺口将在 100 万～200 万个，而到 2021 年缺口将达到 350 万个。网络安全岗位需求增长加剧了网络安全人才短缺态势。针对信息领域的调研显示，墨西哥、澳大利亚等国家均有 88% 的受访企业存在网络安全人才短缺，美国、日本、法国等国家也均不低于 75%（见图 1）。在全球市场供不应求的环境下，围绕网络安全人才争夺将更趋全球化、白热化。

2. 入侵检测和安全软件开发技能最为稀缺，技术能力较管理能力更受重视

对美国、日本、英国、以色列等国家调查显示，入侵检测和软件开发的技能最为稀缺，其中入侵检测平均稀缺程度达到 75.8%，其次是软件开发为 72.3%（见图 2）。综合来看，以入侵检测、软件开发、攻击缓解、编程

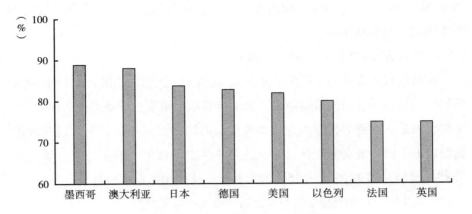

图1　主要国家网络安全人才短缺程度

资料来源：中国信息通信研究院根据 ISC 报告整理。

熟练度为代表的技术能力相较团队建设、沟通、协作等管理类技能更为缺乏，这一方面表明技术能力是网络安全对抗的关键因素，掌握网络安全技能的从业人员是行业稀缺资源；另一方面也揭示出网络安全技术能力相较管理能力更难获取和提升。

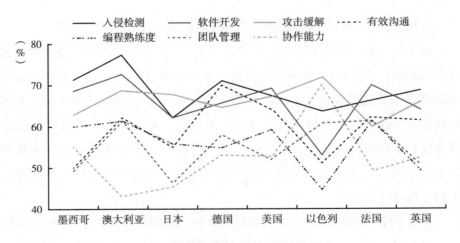

图2　网络安全人才技能需求程度

资料来源：中国信息通信研究院根据 ISC 报告整理。

3. 网络安全从业人员薪酬持续走高，达平均工资2.7倍

网络安全人才的大幅度短缺，引发了网络安全职位薪酬的快速提升。Robert Walters 调查显示，2018 年网络安全从业人员薪资涨幅将达到 7%。同时，网络安全岗位薪资水平远超其他 IT 岗位。对美国、日本、英国、以色列等国家调查显示，网络安全从业人员薪资约为企业平均工资的2.7 倍。

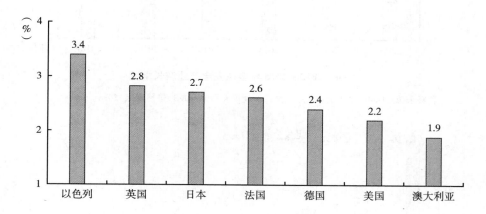

图3 网络安全专业人员的薪酬溢价比例

资料来源：中国信息通信研究院根据 Robert Walters 报告整理。

二 国际网络安全产业年度发展情况

（一）全球网络安全产业规模稳步增长

2017 年全球网络安全产业规模达到 989.86 亿美元，较 2016 年增长 7.9%，预计 2018 年增长至 1060 亿美元。从增速上看，全球安全产业增速在 2015 年达到历史高位 14.6%，随后回落至逐年 8% 的增长水平（见图4）。

在区域分布方面，北美地区全球主导地位巩固；西欧地区保持稳定增长，规模位列全球第二；亚洲地区增速领先，规模位列第三（见图5）。

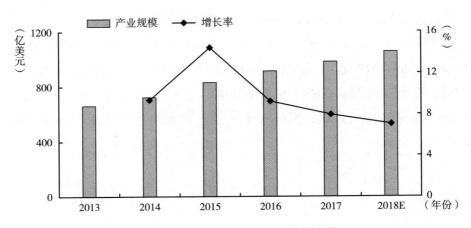

图4　2013～2018年全球安全产业增长情况

资料来源：Gartner：《全球网络安全产业规模发展情况及趋势预测》，2018。

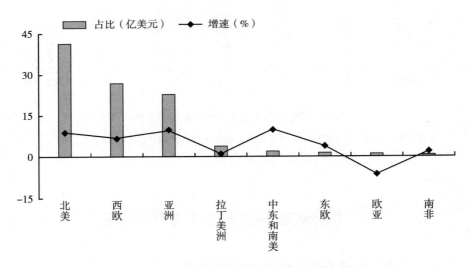

图5　全球安全产业区域分布和增长情况

资料来源：Gartner：《全球网络安全产业规模发展情况及趋势预测》，2018。

（二）安全服务和产品市场格局总体稳定

安全服务市场与安全产品市场继续保持六四分格局，安全服务增长速度略占优势。2017年安全服务市场规模达到592亿美元，较2016年增长

8.3%。其中,安全咨询、安全运维、安全集成三个细分市场份额分别为21.8%、20.4%、17.6%。

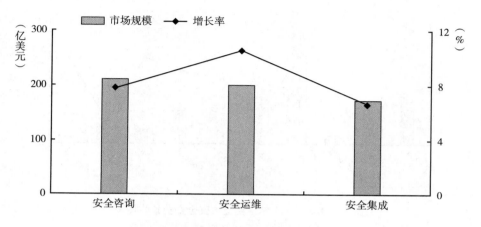

图6　安全服务细分市场份额及增长情况

资料来源:Gartner:《全球网络安全产业规模发展情况及趋势预测》,2018。

(三)上市企业发展态势总体良好

1. 企业营收持续高速增长

2017年全球上市安全企业营收持续增长,包括 Check Point、Symantec、Palo Alto、Trend Micro 等在内的10家典型企业平均营收14.94亿美元,约合人民币100.87亿元,营收平均增长21.99%。

2. 亏损态势总体得到缓解

在净利润方面,大部分企业的亏损势头得到缓解,少部分企业开始盈利。2017年10家典型企业平均净利润为1.31亿美元,相比于2016年平均亏损0.23亿美元,企业净利润情况明显好转。

3. 企业研发投入稳步增长

企业研发投入持续三年增长,2017年上市安全企业的平均研发投入为2.85亿美元,同比增长11.76%;企业平均研发投入增长率为13.91%,保持高位水平。

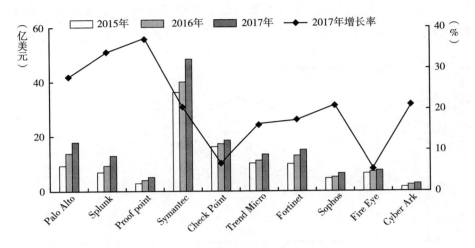

图7　2015～2017年主要上市安全企业营收情况

资料来源：中国信息通信研究院根据上市企业财报整理。

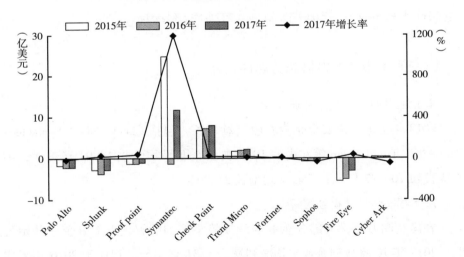

图8　2015～2017年主要上市安全企业净利润情况

资料来源：中国信息通信研究院根据上市企业财报整理。

4. 企业上市步伐保持稳定

据不完全统计，2017年至2018年9月，国际上已有5家网络安全产业实现上市融资（见表1）。其中，2017年上市的3家企业Okta、Forescout、

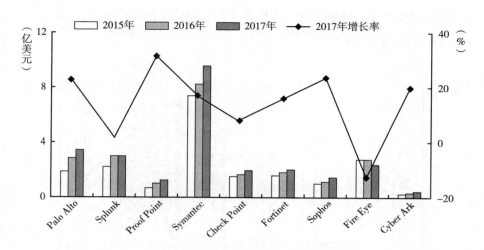

图9　2015～2017年主要上市安全企业公司研发投入及增长率

注：Trend Micro 未披露研发费用。

资料来源：中国信息通信研究院根据上市企业财报整理。

Sailpoint 技术领域均为身份管理与访问控制，反映出市场对身份管理与访问控制领域的前景看好。

表1　2017年至2018年9月国际安全企业 IPO 情况

单位：亿美元

日期	企业名称	技术领域	募集资金
2018 年 7 月	Tenable	风险管理	2.33
2018 年 3 月	Zscaler	云安全	1.79
2017 年 11 月	Sailpoint	身份管理与访问控制	1.60
2017 年 10 月	Forescout	身份管理与访问控制	1.08
2017 年 4 月	Okta	身份管理与访问控制	1.74

资料来源：中国信息通信研究院根据公开信息整理。

（四）并购和创投市场保持高度活跃态势

1. 并购活动热度不减，交易数量创历史新高

2017 年国际网络安全产业的并购活动达到了创纪录的 178 起，交易数

量增长了 12.66%；交易总额为 206 亿美元，保持历史高位水平，仅较 2016 年小幅回落（见图 10）。

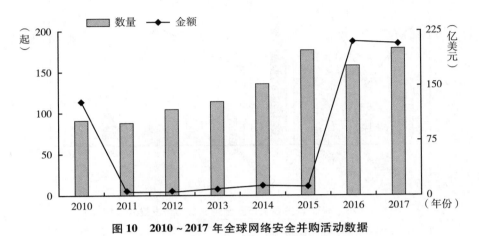

图 10　2010～2017 年全球网络安全并购活动数据

资料来源：中国信息通信研究院根据公开资料整理。

从并购的技术领域来看，可管理安全服务（安全托管服务）成为最热门的选择（见图 11）。该市场的并购数量为 26 起，比 2016 年增加 36.84%，市场占比达到 15%。这一趋势反映出市场对可管理安全服务的认可：一是降低成本，包括人员配置、产品、场地等成本需求；二是全天候监控服务，有效识别安全风险，第一时间提供解决方案；三是提供趋势分析，包括专业的安全趋势分析，按月、季、年提供安全分析报告等。

2. 初创企业融资态势良好，国际融资活动再创纪录

2017 年，国际网络安全产业的融资活动数量与融资金额再创新高。融资活动达 326 起，增长 17.27%；交易总额为 51 亿美元，增长 13.33%（见图 12）。

从融资的技术领域来看，热门领域正在发生变化（见图 13）。其中，数据安全领域融资数量明显回落，由 2016 年的 32 起下降为 2017 年的 22 起，身份管理与访问控制领域则由 25 起上升到 44 起。

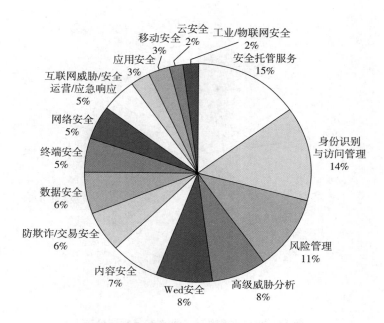

图 11　2017 年全球网络安全并购领域

资料来源：中国信息通信研究院根据公开资料整理。

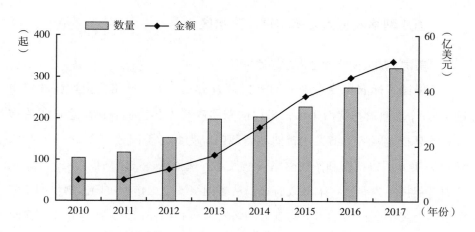

图 12　2010～2017 年网络安全初创企业融资态势

资料来源：中国信息通信研究院根据公开资料整理。

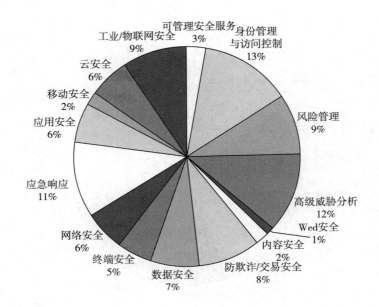

图 13　2017 年网络安全融资热点领域分布

资料来源：中国信息通信研究院根据公开资料整理。

（五）网络安全人才培养进入深水区

1. 美国：加大网络安全人才培养投入

美国国家标准与技术局（NIST）调查显示，美国网络安全职位缺口将近 35 万个。政府担忧由于私营部门的网络安全人员待遇较高，会使得许多政府的高技能网络防御人才转向私营部门。为此，美国政府在 2017 年投入 6200 万美元用以招聘和留住网络安全人才。该预算还被用来扩大 CyberCorps 计划，包括：为希望将来在政府部门从事网络安全工作的美国人提供网络安全培训与奖学金；为学术机构制定网络安全核心课程；加强国家网络安全卓越中心提供网络安全解决方案的能力；为加入联邦政府的网络安全专家提供免息贷款；通过"全民计算机科学行动计划"等项目，对网络安全教育进行投资。

2. 英国：加强青少年和女性网络安全从业者培养

2017 年 2 月由政府通信总部（GCHQ）组建的国家网络安全中心（NCSC）是英国网络安全人才培养工作牵头部门。该中心成立以来，高度重视网络安全领域的人才队伍建设，特别是注重对青少年和女性两个群体的发掘和培养。对于青少年，英国于 2017 年 7 月启动"网络学校计划"，将投资约 2000 万英镑，选取 14 ~ 18 岁的青少年培训网络安全课程，计划到 2021 年前培养至少 5700 名网络安全人才。对于女性，该中心于 2017 年 3 月组织了 Cyber First Girls 比赛，以团队参赛的形式，通过技术测试、事件模拟等比赛形式，发掘 13 ~ 15 岁女性中的网络技能强者；同时也为重返网络安全技术职位的女性提供有针对性的指导和帮助。

3. 欧盟：举办暑期学校、安全月等丰富活动

2018 年 6 月，欧盟下属电信委员会宣布通过《网络安全法案》，将欧洲网络与信息安全局（ENISA）升级为一个永久性的欧盟网络安全机构，在安全人才培养方面赋予其更多职责。欧洲网络与信息安全局建立了多样化的人才培养活动机制，通过网络安全教育、培训、竞赛等平台，推动欧盟网络安全人才发展。一是组织年度"暑期学校"活动。2018 年的暑期学校将于 9 月在希腊举行，主题为"应对来自复杂安全风险的挑战"，将有包括法兰克福歌德大学、Hellas[①] 和 Deutoe[②] 在内的 10 家高校、安全机构及企业参与。"暑期学校"自 2013 年启动以来，已向欧盟各成员国输送了约 1200 名安全人才。二是举办欧洲网络安全月活动。2017 年 10 月第五届欧洲网络安全月召开，此次活动由欧洲网络与信息安全局、欧盟通信网络、内容和技术总局（DG CONNECT）和欧洲刑警组织欧洲网络犯罪中心（EC3）合作举办，在欧洲各地举办了会议、培训课、研讨会和在线课程等 530 多项活动，同比增长超过 15%。三是举办年度网络安全挑战赛。在欧洲网络与信息安全局的支持下，2017 年欧洲网络

---

① Hellas：德国网络安全研究机构。
② Deutoe：德国网络安全解决方案提供商。

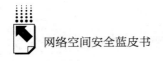
安全挑战赛由西班牙国家网络安全研究所举办，大赛汇聚了来自 15 个国家的参赛队伍。

三 我国网络安全产业年度进展

（一）我国产业规模快速增长

国家网信工作持续发力，为网络安全技术创新、网络安全企业做大做强提供了宝贵机遇，也为网络安全产业发展创造了更为优越的政策环境，国内网络安全产业进入发展黄金期，近年来产业增长率不断走高，产业规模迅速扩大。据中国信息通信研究院统计测算，2017 年我国网络安全产业规模达到 439.2 亿元，较 2016 年增长 27.6%，预计 2018 年达到 545.49 亿元（见图 14）。

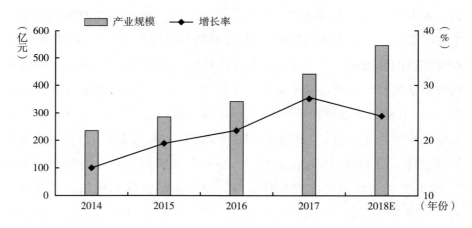

图 14 我国网络安全产业规模及增长情况

资料来源：中国信息通信研究院。

据不完全统计，2017 年我国共有 2681 家从事网络安全业务的企业，其中北京、广东、上海企业数量最多，分别为 957 家、337 家和 279 家，呈现高度集聚态势。

（二）安全企业发展态势总体良好

1. 主板/创业板上市企业业绩再创新高

2017年国内上市安全企业总体表现稳定，企业营收连续三年保持增长。10家上市安全企业2017年平均营收规模为15.72亿元，其中启明星辰、卫士通、蓝盾股份、立思辰、深信服5家企业营收超过20亿元（见图15）。

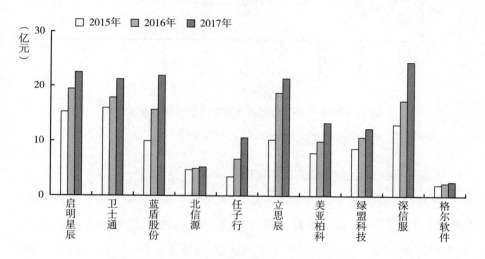

图15　2015～2017年国内上市安全企业营收情况

注：部分上市企业安全业务占比较低，故未纳入典型企业分析。

资料来源：中国信息通信研究院根据上市企业财报整理。

10家典型上市安全企业2017年平均营收增长率为26.98%，超过了国际企业21.99%的平均增长速度；但营收增幅普遍有所回落，较2016年38.05%的平均增速，下降了11.07个百分点（见图16）。这主要是企业受逐步向服务转型、行业竞争加剧和网络安全政策实施不及预期的影响。随着国家政策催化和网络攻击行为愈发频繁，预计未来企业营收增速仍会维持在较高位水平。

安全企业盈利能力不断提高。10家上市安全企业2017年平均净利润为2.56亿元，较2016年增长22.86%，净利润稳步增长。

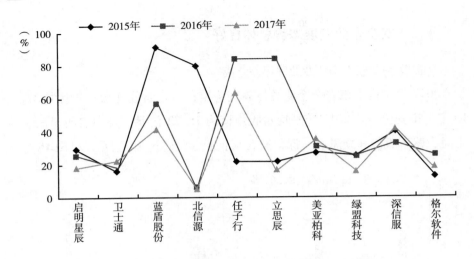

图16 2015～2017年国内上市安全企业营收增长情况

资料来源：中国信息通信研究院根据上市企业财报整理。

2. 新三板挂牌企业发展呈现两极分化

一方面，部分企业发展态势向好。69家样本企业2017年平均营收达到0.97亿元，其中13家企业营收增长超过50%；在净利润方面，盈利超过30%的企业达到了31家，占所有样本企业的45%。另一方面，也有小部分企业选择退市。同质化产品服务的激烈竞争、技术水平市场认可度不高、企业市场占有率下降等因素共同作用，导致安达通、安宁创新、海加网络等企业黯然退出。

（三）我国网络安全企业发展特点及趋势

1. 联盟、协作共同体相继成立，企业间合作日趋紧密

一是大型IT厂商推进安全联盟建设，打造协同联动的网络安全防御生态。2018年3月，华为联合天融信、微步在线、远江盛邦等厂商成立安全商业联盟，旨在通过创新架构深度整合联盟伙伴优势产品，实现终端、网络、应用等层面协同联动，构建全网协同立体防御体系。8月，腾讯携手卫士通、立思辰等15家上市企业，成立P16上市企业协作共同体，将深化沟

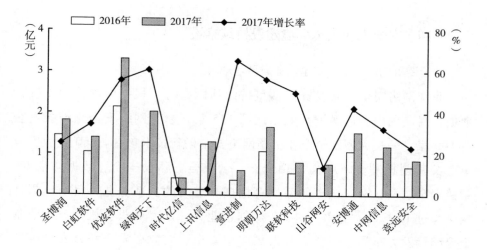

图17　2016～2017年部分国内新三板挂牌安全企业营收增长情况

资料来源：中国信息通信研究院基于Wind数据和上市企业财报整理。

通合作，在应对网络安全威胁、加强基础设施建设、掌握关键核心技术、引领网络安全产业发展和生态环境构建等方面发挥重要作用。二是云安全成为企业间合作的重点领域。浪潮与天融信、瑞星等安全企业携手共建云安全，如天融信虚拟化安全防护系统、瑞星虚拟化系统安全软件实现与浪潮云海服务器系统兼容。

2. 借力"一带一路"，我国安全企业探索"走出去"

"一带一路"的实施为网络安全企业提供了拓展国际市场的新机遇。例如，启明星辰亮相GITEX 2017，重点面向中东地区展示推广包括下一代防火墙、UTM、WAF、SIEM/SOC等国际版本的安全产品及解决方案。美亚柏科面向"一带一路"有关国家提供安全领域专业培训服务，并推广了优势技术产品。绿盟科技中标马来西亚运营商项目，其集合NTA攻击检测、ADS流量清洗和ADS-M集中管理的抗DDoS解决方案经历国际竞争而更趋成熟。观安信息与联合国亚太地区经济与信息化人才培训中心合作设立国内首个培训基地，为"一带一路"沿线国家提供专业安全培训，年度培训数量超过200人次。

（四）安全产业生态环境建设持续推进

1. 投资机构持续助力安全企业融资活动

我国网络安全领域投资活动呈持续活跃态势。根据中国信通院统计数据，目前国内获得融资企业已达到 135 家，参与网络安全领域投资企业 100 家。一是大型安全企业引领网络安全创新技术培育。360 企业安全集团及其创投基金，面向应用安全、云安全、移动安全、数据防泄露、工控安全、车联网安全等领域培育挖掘有潜力的创新企业，目前已累计投资超过 10 亿元，惠及近 40 个初创企业。二是专业投资机构、产业基金等继续发力布局。国科嘉和聚焦应用安全、大数据安全和云安全等领域，2017 年相继投资了炼石网络、瀚思安信、迅达云等网络安全企业，目前已披露的投资金额达到 2.3 亿元，被投企业分布在 Pre-A 轮至 B + 轮的各个融资阶段。中国互联网投资基金正式起航，2018 年 8 月完成对恒安嘉新等企业的首批投资。苹果资本专注于全球网络安全产业项目投资，国内已投项目包括安全宝、长亭科技、数字联盟等，同时正在筹建 10 亿元规模的成长期安全基金。

2. 网络安全企业上市步伐明显加快，融资更为便利

2018 年 4 月，中央网信办和中国证监会联合印发《关于推动资本市场服务网络强国建设的指导意见》，支持符合条件的网信企业利用资本市场做大做强。受政策利好影响，网络安全企业步入上市快车道。例如，迪普科技于 2018 年 7 月过会，拟募资 4.63 亿元。迪普科技成立于 2008 年，专注于网络安全和应用交付领域。2017 年的主营业务收入为 6.16 亿元，净利润为 1.47 亿元。中新网安于 2018 年 1 月披露招股说明书，拟在创业板上市。中新网安成立于 2002 年，业务主要聚焦网络安全软硬件产品的研发、生产和销售以及网络安全服务。中新网安 2017 年实现营业收入 2.66 亿元，同期净利润为 5864.38 万元。

3. 国家级网络安全产业园加快建设，打造世界一流产业集聚中心

一是武汉国家网络安全人才与创新基地进入实质性建设阶段。2018 年

上半年，国家网安基地新增签约项目12个，协议投资352亿元，新增注册企业16家。在网安基地，正在建设的还有与网安学院相关的5个项目，包括展示中心、国际人才社区、网安基地一期基础设施、中金武汉超算（数据）中心以及启迪网安科技孵化园，投资总额约216亿元。截至目前，武汉国家网络安全人才与创新基地已签约项目32个，协议投资2350亿元，注册企业53家，注册资本56亿元。二是北京国家网络安全产业园区即将挂牌。2017年12月，工信部、北京市正式启动国家网络安全产业园区（北京）建设，拟打造国内领先、世界一流的网络安全高端、高新、高价值产业集聚中心，计划到2020年，依托产业园区拉动GDP增长超过3300亿元，北京市网络安全产业力争达千亿元规模，打造不少于3家年收入超过100亿元的骨干企业。各大网络安全产业园的建设，将形成一个巨大的开放式平台，加快我国网络安全产业形成产业聚集和产业链条，助推我国网络安全产业的持续发展。三是天津滨海信息安全产业园迎来首批企业入驻。该产业园总投资45亿元，以3个国家级中心、3个省部级中心、4个行业联盟、13家核心高新技术企业为依托，打造成为产值超百亿元的国家网络安全产业综合基地。预计三年内，该产业园可培养数家上市企业，新增专利200项，培养专业人才1000名，实现产值100亿元以上。目前已有北信源等17家企业入驻。四是中国电科（成都）网络信息安全产业园获得增资。2018年4月，产业园获得增资，目前总投资将超过500亿元。该产业园增资将有助于进一步为大数据安全、云安全等新兴产业发展提供保障，同时加强网络安全产业合作。

（五）多渠道促进网络安全人才队伍建设

1. 各地政府出台网络安全人才相关政策

自《关于加强网络安全学科建设和人才培养的意见》发布以来，各地政府积极响应，纷纷出台网络安全人才队伍建设政策文件。武汉市政府出台《关于支持国家网络安全人才与创新基地发展若干政策的通知》，对人才安居政策、生活住房补贴和建立人才奖励机制等做出了明确规定，着力引进、培育网络安全领域高层次人才和团队。成都市政府先后出台包括《信息安全专项资金补贴》在内的 10 余项网络安全人才培养支持政策，并与四川大学、电子科技大学、中国网安等知名高校和企业合作开展复合型网络安全人才培养，增强网络安全科研人才队伍力量。

2. 网络安全竞赛如火如荼展开

近年来，网络安全竞赛在我国各地如火如荼举行，竞赛形式和内容日益丰富，影响力持续提升。一是重点行业立足安全保障需求展开技能比赛。由工业和信息化部、中华全国总工会指导，中国信息通信研究院、中国通信企业协会与中国国防邮电工会全国委员会在京联合举办了"2017 第二届通信网络安全管理员技能大赛"。在赛制上，设立了实际攻防对抗、团队协作防御等环节；在竞赛环境上，新增设了大数据系统、IoT 等真实操作环境。竞赛共有 6000 余名行业选手参与，为网络安全保障工作起到积极的促进作用。二是业界携手促进网络安全人才技能提升。2018 年 8 月，由国家网络与信息安全信息通报中心、国家密码管理局商用密码管理办公室支持，永信至诚主办，中科院信工所、清华大学、百度等单位联合协办的"网鼎杯"网络安全大赛拉开序幕。在赛制上，线上预选赛采用 CTF 解题模式，线下半决赛及总决赛采用 AWD 攻防对抗模式。大赛共吸引 7000 多支战队、21000 多名选手参赛。

3. 网络安全从业人员在职培训成果突出

网络安全人才稀缺也带动了网络安全培训市场蓬勃发展。有关机构、行业协会、安全企业等面向党政机关、事业单位和相关企业积极开展网络安全意识和技能培训，提升网络安全在职人员职业素养和技能水平，为网络安全工作提供必要的人才支撑。截至 2018 年 1 月，我国 CISP 持证人数约为 2.5 万人；CISSP 持证人数[①]共计 2038 人，相较于 2017 年增加 48.54%。网络安全从业人员在职培训体系的建立和完善，一方面将加快网络安全高端人才培养，另一方面将推动网络运维、软件开发等相关人员向网络安全人员转型，不断提升员工整体安全能力。

---

① 资料来源：https：//www.isc2.org/en/About/Member - Counts。

四　我国网络安全产业存在的问题及建议

（一）存在问题和困难

与发达国家相比，我国网络安全产业仍处于起步阶段，网络安全核心技术还需要加快突破，产业发展政策环境还有待进一步完善，安全市场需求有待进一步释放，需要高度重视、切实解决。

1. 网络安全认识不深、重视不足，投入意愿不强

2017 年，我国信息产业规模达 18.5 万亿元，网络安全投入占信息化投入的比重仅为 0.24%，远低于美国的 4.78%，网络安全与信息化发展极其不充分、不平衡。具体来看，针对政府、关键信息基础设施领域，美、英、德等主要国家均采取了严格的安全能力建设规定或投入要求，同时提供技术指南，保障了安全与发展同步建设；针对私营领域，出台了严惩数据泄露的法律法规，驱动私营企业加强安全保障能力，合规和内生安全双向驱动，互为助益，释放出强大的市场需求。反观我国，自《网络安全法》出台以来，合规需求有了一定增长，但仅停留在一般性的保护层面，针对关键信息基础设施的更高的安全保障要求尚未明确。安全事件的惩治力度也和国际存在巨大差距，安全事件的发酵对企业声誉、股价影响甚微，不仅未能形成对于网络安全投入的正向激励，甚至一定程度上鼓励了在网络安全上的无所为、不作为。

2. 网络安全市场散乱无序，生态环境亟待改善

一方面，重复认证、准入壁垒问题尚未得到有效解决，挤占耗费企业大量资源，阻碍企业市场拓展。另一方面，同质、低价等恶性竞争激烈，导致恶性循环。以上问题从根源上看，首先是网络安全领域进入门槛较低，产品服务同质化严重，难以拉开档次，高度竞争之下市场价格趋向价值甚至低于价值。其次是用户对于安全技术能力缺乏深刻的认知和有效的评判。国际上，技术能力是采购决策的核心指标之一，Gartner、NSS Labs 等专业技术咨

询、测试认证为用户提供了一定的选型依据，用户也会在招标前委托承包商或第三方开展技术对比测试。反观我国，大量相似的认证许可在加重企业负担的同时，并未形成技术能力评价导向作用；招标前技术选型测试仅在运营商市场少量存在，例如中国移动曾委托第三方开展数据防泄露产品的选型测试，国内 20 余家主流厂商参与。

3. 技术创新能力不足、研发定力不够，创新应用困难

随着网络安全持续走热，国际网络安全热点概念、热门技术也在国内受到追捧，企业跟进十分迅速。盲目追热求新，将给产业长期可持续发展带来严重危害。一方面，在研发资源有限的情况下，布局越广、跟进越快，力量就越分散，也就越难颠覆性创新、本质性突破。另一方面，人工智能等新兴技术在安全方面的应用并不能一劳永逸地解决所有安全问题。与此同时，中小企业创新技术应用和市场推广较为困难。中小安全企业技术理念方向虽新，但由于成立年限短、团队规模小、资质不全、项目经验缺乏等，难以拓展市场。国际上，美国、英国等政府针对网络安全创新创业企业，推出了"一揽子"扶持措施，特别是政府奖励扶持、先试先用，起到示范效应，为企业发展提供助力。我国对技术创新的政策引导、激励和扶持力度亟待进一步提升。

（二）对策建议

1. 强化产业发展的统筹指导，加快推动产业发展向多元可持续转变

一是加强我国网络安全产业的统筹指导。立足国家战略高度，明确产业层次结构、功能定位、发展重点。发挥政策导向作用，细化安全保障要求，引导加大安全投入；针对企业发展不同环节，提出"一揽子"扶持措施，以政府先用先试、行业试点示范、政企深度协作等创新模式支持产业健康可持续发展。二是培育打造层次鲜明、保障有力的产业梯队。重点培育具有产业整合能力的安全巨头，发挥产业带动引领作用；着力打造一批面向重点行业领域的解决方案提供商，形成对重点领域、新兴领域安全能力覆盖；大力发展一批"专精特新"的独立厂商，围绕热点技术、创新理念、前沿概念，

加快创新攻关，满足新时代网络安全保障工作需要。三是充分发挥产业园区的培育汇聚作用，形成 $1+1>2$ 的聚合效用。坚持统筹布局、科学规划、持续管理，抓住多元主体汇聚、分类施策、环境建设等关键点，加强政产学研用纽带建设，打造高水平创新载体和服务平台，释放产业集群发展效应。

2. 系统提升用户侧安全能力，加快推动合规需求向内生需求转变

一是提升重视程度、深化认识。进一步深化对新形势下加强网络安全工作重要性的认识，不断增强贯彻落实网络安全法等法律法规的紧迫感和自觉性，确保网络安全责任落到实处。二是加强安全教育、提升能力。网络安全的规划者、组织者、建设者、运维实施者必须要掌握必要的网络安全知识体系和技能，才能有效把握网络安全工作的方向和重点，保证安全制度标准、产品服务发挥效用。建议进一步加强网络安全从业人员能力建设，通过设置首席网络安全官、开展培训竞赛等多种方式以及将安全技能与岗位升迁挂钩、工作成效纳入考核等激励手段，提升从业人员综合能力。同时，鼓励开展技术选型测试，将技术能力、服务质量作为采购选择的核心指标。三是激发企业内生安全需求。加强网络安全事件通报，加大安全执法惩处力度，推动将网络安全纳入绩效考核、企业上市要求，加速转变"合规即安全"的认识，健全持续性安全投入机制。

3. 助力安全服务模式普遍认可，加快推动产品交付向价值交付转变

一是加快转变"重产品，轻服务"的思维观念。发挥政府引领示范作用，加快推动对服务价值的认知认可，鼓励安全服务采购与产品采购保持独立、适当剥离，促进安全服务投入比例与需求的匹配。将服务能力作为衡量厂商综合能力的重要指标，引导厂商由产品交付向价值交付转变。二是鼓励创新与管理规范并举。一方面，调整监管合规要求，支持可管理安全服务、态势感知等安全运维服务落地和创新。另一方面，发挥行业协会、联盟作用，规范网络安全服务市场行为，维护良好生态。

4. 夯实网络安全基础技术实力，加快推动热点创新向持续性迭代创新转变

一是打造网络安全创新的枢纽和平台。鼓励科研机构、平台级厂商搭建网络安全创新平台，加强协同攻关。支持国家智库、行业组织、行业联盟等

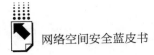

发挥优势，搭建服务技术研发、产业协同、企业汇聚、交流展示的平台，优化完善产业环境，形成良好的创新创业生态系统。二是强化网络安全创新引导。支持科研院所、相关企业加深安全新理念新架构研究储备，积极探索新型网络安全架构理念。鼓励在专业领域具有较强技术积累的企业开展持续性微创新，加速能力迭代升级。支持企业开展大数据分析、人工智能技术与安全融合应用研发布局，构建新技术新业态安全技术防护体系。

5. 加强安全人才职业发展引导，加快推动单点培养向多维培养转变

一是建立网络安全职位体系，引导形成对岗位职责、发展路径的清晰认知，为人才考核选拔、奖励提升等提供参考。规范网络安全职业资格认证、资质认定的评价标准和管理制度。二是针对网络安全特定专业的特殊人才，开辟人才引进绿色通道，在引进条件、引进程序等方面予以特殊安排。三是大力推进网络安全职业教育，聚焦网络安全基础运维、监管审计、应急处置等急需技能领域开展定向培训，加快补齐关键信息基础设施等领域网络安全人才缺口。

B.12
智能网联汽车产业发展趋势与安全挑战

赛博研究院

摘　要：　　当前，全球汽车产业向着联网化、智能化、绿色化、共享化、无人（驾驶）化等方向全速迈进，智能网联汽车融合汽车制造、IT/通信、出行服务等诸多产业，经济价值巨大，产业生态丰富，带动效应明显，是全球各国科技与经济竞争的主战场。根据麦肯锡研究报告预测，智能网联汽车产业生态链在2025年的经济规模可达到1.9万亿美元，我国将是全球智能网联汽车产业发展的重要推动者和受益者。2018年12月25日，工业和信息化部印发《车联网（智能网联汽车）产业发展行动计划》，提出到2020年，实现车联网（智能网联汽车）产业跨行业融合，具备高级别自动驾驶功能的智能网联汽车实现特定场景规模应用，车联网综合应用体系基本构建，适应产业发展的政策法规、标准规范和安全保障体系初步建立。这为我国智能网联汽车产业发展确定了清晰目标，也将进一步加快推动产业发展。

然而，在当前自动驾驶等技术仍不成熟的阶段，智能网联汽车仍面临功能安全、网络安全、数据安全、隐私安全等众多安全挑战，亟待产业界各方全力协助，共同致力于为公众提供安全、可靠、便捷的产品和服务。本报告对全球智能网联汽车产业发展趋势、安全挑战、安全应对进行了全面梳理和分析，并提出了促进产业安全发展的建议，以期为政策制定者、产业界以及监管部门提供参考。

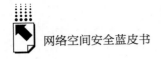
关键词： 智能网联汽车　云服务　安全漏洞

一　智能网联汽车内涵与系统组成

智能网联汽车是搭载先进的车载传感器、控制器、执行器等装置，并融合现代通信与网络技术，实现车与 X（人、车、路、云端等）智能信息交换、共享，具备复杂环境感知、智能决策、协同控制等功能，可实现"安全、高效、舒适、节能"行驶，并最终可实现替代人来操作的新一代汽车。

智能网联汽车由环境感知系统、智能决策系统和控制执行系统组成。其中环境感知系统通过激光雷达、毫米波雷达、摄像头等车载环境感知技术，高精度定位技术，V2X 通信技术，实现对车辆位置信息、车辆行驶数据、车辆周边道路环境的全方位感知与信息收集，为智能决策系统提供所需的各类数据。智能决策系统基于由智能汽车芯片、操作系统、算法等组成的计算平台，对环境感知系统输入的各类信息进行处理和分析，判断和决策车辆的驾驶模式和下一步要执行的操作，并将操作指令发送给控制执行系统。控制执行系统包括两个方面：一方面，线控制动系统基于智能决策系统的指令完成对车辆的转向、制动、加速等控制，实现车辆安全行驶；另一方面，人机交互系统向乘客提供车辆信息、道路交通信息、安全信息，以及娱乐、办公、消费等信息服务，实现出行与生活服务的打通。

智能网联汽车功能的实现需要汽车制造商、零部件供应商、车载计算平台开发商、出行服务供应商等多方主体参与，因此，智能网联汽车的产业链较长，具体而言，上游包括感知系统、通信系统、决策系统、控制系统等，中游包括智能驾驶舱、自动驾驶解决方案等，下游包括出行服务、物流服务等，其中感知系统包括摄像头、激光雷达、高精度地图、高精度定位等，决策系统包括计算平台、芯片、操作系统、算法等。

二 智能网联汽车产业发展趋势

（一）ICT产业与汽车产业竞合态势加剧

纵观全球智能网联汽车产业链形态，呈现出整车厂、主机厂、关键零部件厂商、互联网/IT巨头、通信业巨头、网约车服务商、新车企等"多轮驱动"的态势，持续塑造着全球智能网联汽车产业发展格局。

一方面，传统车企和关键零部件厂商从现有汽车技术体系出发，通过掌控传感器、控制器和执行器研发设计的核心价值环节，配合感知和机器决策技术，以高级驾驶辅助系统（ADAS）为关键路径过渡到自动驾驶和无人驾驶，目前国内外主流车企均已推出智能汽车产品和规划，博世、大陆、德尔福、电装等汽车零部件供应商加强技术创新，为用户提供自动驾驶、汽车互联、人机交互等系统性解决方案。另一方面，谷歌、苹果、特斯拉、百度、阿里等网络科技企业，依托云计算、人工智能、高精度地图、激光雷达、协同式环境感知系统等技术，试图颠覆传统汽车产业形态，重新定义汽车商业价值。由于智能网联汽车高度依赖通信网络设施，华为、爱立信和诺基亚等通信设备商及运营商积极加入产业布局。

由于传统车企、关键零部件厂商、网络科技企业、通信设备商、网络运营商等在智能网联汽车产业化发展中各自具有不可替代的优势，传统汽车产业与网络科技产业的竞争与合作也在不断深化，智能网联汽车产业呈现出"合纵连横"态势，如在2019年上海车展期间，华为与沃尔沃汽车、上汽荣威、ARCFOX、宁德时代等多家主机厂和零部件配套企业开启战略合作，提供ICT基础设施建设和智能化服务，呈现出通信企业与汽车厂商之间不断增强的紧密合作。此外，宝马集团在2019年7月宣布与中国联通、腾讯和四维图新三家国内科技公司签约合作，与中国联通和四维图新将分别就5G移动通信以及高精度地图开展合作，与腾讯将合作建立宝马集团在中国的"高性能数据驱动开发平台"（见图1）。由此表明全新的产业生态正在快速形成。

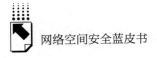

图 1　全新产业生态正在形成

（二）"软件定义汽车"时代全面来临

"软件定义汽车"（Software Defined Vehicle，SDV）成为汽车产业的共识和趋势，软件将成为未来汽车中至关重要的部分。根据美国电气和电子工程师协会报告，20 世纪 80 年代初一辆轿车的电子系统只有 5 万行代码，而现在高端豪华汽车的电子系统就有 6500 万行程序代码；根据摩根士丹利估算，未来自动驾驶汽车 60% 的价值将源于软件，车控软件、嵌入式操作系统、自动驾驶软件、娱乐系统、办公系统等软件生态将不断丰富成熟，极大地提升智能网联汽车性能和用户体验（见图 2）。例如，特斯拉通过采用与传统汽车不同的集中式电子电气架构，即通过自主研发底层操作系统，使用中央处理器对不同的域处理器和 ECU 进行统一管理，可实现汽车像智能手机一样采用在线方式进行软件升级（Over The Air，OTA），持续提升车辆功能和用户体验，赋予汽车更多生命力。2018 年 6 月，特斯拉就曾通过 OTA 空中升级将 Model 3 的刹车距离缩短接近 20 英尺。

此外，大众集团是"软件定义汽车"概念的积极拥护者，大众集团 CEO 赫伯特·迪斯在 2018 年上任后进行"大刀阔斧"改革，指出软件将占未来汽车创新的 90%，汽车将转变为软件产品，大众必须成为一家软件驱动型的汽车公司，并宣布成立"Digital Car&Service"部门，使大众汽车集团成为全球范围内第一家将汽车硬件开发和软件开发彻底分离的车企。2018

年11月，大众集团还宣布对位于德国斯图加特的软件公司 Diconium 进行战略投资，并收购该公司 49% 的股份，以帮助其开发 OTA、流媒体平台、停车应用等数据增值服务。2019 年 6 月，大众又宣布 2025 年前其所有新车型都将使用 vw. OS 汽车操作系统，并搭载大众与微软合作的汽车云服务。

图 2　智能网联汽车性能提升

（三）汽车智能芯片门槛高、市场竞争激烈

智能网联汽车芯片可以高效实现感应、控制、执行、决策、通信、导航等功能，是智能网联汽车的关键核心部件。根据 IC Insights 测算，2018 年全球车载芯片市场规模达到 323 亿美元，同比增长 18.5%，到 2021 年，汽车芯片市场规模约 436 亿美元，复合增速位居芯片六大主要终端应用市场之首。目前，全球智能车载芯片技术壁垒较高，主要供应商均在国外，包括恩智浦 NXP、英飞凌、意法半导体、瑞萨等传统的汽车芯片供应商，也有纷纷布局车载芯片领域的老牌芯片企业如高通、英特尔、三星、英伟达等，部分整车厂如特斯拉、现代汽车等也在加紧布局汽车智能芯片。国内汽车智能芯片起步较晚，但近年发展迅猛，华为、百度、四维图新、地平线、寒武纪、阿里平头哥等开始全面布局汽车智能芯片领域，如华为于 2019 年初推出全球首个支持 V2X 的多模芯片巴龙 5000，7 月底阿里平头哥推出玄铁 910，可用于设计制造高性能端上芯片，应用于 5G、人工智能以及自动驾驶等领域（见表 1）。

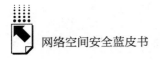

（四）汽车大数据/云计算市场需求空前巨大

智能网联汽车的研发、生产、运营、服务等全生命周期均需要采集、存储和处理海量实时的数据资源。按照行业的粗略估算，一辆新车每天能产生

表1　汽车智能芯片发展态势

时间	企业名称	事件	相关信息
2019 年 7 月	阿里平头哥	推出玄铁 910	可用于设计制造高性能芯片，应用于 5G、人工智能以及自动驾驶等领域
2019 年 7 月	英特尔	发布"Pohoiki Beach"芯片系统	该系统主要由 Loihi 神经拟态芯片构成，可处理深度学习任务，速度比 CPU 快 1000 倍，效率高 10000 倍，耗电量小 100 倍，可应用于自动驾驶汽车
2019 年 7 月	丰田、电装	两家公司同意成立一家合资企业，专注于开发下一代汽车半导体芯片	新公司将于 2020 年 4 月成立，投资额约为 5000 万日元（约合 45.90 万美元）。电装将持有合资企业 51% 的股份，剩余股份由丰田持有
2019 年 4 月	特斯拉	发布完全自动驾驶计算机芯片	首席执行官埃隆·马斯克称这款计算机芯片"客观来说是全球最好的芯片"
2019 年 1 月	华为	推出全球首个支持 V2X 的多模芯片巴龙 5000	巴龙 5000 不同于之前发布的"巴龙系列芯片"，这款芯片体积小、集成度高，能够同时实现 2G、3G、4G 和 5G 多种网络模式，具备能耗更低、延迟更短等特性
2019 年 1 月	三星	联合奥迪正式推出旗下首款自动驾驶汽车芯片 Exynos Auto V9	Exynos Auto V9 专为高级信息娱乐系统而设计。芯片本身基于三星自家的 8nm 工艺制造，内置 8 个 ARM 最新的 Cortex – A76 CPU 内核，最高主频可达到 2.1GHz。除此之外还集成了 ARM Mali G76 GPU、高级 HiFi 4 数字音频处理芯片以及独立的 NPU 处理单元
2019 年 1 月	高通	宣布推出第三代高通骁龙汽车驾驶舱平台芯片	以骁龙 820A 为基础，支持沉浸式图像、多媒体、机器视觉，以及 AI 等功能，并且将产品分成 Performance、Premier 与 Paramount 三种等级，分别针对入门、中阶、超级运算平台使用。此外，该平台设计是以模组化架构为基础，让汽车制造商可向消费者提供多种定制化选择
2018 年 9 月	ARM	ARM 面向汽车自动驾驶领域推出 Cortex – A76AE 芯片	该芯片增强了自动驾驶汽车在安全方面的性能，如自动躲避功能。ARM 表示，首批使用该芯片的自动驾驶汽车将于 2020 年上市

20GB 的数据，未来拥有更强自动驾驶能力的汽车，预计每秒就能产生 10GB 的数据，除了车载本身需要强大的存储设施来共享处理工作负载，云端数据中心也将提供进一步的存储、处理和分析服务。除了汽车制造商外，还有保险公司、高精地图厂商、运营服务商等多元化的客户需求。智能网联汽车产业的云计算/大数据服务需求被全面打开。例如 2018 年 9 月，大众汽车宣布与微软 Azure 合作为网联汽车打造全新的"大众汽车自动化云"，阿里、百度、华为等针对智能网联汽车推出专业化汽车云服务。

（五）5G+C－V2X 赋能汽车通信迈入新台阶

全球范围内 V2X 车联网通信技术进入加速研发和测试阶段，高通、华为、三星、沃达丰、爱立信等各大通信商联合车企、汽车零部件厂商不断深化合作，加紧 C－V2X 等技术快速落地和商业化应用。同时随着 2019 年 5G 加速进入预商用阶段，将赋能 C－V2X 技术实现突破性进展，C－V2X 也将成为 5G 的先导性应用（见图 3）。5G 是实现车联网的重要条件，其高速率、低时延、高可靠、低功耗、大连接等特点将带来更智能的车路协同、更安全的自动驾驶和更丰富的乘车服务。2018 年 12 月工信部印发的《车联网（智能网联汽车）产业发展行动计划》提出，2020 年后，5G－V2X 逐步实现规模化商业应用。目前，国内已经启用多条 5G 自动驾驶测试道路，加速推动 5G 在智能网联汽车领域率先落地（见图 4）。

- 2018年9月，中国移动发布国内第一条5G自动驾驶车辆测试道路，与目前国内封闭的自动驾驶道路不同，位于北京市房山区高端制造业基地的5G自动驾驶车辆测试道路完全开放，道路可提供5G自动驾驶所需的5G网络、5G边缘计算平台、5G-V2X能力、5G高精度定位能力
- 2019年1月，重庆市自动驾驶测试道路（九龙坡区）启用，可测试车辆在5G环境下对于"危险场景预警""连续信号灯下的绿波通行""路测智能融合感知""高精度地图下载""5G视频直播""基于5G的车辆远程控制"等场景的应对能力
- 2019年7月，柳州市政府宣布正式启用全球首条集成5G、V2X、无人驾驶、远程驾控四项前沿技术的公开测试道路

图 3　C－V2X 等技术加快落地

图 4　5G 在智能网联车领域的落地

2019 年 7 月，华为的 5G + C – V2X 车载通信技术被评为全球新能源汽车创新技术。基于该技术，华为研发出全球首款 5G 车载模组 MH5000。该模组不仅让车载终端具备高速率、低延时的 5G 移动通信能力，还可以同时具备车路协同的 C – V2X 通信能力，加快汽车行业进入 5G 时代。

（六）新业态加速塑造全新汽车服务生态圈

随着汽车继智能手机之后成为下一个需求旺盛的移动智能设备，以汽车为中心的智能互联全域生态正在快速形成。各大互联网科技公司加紧围绕数字感知、智能交互、个性服务、新零售等新业态、新模式打造全新汽车互联生态圈。例如，斑马智行基于 Ali OS 汽车专属操作系统，通过超级账号打通互联网世界，致力于为用户提供便捷的一体化系统服务。斑马智行目前已连接停车、加油、车品、维保、救援、支付、车险等十大类出行生态，[①]　并已和 10 个汽车品牌合作，涉及 30 多款车型。2019 年 6 月新推出的斑马智行

---

① 《车联网会带来什么样的改变？》，腾讯网，查询时间：2019 年 8 月 29 日。

系统 MARS（V3.0），除去 2.0 版本已有的情景式智能语音控制、加油站智能推荐及自动支付、美食智能推荐与订位、停车场无感支付、智慧车险服务等功能以外，又新增基于"AI 场景引擎、地图智慧引擎、语音融合引擎"的 28 项新功能，真正将出行生态服务串联起来。

（七）高级别自动驾驶在部分场景加速落地

自动驾驶是智能网联汽车的关键技术，高级别自动驾驶（L4 级及以上）将彻底变革出行服务模式，推动汽车行业真正实现智能化、自动化、共享化，为人类提供完全不同的出行体验。但目前 L4 级自动驾驶技术在全球范围内均处于测试阶段，由于法规的不完善，以及安全性能仍待大幅度提高，L4 级自动驾驶汽车真正在环境复杂的城市道路上实现落地仍需较长时间。然而，在某些行驶环境相对简单、行驶速度较慢并且容错率高的特定场景中，高级别自动驾驶车辆正快速落地商用，例如封闭园区、物流仓储、机场摆渡等场景（见图 5）。这不仅能解决此类场景中的各种需求，还能推动高级别自动驾驶技术的快速成熟。例如，2019 年 7 月，新加坡国立大学的无人驾驶小型电动巴士开始在校园内试行免费载客；2019 年 5 月 17 日，宇通客车打造的具备智能交互、自主巡航、车路协同等功能的 L4 级宇通自动驾

图 5 高级别自动驾驶车辆加快落地商用

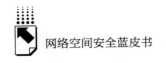
驶公交车开始落地试运行；2018 年 7 月百度宣布其研制的全球首款 L4 级别自动驾驶汽车阿波龙小巴车已量产下线。

（八）国内外智能网联汽车法规相继落地

当前各国为促进智能网联汽车技术发展，在充分考虑安全因素的基础上，都纷纷制定智能网联汽车相关法规，并加速推动有利于产业发展的法律法规的制定。

目前，全球范围内智能网联道路测试规范已经趋于成熟。美、日、欧、韩、中等国家和地区都已制定自动驾驶车辆道路测试管理规范。其中，美国内华达州早在 2011 年就率先制定相关法规、发放测试牌照，随后，美国加利福尼亚州、佛罗里达州、密歇根州、纽约州等多个州先后允许自动驾驶汽车进行道路测试。法国于 2016 年通过了允许自动驾驶汽车道路测试的法令，英国于 2015 年发布自动驾驶道路测试指南，允许在封闭道路测试后使用公共道路进行测试。德国 2017 年也通过首个自动驾驶相关法律，允许企业和科研机构在公共道路上进行自动驾驶汽车测试。此外，日本 2016 年颁布《自动驾驶汽车道路测试指南》，开始允许自动驾驶汽车道路测试试验。在我国，2018 年 4 月工信部、公安部、交通运输部联合制定《智能网联汽车道路测试管理规范（试行）》，对智能网联汽车道路测试申请、审核、管理以及测试主体、测试驾驶人和测试车辆要求等进行全面规范。截至目前，我国已有约 20 个城市出台了智能网联汽车道路测试管理规范，并且各地方正逐步加大高速公路测试开放力度。

目前，出于安全考虑，国内外大部分自动驾驶道路测试法规都要求自动驾驶汽车测试时必须配备经过严格培训的测试人员，强制要求测试主体在测试前购买相关保险，必须通过封闭道路测试验证后方可在公共和开放道路上进行测试。但也有部分国家和地区尝试放宽智能网联汽车上路条件，为产业发展创造更为宽松的法规环境。例如，美国加州和佛罗里达州都已出台自动驾驶测试法规，允许未配备安全驾驶员的自动驾驶汽车在公共道路上进行测试。

三　智能网联汽车产业安全挑战

智能网联汽车产业链长、行业跨度大、防护界面众多，安全问题复杂敏感，涉及功能安全、软件质量、网络安全、数据安全、隐私保护等诸多方面。近年来，宝马、奔驰、大众、特斯拉等国际大牌智能汽车厂商接连被爆漏洞威胁，远程攻击、恶意控制甚至入网车辆被操控等安全隐患日益突出，Uber、谷歌等自动驾驶测试车辆频频发生安全事故，这为智能网联汽车产业发展蒙上了阴影。

（一）智能化导致的功能安全挑战

"智能"是网联汽车最核心的功能之一，其中自动驾驶是实现"智能"的关键技术，能够解放驾驶员的手脚，提高驾驶的安全性，减少安全事故发生。然而，在当前阶段，由于技术仍不成熟，加载自动驾驶功能的智能网联汽车在功能安全方面仍存在重大隐患。

智能网联汽车是由感知系统、决策系统、执行系统等软硬件组成的计算机系统代替人类来完成驾驶任务，其安全性依赖于各个组件的可靠性和协同性。在当前机器学习、计算机视觉等人工智能技术发展仍不成熟的阶段，智能网联汽车的感知准确性、决策可靠性以及控制系统的执行力都达不到安全上路的要求，可能出现感知和判断失误，导致安全事故发生。另外，智能网联汽车的设计、研发、测试必须考虑到众多复杂路况、恶劣环境、夜间行车等因素，只有考虑到所有可能发生的情况，才能在真实城市道路场景中运行时保障自身和其他车辆、行人的安全。然而，目前所有厂商都达不到上述安全要求。

截至目前，特斯拉、谷歌 Waymo、Uber 等公司研制的智能网联汽车在上路测试过程中都曾因自动驾驶系统识别或决策失误导致交通事故的发生。例如，2017 年 8 月 Waymo 公司的自动驾驶测试车辆在加州发生交通事故，事故原因为 Waymo 自动驾驶汽车前方的另一辆车因紧急避让物体进行转向，导致 Waymo 车辆对这一意外情况未能及时做出反应，紧急情况下测试驾驶员接管了车辆并向右转弯。但在这一过程中，Waymo 自动驾驶汽车与另一辆汽车发生了碰撞。再如，Uber 公司的自动驾驶汽车曾在 2018 年 3 月造成一名推着自行车穿过街道的行人死亡，车辆的自动驾驶系统虽然在事故发生前探测到了受害行人，但并没有立刻做出反应，导致了事故的发生。

（二）网联化导致的网络安全挑战

随着汽车产业向着网联化方向的不断发展，车辆本身已从封闭的系统变成开放的系统，智能网联汽车将逐渐成为像手机一样的智能终端设备。当汽车成为网络空间的一个组成部分，也像其他任何联网的电子设备和计算机系统一样，成为黑客攻击的目标，面临严峻的网络安全挑战。近几年针对汽车的众多攻击事例表明，黑客攻击不仅会造成数据和隐私泄露，还能通过接管和控制车辆驾驶系统给驾乘人员带来重大的人身和财产安全隐患。

例如，早在 2015 年，两名白帽黑客就通过远程入侵一辆正在路上行驶的切诺基，对其做出减速、关闭引擎、突然制动或者制动失灵等操控，这次事件造成克莱斯勒公司在全球召回了 140 万辆车并安装了相应补丁。2016年，腾讯科恩实验室的安全专家也利用安全漏洞以"远程无物理接触"的方式成功入侵了特斯拉汽车，实现了对特斯拉驻车状态和行驶状态下的远程控制，可以做到在行驶中突然打开后备厢、关闭后视镜及突然刹车等远程控制。2019 年 4 月，腾讯科恩实验室发布报告显示，利用特斯拉 Autopilot 自动辅助驾驶系统存在的缺陷，通过欺骗 Autopilot 系统，可以实现让车辆驶入反向车道；即使 Autopilot 系统没有被车主主动开启，黑客利用已知漏洞获取 Autopilot 控制权之后，也可以利用 Autopilot 功能实现通过游戏手柄对车辆行驶方向进行操控（见图 6）。

此外，汽车安全漏洞不仅会对用户的人身和财产安全构成威胁，还有可能造成城市交通瘫痪，给社会公共安全管理带来治理挑战。例如，佐治亚理工学院的研究人员通过数学模型分析发现，在交通高峰期，只要 20% 的汽车被黑客入侵导致熄火，就能有效地让城市交通瘫痪，并导致交通事故、人员伤亡等城市混乱，而救护车和消防车也因交通停滞而无法赶到。虽然让数

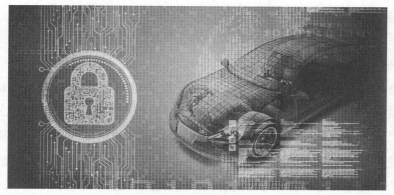

图6 汽车安全漏洞

百万辆汽车同时遭到协同攻击具有一定的技术难度，但这项研究成果显示了汽车网络安全风险可能导致的严重后果。

随着车联网的发展，智能网联汽车受到的攻击面越来越广泛。例如，黑客可通过车联网云平台、移动App、OTA空中软件升级、车载T-BOX、车载信息娱乐系统、车载诊断系统接口、V2X车路通信等环节和节点存在的漏洞实现对车辆的盗窃或控制车辆驾驶系统。

（三）服务化导致的数据隐私安全挑战

与传统汽车相比，智能网联汽车不断增强的智能化程度以及不断延展的服务模式将导致其采集和处理的数据数量和种类都急剧增长。智能网联汽车的安全运行建立在收集大量数据的基础上。此外，智能网联汽车的行驶过程也因网联化会附带产生各种类型的数据。

具体而言，智能网联汽车采集和处理的数据包括两大类：一类是数据不具有个体属性，属于车辆智能行驶所依赖的数据，包括感知、决策、执行所需的周边环境数据，道路路况数据，车辆操作数据，车辆行驶数据等；另一类是与用户相关的数据，包括车辆位置数据、车辆行驶轨迹数据、用户驾驶习惯数据、车内摄像头采集的车内乘客数据、语音交互系统采集的乘客语音数据、车载系统记录的加油等支付数据、餐厅预定信息，以及用户的上班地点和家庭住址等，涉及用户大量隐私信息。

第一类数据虽不涉及用户隐私，但往往对于汽车制造商而言是极具价值的，可以用于持续改进感知、决策、执行等自动驾驶系统性能，并可提供宝贵的高精地图数据，因此这类数据普遍会回传给汽车制造商。但目前针对这类数据的权属问题仍存在较大争议。第二类数据包含大量用户隐私信息，并且除共享给汽车厂商外，还涉及其他第三方服务商等用于个性化推送、精准营销、汽车保险等数据增值服务，这些数据的采集和使用将涉及用户隐私安全问题，智能网联汽车产业链中诸多主体环节都面临严峻的合规挑战。例如，蔚来汽车研发的智能网联电动汽车就曾在隐私防护方面饱受用户质疑。

此外，涉及外资汽车制造商或第三方服务商的情况还存在数据跨境传输的安全评估问题，包括涉及国家安全的地图信息、地理位置信息、用户群体信息等，都面临数据跨境传输的合规性挑战。

四 智能网联汽车安全挑战应对

（一）政策措施

1. 国外政策措施

当前，全球多个国家针对智能网联汽车安全出台了相关指南等政策性文件，旨在规范智能网联汽车安全评估、安全测试，保障智能网联汽车的安全性。

（1）联合国

在国际层面，联合国世界车辆法规协调论坛（WP29）加紧制定智能网联汽车安全性相关的法规，并成立了专门的智能网联汽车法规工作组（GRVA），主要聚焦智能网联汽车的安全评估办法、网络安全、数据存储系统等方面。2019 年 6 月，在日内瓦举行的联合国 WP29 第 178 次全体会议审议通过了由中国、欧盟、日本和美国共同提出的《自动驾驶汽车框架文件》。[①] 该框架文件

---

① Proposal for amendments to ECE/TRANS/WP. 29/2019/34Framework document on automated/autonomous vehicles（levels 3 and higher）www. unece. org〉DAM〉trans〉doc〉WP. 29 – 178 – 10r2e. docx.

明确了 L3 级及更高级别的自动驾驶汽车的安全性和安全防护的关键原则，包括系统安全、失效保护响应、人机操作界面、目标事件探测与响应、设计适用范围、系统安全验证、网络安全、软件更新、事件数据记录仪、防撞性、碰撞后自动驾驶汽车行为等。

（2）美国

美国交通运输部和美国国家公路交通安全管理局（NHTSA）2016 年 9 月颁布《联邦自动驾驶汽车政策指南》，[①] 要求汽车制造厂商对自动驾驶汽车上路进行全面的安全评估，并针对自动驾驶汽车的设计和研发提出多项安全规范，包括自动驾驶系统如何探测道路环境、如何将道路信息展示给驾驶人、如何应对技术失灵等紧急情况、如何保证联网系统的网络安全以及隐私安全等。在此基础上，2017 年 9 月，美国交通部联合 NHTSA 发布更新版的自动驾驶汽车指南《自动驾驶系统：安全愿景 2.0》，[②] 确定了 10 余项安全性能自评标准，包括系统安全、设计适用范围、退出机制、人机交互界面、汽车网络安全、耐撞性等。这些标准是非强制的，企业可以据此提交安全评估报告。2018 年 10 月，美国交通运输部又发布新版联邦自动驾驶汽车指导文件《自动驾驶汽车 3.0：为未来交通做准备》，[③] 再次明确强调自动驾驶测试必须在安全第一的原则下展开，并在原有指南的基础上对自动驾驶范围进行了延伸，涵盖客车、大众交通运输工具、卡车等所有地面道路交通系统。

此外，2017 年 9 月美国众议院表决通过《自动驾驶法案》（*Self Drive Act*），[④] 要求自动驾驶汽车生产商或者系统提供商向监管部门提交安全评估

---

① "Federal Automated Vehicles Policy-September 2016", https：//www. transportation. gov/AV/federal – automated – vehicles – policy – september – 2016.

② "Automated Driving Systems2.0：A Vision for Safety", https：//www. nhtsa. gov/sites/nhtsa. dot. gov/files/documents/13069a – ads2. 0_ 090617_ v9a_ tag. pdf.

③ "Preparing for the Future of Transportation：Automated Vehicle 3. 0", https：//www. transportation. gov/av/3.

④ "H. R. 3388 – SELF DRIVE Act", https：//www. congress. gov/bill/115th – congress/house – bill/3388.

证明，以证明其自动驾驶汽车在数据、产品、功能等各个方面采取了足够的安全措施，并要求自动驾驶车辆厂商必须制订网络安全计划，包括如何应对网络攻击、未授权入侵以及虚假或者恶意控制指令等安全策略，且必须制订隐私保护计划，包括对车主以及乘客信息的搜集、保存、使用等方面的保护措施。法案还要求 NHTSA 逐步完善包括自动驾驶汽车在内的汽车安全标准或者安全范围，包括自动驾驶汽车的基本元素如人机交互界面、传感器、促动器、相关软件和网络安全要求等。随后，美国参议院议员也提出《自动驾驶汽车法案》（*AV START Act*），① 要求汽车制造商在测试、销售前提交自动驾驶汽车安全评估报告，并对网络安全、隐私保护提出了明确要求。

（3）欧盟

欧洲网络与信息安全局（ENISA）在 2016 年 12 月发布了《智能汽车的网络安全与弹性：最佳实践和建议》，在系统分析智能汽车面临的风险和威胁的基础上，为企业建立网络安全防御能力提供了指引。此外，欧盟成员国努力达成自动驾驶安全法规方面的共识。2019 年 2 月，欧盟成员国达成共识，共同签订自动驾驶指导文件，确定了 8 项原则，其核心是如何定义自动驾驶车辆的安全，包括系统性能、驾驶任务的转换、行驶数据记录、网络安全及安全评估测试等。

（4）英国

针对智能网联汽车网络安全，英国政府于 2017 年 8 月发布《网联汽车和自动驾驶汽车的网络安全关键原则》，② 提出包括加强企业内部网络安全管理、安全风险评估与管理、产品售后服务与应急响应机制、整体安全性要求、系统设计、软件安全管理、数据安全、弹性设计等在内的 8 项关键原

---

① "S. 1885 – AV START Act"，https：//www.congress.gov/bill/115th–congress/senate–bill/1885.

② "The Key Principles of Vehicle Cyber Security for Connected and Automated Vehicles"，https：//www.gov.uk/government/publications/principles–of–cyber–security–for–connected–and–automated–vehicles/the–key–principles–of–vehicle–cyber–security–for–connected–and–automated–vehicles.

则。随后，在英国交通部和英国国家网络安全中心以及众多汽车企业的支持下，英国标准协会于 2018 年 12 月发布《汽车网络安全基本原则》，[①] 英国由此成为首个发布此类标准的国家。

（5）日本

2018 年 9 月日本国土交通省正式对外发布了《自动驾驶汽车安全技术指南》，明确规定了 L3、L4 级自动驾驶汽车必须满足的一系列安全条件，包括设计运行范围（ODD）的设定、自动驾驶系统安全性、人机界面、搭载数据记录装置、网络安全、用于无人驾驶移动服务的车辆安全性、安全性评估等，目标是打造一个自动驾驶系统引发的人身事故为零的社会。

表 2   国外智能网联汽车安全相关法规指南

国别	发布时间	发布机构	法规指南名称
联合国	2019 年 6 月	联合国世界车辆法规协调论坛	《自动驾驶汽车框架文件》
美国	2016 年 9 月	美国交通运输部、美国国家公路交通安全管理局	《联邦自动驾驶汽车政策指南》
	2017 年 3 月	美国参议院	《汽车安全与隐私法案》[①]
	2017 年 9 月	美国交通运输部、美国国家公路交通安全管理局	《自动驾驶系统:安全愿景 2.0》
	2017 年 9 月	美国众议院	《自动驾驶法案》
	2017 年 9 月	美国参议院	《自动驾驶汽车法案》
	2018 年 10 月	美国交通运输部	《自动驾驶汽车 3.0:为未来交通做准备》
欧盟	2016 年 4 月	欧洲交通安全委员会	《将自动驾驶安全作为优先事项》[②]
	2016 年 12 月	欧洲网络与信息安全局（ENISA）	《智能汽车的网络安全与弹性:最佳实践和建议》[③]
	2019 年 2 月	欧盟成员国	签署自动驾驶指导文件

---

① The Fundamental Principles of Automotive Cyber Security, Specification，https：//shop. bsigroup. com/ProductDetail/? pid ＝ 000000000030365446& _ ga ＝ 2. 267667464. 704902458. 1545217114 – 2008390051. 1545217114.

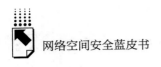
续表

国别	发布时间	发布机构	法规指南名称
英国	2017 年 8 月	英国国家基础设施保护中心、英国交通部、英国智能网联汽车中心	《网联汽车和自动驾驶汽车的网络安全关键原则》
	2018 年 12 月	英国标准协会	《汽车网络安全基本原则》
德国	2017 年 9 月	德国交通和数字基础设施部伦理委员会	《自动驾驶系统编程指导原则》④
日本	2018 年 9 月	日本国土交通省	《自动驾驶汽车安全技术指南》

注：① https：//www. markey. senate. gov/imo/media/doc/SPY% 20Car% 20legislation. pdf. ②https：//etsc. eu/wp－content/uploads/2016_ automated_ driving_ briefing_ final. pdf. ③ Cyber Security and Resilience of smart cars, https：//www. enisa. europa. eu/publications/cyber－security－and－resilience－of－smart－cars. ④ Germany Drafts World's First Ethical Guidelines for Self-Driving Cars, https：//futurism. com/germany－drafts－worlds－first－ethical－guidelines－for－self－driving－cars.

2. 我国政策措施

我国已于 2018 年 4 月正式成立全国汽车标准化技术委员会智能网联汽车分技术委员会，主要负责汽车驾驶环境感知与预警、驾驶辅助、自动驾驶以及与汽车驾驶直接相关的车载信息服务领域国家标准制修订工作。目前智能网联汽车分标委下已设立先进驾驶辅助系统（ADAS）标准工作组、自动驾驶（AD）工作组、汽车信息安全标准工作组、汽车功能安全标准工作组和网联功能及应用工作组，开展各细分领域标准的研究制定工作（见表3）。在功能安全方面，《智能网联汽车人机交互系统失效保护要求及评价方法》《汽车交互接口功能安全要求》《汽车信息感知系统功能安全要求》《汽车决策预警系统功能安全要求》《汽车辅助控制系统功能安全要求》等标准正在加紧研制中。在网络安全方面，《汽车信息安全通用技术要求》《汽车信息安全风险评估指南》《汽车数据保护安全和隐私保护通用要求》等标准已在制订过程中。此外，全国信息安全标准化技术委员会等标准制定机构也在加紧研制智能网联汽车信息安全标准，目前已发布《信息安全技术　汽车电子系统网络安全指南（征求意见稿）》。

2019 年 5 月工信部发布《2019 年智能网联汽车标准化工作要点》,[①] 要求组织开展特定条件下自动驾驶功能测试方法及要求等标准的立项,启动自动驾驶数据记录、驾驶员接管能力识别及驾驶任务接管等行业急需标准的预研。此外,要求有序推进汽车信息安全标准制订,完成汽车信息安全通用技术、车载网关、信息交互系统、电动汽车远程管理与服务、电动汽车充电等基础通用及行业急需标准的制订,研究提出汽车软件升级、信息安全风险评估等应用类标准的立项,系统开展汽车整车及零部件信息安全测试评价体系研究。

表 3 目前我国在研的智能网联汽车安全标准

分类	标准名称
功能安全	《智能网联汽车人机交互系统失效保护要求及评价方法》
	《汽车交互接口功能安全要求》
	《汽车信息感知系统功能安全要求》
	《汽车决策预警系统功能安全要求》
	《汽车辅助控制系统功能安全要求》
网络安全	《汽车信息安全通用技术要求》
	《汽车信息安全风险评估指南》
	《汽车数据保护安全和隐私保护通用要求》
	《车载操作系统及应用软件安全防护要求》
	《汽车信息安全通用测试与评价方法》
	《汽车信息感知设备安全技术要求》
	《车载 ECU 信息安全技术要求》
	《车载总线系统信息安全技术要求》
	《汽车网关信息安全技术要求》
	《车载信息交互系统(TBOX)信息安全技术要求》
	《车载诊断接口(OBD)信息安全技术要求》
	《驾驶员身份认证系统技术要求》
	《汽车软件升级信息安全防护规范》
	《电动汽车远程信息服务与管理系统信息安全技术要求》
	《电动汽车充电系统信息安全技术要求》
	《汽车信息安全漏洞应急响应指南》

---

① 《2019 年智能网联汽车标准化工作要点》, http://www.miit.gov.cn/n1146290/n1146402/n1146440/c6957554/content.html。

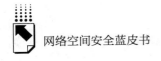
（二）产业实践

1. 产业界将安全融入设计和开发环节

产业界各方积极应对智能网联汽车安全挑战，在产品设计、研发环节充分考虑功能安全、网络安全、隐私保护等，力求为客户和用户提供安全可靠的智能网联汽车整车和汽车零部件。

例如，英伟达作为智能网联汽车智能芯片和计算平台等软硬件供应商，通过将在系统中引入冗余和多样性作为安全基本原则，致力于使智能网联汽车的可靠性和安全性达到尽可能高的水平。英伟达在设计自动驾驶处理器、计算平台的架构以及设计用于自动驾驶和高精度定位的算法时，都应用了这一安全原则，例如英伟达提供了高性能计算所需的冗余传感器、多样的算法以及附加的诊断功能，以支持更安全地运行。具体而言，英伟达为汽车配备了多种类型的冗余传感器，并在集成 GPU、CPU、深度学习加速器（DLAs）和可编程视觉加速器（PVAs）的硬件上运行了多种不同的人工智能深度神经网络和算法，用于感知、定位和路径规划，以实现尽可能安全的驾驶。2019 年 3 月，英伟达还为其自动驾驶计算平台推出一个可避免车辆碰撞的新组件"安全力场"（Safety Force Field），该功能可以作为一个独立的手段监督车辆的路径规划和控制策略，如果发现行车安全威胁将会否决并纠正主系统的决策。此外，针对网络安全，英伟达专门建立了网络安全团队，在其系统设计中采用了严格的安全开发生命周期，以及覆盖整个自主驾驶系统（包括硬件、软件、制造和 IT 基础设施）的威胁模型，为 NVIDIA DRIVE 自动驾驶计算平台建立多层防御。英伟达还成立了专门的产品安全事件响应团队，负责管理、调查和协调企业内部和合作伙伴的安全漏洞信息。

通用汽车也在智能驾驶汽车设计、开发、制造、测试和验证等各个环节都将安全内嵌其中。与英伟达类似，通用汽车也将多样性和冗余视为安全的重要保障，例如通用汽车的 Cruise AV 智能网联汽车装配了两套同时运行的计算系统，配备了激光雷达和惯性跟踪系统等多种定位方法，还为所有重要系统装配了冗余电源和配电，计算机、传感器和执行器之间的通信也配备了冗余路径。针对网络安全，通用汽车也组建了内部的网络安全团队，负责分析和解决所有车内控制系统、移动应用程序和车内应用程序的网络安全问题，并与其他开发团队一起将"设计即安全"原则运用到产品开发环节，在产品中嵌入设备注册、消息验证、安全编程和诊断、入侵检测和防御系统等安全功能。2018 年 4 月，通用汽车推出安全漏洞悬赏计划，对能够发现其车辆产品和服务中的网络安全漏洞的研究人员进行奖励。

此外，Waymo、福特汽车、Nuro、Uber 等公司也都积极应对各类安全挑战，并已按照《自动驾驶系统：安全愿景 2.0》指南要求向美国国家公路交通安全管理局（NHTSA）提交了自动驾驶安全报告。

国内汽车企业的网络安全意识也明显提升，百度 2018 年 4 月启动网络安全实验室，负责为自动驾驶汽车开发安全解决方案，2018 年 11 月发布"一站式"汽车信息安全解决方案，可解决黑客攻击和隐私泄露等安全问题。长安汽车、比亚迪、蔚来汽车也纷纷建立信息安全部门，或通过与网络安全厂商加强合作，提升产品网络安全防御能力。

2. 积极组建安全联盟共同应对安全挑战

对应对网络安全威胁，2015 年美国汽车制造商联盟（Auto Alliance）、美国汽车贸易协会（Global Automakers）和 14 家汽车制造商共同发起成立了汽车信息共享和分析中心（Auto-ISAC），致力于打造一个共享和分析智能汽车网络安全风险和威胁情报的社区。2016 年 1 月，该中心建立的网络威胁情报共享平台正式启用，为其成员提供全面的网络安全情报，以帮助成员企业高效应对网络威胁。截至目前，全球已有 111 家企业加入该中心，包括恩智浦、英特尔、Waymo、大众、丰田、本田、沃尔沃、福特、奔驰、大陆、哈曼、博世等全球众多知名智能网联汽车制造商、汽车零部件厂商以及汽车芯片厂商。

我国也于 2017 年 5 月成立了中国汽车信息共享与分析中心（C-Auto-ISAC），由中国汽车技术研究中心有限公司发起成立，目前已完成 70 余辆汽车的信息安全能力测试，测试发现存在数据漏洞高达 2000 个以上，测试涵盖整车信息安全七大攻击入口——网络构架、车载娱乐系统、T-Box、云平台、App、ECU 及无线电。

此外，2019 年 4 月全球三大汽车巨头福特、丰田和通用公司宣布组建"自动驾驶汽车安全联盟"，该组织将与美国汽车工程师学会 SAE 合作，帮助起草自动驾驶汽车的安全标准。3 家公司成立该联盟组织的目标是推动自动驾驶汽车企业和政府合作，加快制订安全标准，并最终促进相关法规的出台。

3. 网络安全厂商助力汽车安全挑战应对

国内外网络安全厂商都看到了汽车产业的数字化转型趋势和网联化带来的网络安全风险，纷纷开拓汽车网络安全业务。例如，腾讯旗下科恩实验室依靠自身多年的漏洞挖掘经验长期致力于车联网系统的漏洞挖掘与研究；360 推出"汽车安全大脑"解决方案，通过监控、分析、响应的动态防御手段，为智能网联汽车的安全运营提供保障。此外，Arxan Technologies、Mocana、Intertrust Technologies 等国外安全厂商，亚信安全、梆梆安全、绿盟科技等国内安全厂商都将汽车安全作为新增业务。同时，国外也涌现多家专注于汽车网络安全的初创企业，如 GuardKnox、CyMotive 等。

表 4　国内外开展汽车安全业务的网络安全厂商

企业名称	国别	相关产品和解决方案
Arxan Technologies	美国	推出解决方案保护汽车 App 安全
Mocana	美国	推出端到端网络安全系统，支持安全的、基于加密签名的空中软件升级（OTA）和固件更新
Intertrust Technologies	美国	推出汽车数据和隐私安全解决方案
大陆集团（2017 年收购以色列汽车网络安全公司 Argus）	德国	发布端到端安全解决方案，涵盖电子部件安全、部件间通信安全、车辆与外界接口安全、云端安全等
哈曼国际（2016 年收购汽车网络安全公司 TowerSec）	美国	推出 HARMAN SHIELD 网络安全解决方案，用于检测、管理、减轻和响应针对联网和自动驾驶车辆的网络攻击

续表

企业名称	国别	相关产品和解决方案
GuardKnox	以色列	推出 Secure Network Orchestrator™（SNO）网络安全解决方案,利用三层 Communication Lockdown™ Methodology 技术,该解决方案不需要任何外部连接或更新
CyMotive	以色列	产品包括汽车端到端安全通信包、入侵检测系统、网络安全控制平台等
腾讯科恩实验室	中国	依靠自身多年的漏洞挖掘经验长期致力于车联网系统的漏洞挖掘与研究
360	中国	推出"汽车安全大脑"解决方案,通过监控、分析、响应的动态防御手段,为智能网联汽车的安全运营提供保障
亚信安全	中国	车联网安全解决方案
梆梆安全	中国	车载管理信息系统保护、传输数据加密
绿盟科技	中国	已建立面向新能源汽车充电基础设施网络安全检测与防护体系,为电动汽车制造商、充电桩设备厂商、充电运营商等提供新能源汽车充电设施网络安全风险评估与安全检测服务,并对应输出充电基础设施产品级安全防护解决方案
四维创智	中国	已具备汽车 CAN 总线安全测试、TBOX 安全测试能力\

五　总结与展望

当前,全球范围内进入智能网联汽车快速发展阶段,企业之间跨界融合、产业重构的趋势已经非常明显,产业生态正在快速形成与发展。未来,人工智能、5G、物联网、云计算等新一代信息技术的飞速发展,将在智能网联汽车技术发展中产生巨大协同效应,重塑汽车产业业态和商业模式,为人类出行方式带来根本性变革。

但在当前发展阶段,国内外智能网联汽车厂商尚没有完全构建面向中高级无人驾驶阶段的可信安全体系,无论是在功能安全、网络安全方面还是数据隐私安全方面,智能网联汽车的安全可靠性都亟待加强。倘若没有安全性

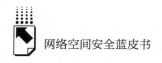

的保障，将极大地限制智能网联汽车的普及应用。

为促进我国智能网联汽车产业快速安全发展，提出以下建议。

1. 聚焦核心技术打造汽车软件生态体系

瞄准全球智能网联汽车发展的核心技术，加强智能网联汽车关键软件技术研发和产业化。一方面，吸引国际重点车企/关键零部件厂商的软件研发部门/项目落地我国智能网联汽车示范区；另一方面，重点扶持一批瞄准关键技术的软件企业，加大对汽车相关的感知识别系统、车载操作系统、高精度地图、自动驾驶、人机交互等软件方向的政策支持力度，积极推动优质的软件产品与车企的对接，加强软件适配和应用场景的提供，打造高质量的智能网联汽车软件生态体系。

2. 加快提升智能汽车芯片自主研发能力

智能汽车芯片是汽车实现智能化的关键支撑技术，能为智能网联汽车提供强大的计算能力。在全球各大芯片厂商激烈角逐汽车芯片技术领先地位的背景下，我国应加快推动传感器芯片、自动驾驶芯片、V2X通信芯片、智能驾驶舱芯片等智能网联汽车核心硬件技术发展，依托国内重点智能汽车芯片研发企业及科研院所，实现关键核心技术突破，提升我国智能汽车芯片自主研发能力，为我国智能网联汽车产业快速发展夯实根基。

3. 面向行业打造智能网联汽车云服务平台

智能网联汽车产业为云计算/大数据产业带来重大机遇，云计算/大数据发展也是智能网联汽车产业生态发展的关键枢纽。因此，建议引导华为云、阿里云等龙头企业建设行业级的汽车云服务平台，面向国内外汽车产业各方提供云服务，推动智能网联汽车产业链整体上云，基于云平台/大数据促进大产业链相关方的项目合作和精准对接，做大做强汽车云产业生态，全面支撑我国智能网联汽车产业创新发展。

4. 协同各方构建智能网联汽车产业安全能力

安全是智能网联汽车产业化发展的关键痛点，我国须以安全为核心打造智能网联汽车品牌。建议组建智能网联汽车安全联合攻关平台，加快汽车整车厂商、配件厂商、安全厂商的有序对接，推动智能网联汽车安全技术研发和行业标准建立，构建智能网联汽车安全先进检测能力，并建立覆盖智能网联汽车售前、售后等环节的持续测评机制，保障产品在全生命周期中持续更新安全性能，全面提升我国车企的安全能力和市场竞争力。

国际治理篇

International Governance

B.13
联合国在全球网络空间的治理
作用及面临的挑战

王天禅　鲁传颖*

摘　要： 在参与全球网络空间治理的国际组织中，联合国是组织体系和治理机制最为完备的治理平台，但近年来在治理效率和权威性、代表性方面饱受质疑。联合国机制之所以面临当前的挑战，除了自身的缺陷之外，还有网络空间自身的特殊属性和主权国家之间博弈加剧的原因。尤其是在网络空间规则制定方面，多利益攸关方自发形成的治理机制对联合国机制的权威性造成了削弱；同时，以美国为首的西方国家依仗自身发达的网络能力和话语权，在网络空间规则制定进程中占据

* 王天禅，上海国际问题研究院网络空间国际治理研究中心助理研究员；鲁传颖，上海国际问题研究院网络空间国际治理中心秘书长，副研究员。

越来越多的主导权。对中国来说，联合国机制是全球网络空间治理的理想平台，应通过建构话语权、加强国际合作、推进联合国改革等途径在联合国机制下推动网络空间治理向前发展。

关键词： 联合国　全球网络空间治理　国际组织

全球的数字化浪潮使人类历史上的"第五疆域"——网络空间成为国家治理和全球治理的重要领域。然而，当前在全球网络空间治理中出现的各种分歧未见弥合，各国的博弈日趋白热化。联合国作为全球治理的重要机制，在网络空间治理中的权威性和有效性也面临极大挑战。

一　全球网络空间治理的现状与问题

互联网诞生之初，治理主体主要是技术精英群体与非政府组织。但随着互联网与信息通信技术的不断发展，网络空间成为连接全球的重要领域，也成为全球治理的重要议题。随后，主权国家与国际组织开始介入和主导网络空间治理议程，并逐渐成为全球网络空间治理的主体。

（一）全球网络空间治理的主体

目前，全球网络空间治理的主体是以联合国、二十国集团（G20）、欧盟、北约为代表的国际组织，以及以中、美、俄、印等国为代表的主权国家。

联合国作为国际社会最重要的国际组织，对网络空间治理与经济、社会发展的联系认识程度较深，数字经济驱动新的经济增长模式已经被纳入联合国可持续发展目标之中。此外，联合国也是网络空间国际规则制定的主要平台，推动国际社会在网络空间的一些概念性问题上达成了共识。联合国在网络空间治理机制构建方面也有一定成果，其中主要机构有国际电信联盟、联合国经社部召开的网络治理论坛，以及联合国秘书长任命的信息安全政府专家组等。

G20 是全球经济治理平台，对网络空间治理领域的关注侧重于数字经济方面。2016 年的杭州 G20 峰会发布了《二十国集团数字经济发展与合作倡议》（以下简称《倡议》），开启数字经济治理进程，着力提升数字经济发展潜力。《倡议》结合了传统经济领域和新兴网络领域，但在多利益攸关方模式、数据跨境自由流动、服务器等设施本地化、源代码安全评估等方面依然存在分歧。

欧盟的网络空间治理机构从联盟到各成员国共分为三个层级：第一层有欧盟委员会下属的通信网络、内容和技术总局（D-G CNCT）与欧盟部长理事会下属的运输、通信和能源理事会（TTE）；第二层有欧洲网络与信息安全局（CENISA）、欧洲刑警组织（Europol）中负责监控和打击网络犯罪的欧洲网络犯罪中心，以及欧盟计算机应急响应小组；第三层是各成员国的电信部门、司法部门和情报部门。在治理手段上，欧盟主要通过立法途径建立了较为完善的网络安全制度，从网络安全战略、网络安全法和网络犯罪公约到关于基础设施保护、电子商务和网络犯罪等细分领域的配套法律。

北约在网络空间中的关注重点在于联盟及其内部各成员国的网络安全问题，并将"应对网络威胁"列为联盟的核心使命之一。[①] 在组织机构方面，北约"网络防御管理委员会"（前身为"计算机事件响应能力中心"，NCIRC）负责统一协调联盟内各国的网络行动，"网络快速反应小组"负责打击网络威胁。2018 年，北约成立"网络行动中心"，将网络行动规划纳入顶层指挥系统。北约"合作网络防御卓越中心"（NATO CCDCOE）负责进行网络安全研究，为各国提供建议并组织网络安全演习。2010 年，北约设

---

① NATO, "Strategic Concept for the Defense and Security of the Members of the North Atlantic Treaty Organization", http://www/nato/int/lisbon2010/strategic–concept–2010–eng.pdf, 2016–12–10.

立"新兴安全挑战部"（ESCD）以更好地应对网络安全威胁，并于2012年在北约集体防御进程（NDPP）中加入了网络防御任务。在网络行为规范方面，2013年由多位网络安全专家编写的网络战争指南《塔林手册：适用于网络战的国际法》（简称《塔林手册》）出版，2017年《塔林手册2.0：适用于网络行动的国际法》（简称《塔林手册2.0》）出版。

美国在网络领域有很强的技术优势，同时掌握了大量的关键基础设施。美国拥有大部分根服务器等关键性基础设施，数据传输控制协议和互联网协议（TCP/IP）的技术标准也是由美国研发和制定的。尽管网络空间被称为人类的"第五疆域"，但关键的网络基础设施和技术标准都被美国的行业机构、企业和高校等所掌握。此外，美国一方面通过全球交流与合作分享信息和技术成果，另一方面试图凭借技术优势推行美国网络霸权，制定符合美国利益和价值观的国际网络空间治理规则。美国一直强调网络技术对世界的引领作用，把自由、个人隐私和信息的自由流动作为网络政策的核心原则。[①] 因为在技术上获得了先发优势，美国在治理模式的选择、跨境信息流通的限制、源代码的访问等问题上与发展中国家分歧较大。

中国近年来在数字经济上的快速成长使其在网络空间治理领域的话语权有所提升，同时希望通过提高自身的网络空间治理能力来促进全球网络治理体系的发展与稳定。自20世纪80年代起，中国开始筹划成立管理网络的专门部门，成立了国家信息中心、国家经济信息化联席会议、国务院信息化工作领导小组、信息产业部。在网络治理的进程中，中国逐渐明确了符合自身利益和特色的治理理念。中国坚持在尊重网络主权原则的基础上进行开放合作，加强信息安全产业发展；形成创新驱动的产业发展模式，形成具有中国特色的网络治理政策；支持开展全球合作，携手应对网络风险，营造稳定有序的网络环境。中国与俄罗斯等国向联

---

① "Cyberspace Policy Review", Assuring a Trusted and Resilient Information and Communications Infrastructure, https://www.energy.gov/cio/downloads/cyberspace-policy-review-assuring-trusted-and-resilient-information-and-communications.

合国提交的《信息安全国际行为准则草案》中提到，要坚持尊重各国主权独立的原则，发挥联合国等全球性机构的地位和作用，促进全球网络领域的共治与共享。

（二）全球网络空间治理现状：成果与问题

目前，在全球层面已经形成了分工明确的治理机构。国际网络协会（ISOC）主要建设互联网基础架构和技术标准，协调全球网络治理合作。互联网工程任务组（IETF）和互联网机构委员会（IAB）是两个核心的技术标准化组织。万维网联盟（W3C）是网络技术领域内最具权威的中立机构，对网络技术的发展和应用起到了基础性作用。ICANN 主要负责互联网协议地址的空间分配、协议标识符的指派、通用顶级域名以及国家和地区顶级域名系统的管理、根服务器系统的管理。国际电信联盟（ITU）是联合国组织体系中唯一针对通信传播的专业机构，主要职责是协助和管理国家间的通信协议，也包括与其他国家的协作。当前，国际社会就网络空间治理也达成了一些共识，包括《日内瓦原则宣言》《日内瓦行动计划》《突尼斯承诺》《突尼斯信息社会议程》等纲领性文件。

除了上述成果，我们也需要看到全球网络空间治理领域存在的主要问题，包括以下三点。

一是各国对网络安全的认识存在分歧，因此网络安全战略的侧重点和优先项不同，并且各方对网络安全、网络恐怖主义、网络战争等术语的定义没有形成共识。

二是机制的执行力有限。目前网络空间治理机制在议题设置上以反映各方关切为主，较少涉及敏感议题，并且形成的成果文件往往以建议为主，缺乏具体的、可量化的行动方案。而在一些具有约束力的文件或机制中，各参与方又难以达成一致意见。此外，由于一些协议的决策过程缺少非国家行为体的利益攸关方参与，成果实施过程中也困难重重。

三是主权国家政府治理模式和多利益攸关方模式间的分歧。主权国家治理模式的支持者认为，主权概念是国际政治理论的一块重要基石，主权原则也是国际关系得以发展的根本依据之一。① 网络空间是现实国家主权的延伸，政府有义务在网络空间履行国家职能，维护网络空间的有序运行及其与现实社会的良好互动。此外，主权国家治理模式的支持者认为，"多利益攸关方"模式仅仅满足了以美国为首的西方国家的需求，而大部分发展中国家以及非国家行为体由于国际行动能力的缺乏，诉求很难得到回应，会造成网络空间治理权力的失衡。"多利益攸关方"模式的支持者认为，"政府主导型模式如果成为全球治理标准，就赋予了政府合法监控网络的权力，政府往往会封锁、过滤、阻碍特定信息，损害网络空间的言论自由和人权"。并且，"政府对于网络空间控制也会阻碍全球经济、金融、贸易的自由流通，甚至会在某些情况下导致网络空间的分裂"②。

相较于其他全球治理议题，网络空间治理议题的政治性高、各治理主体间利益诉求差异大，发达国家与发展中国家对网络空间中一些重要概念的理解也存在分歧，因此全球网络空间治理进程近年来鲜有进展。

二 联合国的涉网机构、平台和机制情况分析

在所有网络空间治理主体中，联合国无疑是代表性最广泛、最能体现发展中国家诉求的治理平台。当前，联合国机制下涉及网络空间治理的相关组织或机制有信息安全政府专家组、打击网络犯罪政府专家组、互联网治理论坛、信息社会世界峰会和国际电信联盟。

（一）联合国信息安全政府专家组（UN GGE）

2004年，联合国裁军和国际安全委员会组建信息安全政府专家组来"审查网络领域现有的和潜在的威胁，以及可能采取的合作措施来解决这些

---

① 檀有志：《网络空间全球治理：国际情势与中国路径》，《世界经济与政治》2013年第12期。
② 鲁传颖：《试析当前网络空间全球治理困境》，《现代国际关系》2013年第11期。

威胁"①，并为网络大国讨论网络空间中的风险提供平台，比如网络间谍和网络空间军事化等问题。

自成立以来，五届专家组在网络空间规则制定方面取得了一定成果。专家组讨论的议题主要围绕国家的网络安全能力、国际法适用问题、联合国在网络安全问题中的作用等。具体来说，专家组达成的共识/成果如下。

（1）信息通信技术发展对国家安全和军事的影响，专家组不认同将"国家为了军事和国家安全目的利用信息通信技术"列入新威胁。

（2）建立高级别的网络空间标准。专家组在2013年发布的报告中首次同意将现行国际法适用于网络空间治理。各国在网络空间中应遵守国际法，特别是《联合国宪章》；国家主权原则适用于国家进行与信息通信技术相关的活动，一国享有在其领土内对信息通信技术基础设施的管辖权；评估国家的网络行为来减少冲突风险；帮助发展中国家提高信息技术能力。②

（3）各国在维护网络空间安全时，包括在网络行动中应当同时遵守《世界人权宣言》和其他国际文书中规定的人权和基本自由。

（二）打击网络犯罪政府专家组

联合国打击网络犯罪政府专家组是联合国框架下探讨打击网络犯罪国际规则的唯一平台，在中国、俄罗斯、巴西等国倡议下，于2011年根据联大决议设立。在2011年1月，专家组通过了《工作方法》（*Methodology*）和《议题范围》（*Draft Collection of Topics*）两份文件。根据专家组2018～2021年工作计划草案，专家组将每年召开会议，分别就网络犯罪立法、定罪、调查、电子证据、国际合作、网络犯罪预防等议题进行讨论，并于2021年前

---

① United Nations Office for Disarmament Affairs, " Fact Sheet – Developments in the Field of Information and Telecommunications in the Context of International Security", http：//unoda/ eb. s3. amazonatvs. com/ a pcontent/uploads/2013/06/Information Securityjact Sheet. pdf, 2013 – 6.

② Adam Segal, " The UN's Group of Governmental Experts on Cybersecurity", https：// www. cfr. org/blog/uns – group – governmental – experts – cybersecurity.

将工作建议提交联合国预防犯罪和刑事司法委员会。①

此外，联合国毒罪办授权专家组秘书处编撰《网络犯罪问题综合研究报告（草案）》（*Draft Comprehensive Study on Cybercrime*），以研究全球网络犯罪的趋势、特点、危害、当前国际形势和政策局限等，并通过制定综合性的全球文书、国际示范条款、加强对发展中国家的技术援助等加以应对。

值得注意的是，历次专家组会议的争论都围绕着一个焦点问题，即是否有必要制订新的打击网络犯罪公约，或者继续推广使用《布达佩斯网络犯罪公约》（以下简称《公约》）。中国、俄罗斯、南非等国认为，主权国家有权根据本国国情和实际需要进行立法，因为加入《公约》的门槛高且内容过时，甚至部分条款有侵犯国家司法主权等重大缺陷。美国、德国、加拿大等国则强调应参考《公约》，国内立法也应秉持技术中立原则，反对频繁修订或增加罪名，对于发展中国家提出的问题，可以通过议定书增补修改与现实发展进程相配合内容的加入门槛则可以保证《公约》的有效性。此外，在立法与政策框架方面，专家组认为虽然各国就网络犯罪立法达成一致，但就具体问题的政策取向、优先目标和手段方式还存在差异。

（三）互联网治理论坛（IGF）

2006 年 7 月，由世界信息社会峰会（WSIS）授权，联合国秘书长宣布每年在不同国家举办互联网治理论坛。② 论坛最高直接领导是联合国负责经济和社会事务的副秘书长。互联网治理论坛"是在全球范围内讨论网络空间公共政策的多利益相关方平台，致力于促进各国的政策对话与沟通"。③

IGF 的议题主要涉及五个方面：第一，如何提升网络领域的开放程度，使"数字鸿沟"不至于影响各国通过网络共享信息资源的能力；第二，维

---

① 详见《联合国打击网络犯罪磋商进入新阶段——联合国网络犯罪政府专家组第四次会议综述》，https：//www.fmprc.gov.cn/ce/cgvienna/chn/hyyfy/t1549932.htm。

② "What is the Internet Governance Forum?"，https：//www.intgovforum.org/multilingual/zh - hans/content/about - igf - faqs.

③ "What is the Internet Governance Forum?"，https：//www.intgovforum.org/multilingual/zh - hans/content/about - igf - faqs.

护网络安全，国家如何与非政府组织进行合作，在不损害网民权益的基础上进行网络监控；第三，保护网络发展的多样性，保护各个国家和地区的语言文化多样性，这种多样性的保护需要 ICANN 的支持；第四，网络的普及，如何促进网络普及发展，使更多人接入互联网，并降低费用；第五，网络资源管理，包括对根服务器、域名系统（DNS）的管理，制定网络标准，对 ICANN 进行改革等。

IGF 的影响力有积极的方面：第一，有助于增进各国对全球网络空间政策和网络技术的理解。第二，加强关键的利益攸关方在处理网络空间治理和技术问题上的合作。第三，提高促进网络空间可持续、稳健、安全发展的可能性。第四，增强发展中国家及其利益攸关方有效参与网络治理安排的能力。第五，促进网络上的多种语言和多元文化发展。第六，有利于网络政策问题的多利益相关方和多边努力及尝试。[1] 同时也存在一些影响其作用发挥的不利条件：第一，缺乏经费。IGF 没有纳入联合国的正常财政支出范围，而且联合国不允许 IGF 利用广告和企业资助创收，不得向与会者收缴会费，导致该机制入不敷出。联合国互联网治理工作组（WGIG）协调员库摩尔（Markus Kummer）甚至牵头成立了"支持 IGF 联盟"来筹集经费。[2] 第二，缺乏执行力。由于 IGF 并非网络治理的决策机制，只是提供讨论的平台，集思广益，加强各方观点交流，没有任何法规制定和权力制约，[3] 也难以达成结论，更遑论具体的行动。

（四）信息社会世界峰会（WSIS）

信息社会世界峰会（World Summit on the Information Society，WSIS）的主旨是，为全球范围内信息社会的协调发展制定规划，利用信息技术推动实

---

① "What are the impacts of the IGF?"，https：//www. intgovforum. org/multilingual/zh－hans/content/about－igf－faqs#faq－What－is－the－Internet－Governance－Forum?
② Internet Governance Forum Support Association（IGFSA），https：//igfsa. memberclicks. net/.
③ 马慧民、周曦民：《网络治理中的三重性分析》，《中国浦东干部学院学报》2014 年第 7 期。

现联合国千年发展目标，推动各国经济社会可持续发展，促进全人类的进步。① 峰会分为会议和论坛两个部分。会议：第一阶段从 2002 年 7 月到 2003 年 12 月，其间召开了日内瓦峰会；第二阶段从 2004 年 1 月到 2005 年 11 月，召开了突尼斯峰会。日内瓦峰会通过了《原则宣言》和《行动计划》，突尼斯峰会通过了《突尼斯承诺》和《突尼斯议程》两份纲领性文件。两次峰会之后，WSIS 进入了论坛阶段。WSIS 论坛旨在审查前期设立的行动议程的贯彻与执行情况，并就信息和通信技术的创新和进步展开讨论，这一机制已被视为多利益攸关方相互合作、建设公正和平等的信息社会的有效平台。②

WSIS 讨论的议题主要有：第一，如何消除"数字鸿沟"。发展中国家提出，为填补基础设施的差异和商业贸易上的鸿沟，要专门建立基金，如"团结基金"（Solidarity Fund）、"数字互助基金"等，但遭到美国反对。第二，网络管理权的归属。发展中国家认为网络的管理应该被纳入联合国框架，但美国则坚持以商业利润为原则。第三，人权问题。发达国家坚持所有公民都有制作、获取、传播、复制和共享信息的基本权利，而发展中国家出于维护政治安全和社会稳定的需要，主张对网络内容的制作、传播等进行监管。③

WSIS 的积极影响主要在于其提出的"多利益相关方"模式赋予了私营部门和公民社会参与网络治理乃至网络空间全球治理的合法性，众多国际组织、非政府组织、民间团体和私营部门的广泛参与佐证了这一点，但会议实际收效甚微，④ 主要原因有：第一，对于全球网络治理的主体判断分歧较大，在峰会阶段和历届论坛上，各国就网络治理的主导权归属问题争执

---

① Background and Organization，http：//www. itu. int/net/wsis/basic/about. html.
② 许祎玥、陈帅、方兴东：《信息社会世界峰会的演进历程及发展现状》，《汕头大学学报》（人文社会科学版）2017 年第 7 期。
③ 许祎玥、陈帅、方兴东：《信息社会世界峰会的演进历程及发展现状》，《汕头大学学报》（人文社会科学版）2017 年第 7 期。
④ 王明国：《全球网络治理的模式变迁、制度逻辑与重构路径》，《世界经济与政治》2015 年第 3 期。

不断；第二，就如何在网络空间治理领域形成政府、私营部门和公民社会良性互动的治理模式仍存在分歧；第三，机制化水平不高，私营部门和公民社会对 WSIS 施加了压力，会议进程也不顺畅；① 第四，治理有效性不足，治理资源分配不均，达成的文件对于资源优势较大的美国等西方国家并不具备约束力。

（五）国际电信联盟（ITU）

国际电信联盟（International Telecommunication Union，ITU）是联合国体系内唯一负责通信传播的专业机构，主要职责是协助管理国家间通信协议。

ITU 主要有三个部分：一是无线电通信部门（ITU-R），成立于 1927 年，负责管理国际无线电频谱和卫星轨道资源。二是最为关键的电信标准化部门（ITU-T），成立于 1956 年，负责全球电信（无线电除外）标准的制定和实施，特别是国际电信的自愿性国际标准，即 ITU-T 建议书的制定。该部门的工作主要由技术研究小组承担，处理各种与网络有关的技术和经济问题，包括传输协议、网络安全、云计算以及互联协议的条款。② 三是电信发展部门（ITU-D），成立于 1992 年，负责发展和推广公平、可持续和可负担的信息和通信技术。

21 世纪以来，ITU 的关注点从信息通信技术转向网络，着重在网络治理领域发挥作用。该组织成为全球网络空间治理的制度构建者之一。但由于发达国家与发展中国家之间在治理理念和治理方式上的分歧，2010 年 ITU 组织起草的一项旨在减小网络风险的条约草案最终被搁浅。③ 2012 年，ITU 主持的国际电信世界大会出台了新版《国际电信规则》，但在英、美两国的抵制下同样未能生效。④

① 胡献红：《世界信息社会峰会和全球网络治理论坛十年回顾与未来展望》，《网络空间研究》2016 年第 6 期。

② ITU，"Sector Members. Associates and Academia"，https：//. itu. int/en/membership/Pages/sector - members. aspx.

③ 王明国：《全球网络治理的模式变迁、制度逻辑与重构路径》，《世界经济与政治》2015 年第 3 期。

④ 王明国：《全球网络治理的模式变迁、制度逻辑与重构路径》，《世界经济与政治》2015 年第 3 期。

三 网络空间治理在联合国具体议题中的体现

随着网络应用在全球的广泛深入，在联合国的具体议题领域中出现了与网络空间治理的交叉领域，或者出现由网络技术发展带来的新议题。为了促进各方合作及治理相关风险，联合国针对这些新现象展开了特定领域的网络空间治理活动。

（一）人权领域

2012 年，联合国人权理事会就互联网言论自由权利进行了讨论，并指出了互联网言论自由权利所面临的问题，明确了各国为保护互联网言论自由可采取的实际措施，并由联合国人权理事会任命的特别报告员给出建议。

目前保护互联网言论自由权利需要关注的主要问题是：第一，重视互联网对保护人权的重要作用；第二，避免互联网被用于犯罪活动；第三，对互联网言论自由的限制应当符合国际法和相关标准；第四，需要转让技术以缩小世界各国之间的"数字鸿沟"；第五，应关注知识产权保护。

对解决方法的讨论聚焦于相关国际规范和标准：一是需要明确按照国际人权法管制或解决被禁止的表达方式，如儿童色情，而不是以此为由来进行审查。二是除非有违反国际人权法和有关标准的某些例外情况，否则不应限制互联网上的信息流通。三是建议在互联网上加强落实现行国际人权法原则，如《世界人权宣言》和《公民权利和政治权利国际公约》的有关条款。四是没有必要为互联网上的见解和言论自由权利制定新的规则和法律，因为线上和线下的世界同样适用现行的国际人权法和标准。五是如何改进现行国际人权标准，以更好地确保网络空间中的人权。

特别报告员提出的建议有：一是避免任意的互联网审查和限制，保障网络言论自由权利。例如，通过技术转让和互联网基础结构发展国际合作。二是促进包括弱势群体在内的所有人平等利用互联网。此外，报告员建议人权理事会通过一项决议或宣言，呼吁各国避免对网络言论自由权利施加不必要

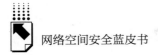
的限制，允许更广泛地利用网络，并且鼓励人权理事会继续讨论网络言论自由权的问题，以就此问题达成广泛的一致意见。①

人权理事会在关于种族主义的第 20 届会议、关于言论自由的第 23 届会议、关于儿童犯罪的第 28 届会议、关于增进和保护人权的第 29 届会议上均讨论了涉及网络治理的议题。②

（二）可持续发展

为了促进全球的可持续发展，在网络治理领域联合国主要关注完善网络基础设施以缩小"数字鸿沟"的问题。

联合国发布的《2030 可持续发展议程》指出，增强互联网的接入性是成功落实议程的必要举措。"2030 议程"中还设置了具体目标，要"大幅提升信息和通信技术的普及度，力争到 2020 年在最不发达国家以低廉的价格普遍提供互联网服务"③，显著增加人们获得信息和通信技术的渠道。

2016 年，联合国第 11 届 IGF 的主题是"促进包容和可持续增长"，重点探讨互联网的未来以及如何利用互联网更好地促进包容性发展，确保互联网的利益惠及所有社会成员和所有国家，包括发达国家和发展中国家。会议指出，当今世界在发展程度不同的国家之间、不同性别之间存在巨大的"数字鸿沟"。因此，IGF 呼吁国际社会采取创新举措，力争为所有人提供互联网接入服务，以消除加剧国家间不平等现象的数字鸿沟。此外，IGF 建议帮助贫困国家和偏远地区改善基础设施条件，消除数字化障碍，并开展普及互联网知识和技能的培训工作。

---

① 《联合国人权事务高级专员办事处的报告，人权理事会关于促进互联网上言论自由权利问题的小组讨论纪要》，https：//www. ohchr. org/_ layouts/15/WopiFrame. aspx？sourcedoc =/Documents/HRBodies/HRCouncil/RegularSession/Session21/A－HRC－21－30_ ch. pdf&action =default&DefaultItemOpen = 1。

② https：//www. ohchr. org/EN/HRBodies/HRC/Pages/Home. aspx。

③ 中华人民共和国外交部：《变革我们的世界：2030 年可持续发展议程》，https：//www. fmprc. gov. cn/web/ziliao_ 674904/zt_ 674979/dnzt_ 674981/qtzt/2030kcxfzyc_ 686343/t1331382. shtml，2016 年 1 月 13 日。

然而，据 ITU 发布的《2018 年宽带状况》，目前全球仍有 52% 的人口、约 37 亿人不能上网。① 此外，报告称非洲国家在"数字化"（包括互联网基础设施和网络）上的支出占 GDP 的 1.1%，而发达国家的这一支出占 GDP 的 3.2%。这意味着，发达国家和发展中国家之间在互联网接入方面的差距可能在拉大。

（三）数字贸易规则体系

联合国出台了一系列法律构建数字贸易规则，包括《联合国国际合同使用电子通信公约》《贸易法委员会电子可转让记录示范法》《贸易法委员会电子签名示范法》《贸易法委员会电子商务示范法》，并补充了解释性法规《增进对电子商务的信心：国际使用电子认证和签名方法的法律问题》。②

《联合国国际合同使用电子通信公约》确保电子方式订立的合同和往来与传统的纸面方式具有同等效力，从而促进电子通信在国际贸易中的使用，意义在于：一是消除电子形式和书面形式之间在形式上的障碍，使不同形式的效力等同起来；二是统一的电子商务规则，有助于促进各国的国内电子商务相关的法律工作的统一；三是可作为尚未通过电子商务法规的国家的与时俱进、统一且谨慎的法律参考。③

《贸易法委员会电子可转让记录示范法》从法律上支持电子可转让记录的国内和跨境范围的使用，使可转让单证或票据电子可转让记录功能等同于纸张的单证或票据，票据形式包括提单、汇票、本票和仓单。④

《贸易法委员会电子签名示范法》在电子签名和手写签名之间建立等同

---

① https：//www. itu. int/dms_ pub/itu－s/opb/pol/S－POL－BROADBAND. 19－2018－PDF－E. pdf.

② http：//www. uncitral. org/uncitral/en/uncitral_ texts/electronic_ commerce. html.

③ UNCITRAL, "United Nations Convention on the Use of Electronic Communications in International Contracts", http：//www. uncitral. org/uncitral/en/uncitral _ texts/electronic _ commerce/2005 Convention. html.

④ UNCITRAL, "UNCITRAL Model Law on Electronic Transferable Records", http：//www. uncitral. org/uncitral/en/uncitral_ texts/electronic_ commerce/2017 model. html.

性规定，以便利电子签名的使用。该法帮助各国制定现代、统一、公平的法律框架，以有效解决在法律上电子签名的地位问题。① 它建立了专门的法律框架来减小因使用电子手段而可能产生的法律效力上的不确定性，其中规定采用技术中性办法在电子环境中实现签名功能，避免偏重使用任何具体技术或程序，在实务中，以《贸易法委员会电子签名示范法》为基础的法规可能既承认以密码（如公钥基础设施）为基础的数字签名，也承认使用其他技术的电子签名。

《贸易法委员会电子商务示范法》提供了一整套消除电子商务法律障碍并提高法律可预测性的国际公认规则。特别是通过规定平等对待纸面信息和电子信息，消除无法通过契约改变的成文法规定的障碍，促进无纸化通信的应用，提高国际贸易的效率。这是第一部采用不歧视、技术中性和功能等同原则的法律文本，这些原则是现代电子商务法的基本要素。不歧视原则确保不能因使用电子形式而否认其法律效力。技术中性原则规定必须采用不偏重使用任何技术的条款。预测到未来技术的快速进步，中性规则适应未来的发展无须再做立法工作。功能等同原则规定电子通信与纸面通信功能等同，特别规定了电子通信要实现传统的纸面系统中的"书面"、"原件"、"经签名的"和"记录"等功能需要满足哪些具体要求。②

解释性法规《增进对电子商务的信心：国际使用电子认证和签名方法的法律问题》分析了在国际交易中使用电子签名与认证方法产生的法律问题，介绍了在国际交易中对电子签名与认证方法的使用情况，列举了同这些方法的跨国认证有关的主要法律问题。此份解释性法规聚焦国际上使用公钥基础设施下的数字签名问题，但没有偏向任何类型的认证方法或技术。③

---

① UNCITRAL, "UNCITRAL Model Law on Electronic Signatures", http://www. uncitral. org/ uncitral/en/uncitral_ texts/electronic_ commerce/2001Model_ signatures. html.

② UNCITRAL, "UNCITRAL Model Law on Electronic Commerce", http://www. uncitral. org/ uncitral/en/uncitral_ texts/electronic_ commerce/1996Model. html.

③ UNCITRAL, "Promoting Confidence in Electronic Commerce: Legal Issues on International Use of Electronic Authentication and Signature Methods", http://www. uncitral. org/pdf/english/texts/ electcom/08 – 55698_ Ebook. pdf.

联合国构建的数字贸易规则体系不仅规范了数字化时代的国际经贸活动，提高了国际贸易的效率，降低了企业的运营成本和法律风险，也为一些国家的国内数字立法提供了参考和借鉴。

（四）人工智能领域

人工智能技术的日新月异不断塑造着人类社会，也推动着联合国建立相应机制来治理因技术进步而带来的问题，主要涉及安全和发展两个领域。

第一，安全领域。2017 年 9 月，联合国区域间犯罪和司法研究所（UNICRI）在海牙市政府和荷兰外交部的支持下，在海牙开设了人工智能和机器人中心（Centre for AI and Robotics）。该中心致力于加强人工智能和机器人技术的教育、提升利益攸关方之间的信息交流和协调水平，从犯罪和安全的角度理解和应对人工智能和机器人技术的风险和收益的二重性，并推动该领域治理问题的讨论。为此，UNICRI 构建了一个大型国际利益攸关方合作网络，包括国际刑警组织、国际电信联盟、电气和电子工程师学会、负责任机器人基金会（Foundation for Responsible Robotics）、世界经济论坛、莱弗尔梅未来智能中心（Leverhulme Centre for the Future of Intelligence）等。

第二，发展领域。国际电信联盟于 2017 年和 2018 年分别举办"人工智能造福人类"（AI For Good）全球峰会，被称为"联合国关于人工智能对话的主要平台"。在 2017 年首次峰会后，以行动为导向的 2018 年峰会更加侧重于能够产生长期惠益和帮助实现"可持续发展目标"的人工智能解决方案。国际电信联盟秘书长赵厚麟在 2018 年峰会后表示，这是人们了解信息通信技术和人工智能如何为经济与社会发展带来可能及弥合数字鸿沟的机会，"各方在技术与社会的平衡进步方面发挥着重要作用，实现安全、可信赖和包容性的人工智能需要前所未有的合作。我们要抓住这一机会，寻找到具有潜力的人工智能实际应用程序，加快实现联合国可持续发展目标进程，同时提高我们生活的质量和可持续性"。

除了上述两个以人工智能为主题的机制以外，联合国各附属机构也在积极使用人工智能技术解决全球治理问题。在国际电信联盟发布的《2018 年联合国人工智能活动》（United Nations Activities on Artificial Intelligence）中，系统介绍了人工智能参与联合国系统各类机构工作的情况，概述了人工智能如何被用来对抗饥饿、缓解气候变化、促进人类健康，以及联合国机构如何尝试通过人工智能来改善疾病防控响应机制，实时监测能源使用情况，推进智能、绿色城市的发展等。报告还强调，要实现人工智能技术的安全、可信和包容心发展，需要各国政府、产业界、学术界和公民社会之间展开前所未有的协作。

此外，2017年国际电信联盟在电信标准分局下设立未来5G网络下的机器学习焦点工作组（Focus Group on Machine Learning for Future Networks including 5G，FG-ML5G），主要负责人工智能与机器学习技术在未来网络通信技术中的应用与标准化工作。

四　联合国在网络空间治理中面临的问题和挑战

联合国在全球网络空间治理中的角色和作用不可忽视，但网络空间自身的属性和特点，以及近年来在联合国机制内部与国际社会上发生的一系列变化，使联合国在网络空间治理中同样面临诸多问题和挑战。

（一）网络空间特殊属性带来的挑战

网络空间的空间规模"无限化"、空间活动"立体化"、空间效用"蝴蝶化"和空间属性"高政治化"等特质，使网络治理产生了有别于其他全球治理议题的难点和矛盾。[①] 当前网络空间最突出的特点就是国际无政府状态，可以说，这一特殊属性决定了网络空间治理的多元化特征，也因此造成治理主体不明确的问题。

主权国家、国际组织、跨国公司、公民社会、行业机构、精英人士等诸

———————————

① 檀有志：《网络空间全球治理：国际情势与中国路径》，《世界经济与政治》2013年第12期。

多利益攸关方出于对各自利益和权力最大化的考虑，以及自身角色定位和利益诉求的不同，就选择何种治理模式、如何制订网络空间治理规则、如何进行权力分配等问题产生了激烈争论。各利益攸关方不断在网络空间治理过程中角力，但任何国家和组织都没有绝对的控制力量来主导这一进程。①

除了治理主体的问题之外，网络空间无政府状态下各国之间的不信任和竞争态势也在加剧。以中、美两国来说，无政府状态下的网络空间正是二者竞争较为激烈的领域，也是中、美两国互信基础最为薄弱的领域。这种竞争状态在网络空间中主要表现为：一是针对网络空间的治理权之争，包括对治理模式的选择、在建章立制方面的主导权等；二是针对网络战略优势的竞争，包括网络军事技术和民用技术的竞争等。② 国家之间竞争态势的加剧，不仅会削弱联合国在全球治理进程中的权威和效用，将联合国作为网络空间治理平台和协调机制的作用边缘化，而且会加剧网络空间的"巴尔干化"，进而使国际规则的制定难上加难。

之所以联合国的治理效力在网络空间无政府状态下被削弱，主要原因如下。

首先，以联合国机制为平台的网络空间治理模式需要主权国家让渡一部分权力来实现，然而主权国家之间的不信任状态使这一进程的推进颇为艰难。大部分主权国家选择与"志同道合"的国家一同制定符合自身价值取向和利益选择的治理规则，或者通过双边协定的方式规制彼此的网络行为。

其次，联合国机制对于跨国公司、公民社会和行业机构的影响力还十分有限，难以统一这些利益攸关方的实质性行动。尤其在多利益攸关方治理模式下，非国家行为体在网络治理中的作用更加突出。作为网络治理的主要参与方，西方发达国家的一些互联网企业和行业机构，如谷歌和 ICANN 等受联合国相关倡议和行动计划的约束较小。此外，一些非国家行为体绕过联合

---

① 檀有志：《网络空间全球治理：国际情势与中国路径》，《世界经济与政治》2013 年第 12
期。

② 王天禅：《中美在全球网络空间治理中的竞争与合作》，上海国际问题研究院硕士学位论
文，2017。

国机制开展活动，例如，2017 年 2 月微软公司（Microsoft）发布了《数字日内瓦公约》，尽管受制于其私营部门的非国家行为体身份，这项公约很难成为国际规则的一部分，但非国家行为体在网络空间治理中的活跃表现可见一斑。

（二）联合国改革面临的问题

进入 21 世纪后，国际社会经历了冷战结束以来最为复杂和深刻的变化，对联合国的全球治理机能也提出了诸多挑战：首先，联合国发挥作用的总体国际环境发生重大变化，必然对联合国的体制机制和运行原则形成多重挑战。① 其次，进入新世纪后，新兴大国的崛起和全球治理问题的爆发式增长，让联合国原有治理机制的权威性、代表性和有效性显得捉襟见肘。最后，成员国的国内政策变化对联合国的地位和作用产生冲击，尤其是在"美国优先"外交思想指导下的特朗普政府对联合国在全球治理方面作用的发挥，以及对联合国的权威性都造成巨大的负面影响。

面对新时代提出的诸多问题，联合国的改革进程从未间断，但联合国仍面临以下挑战：第一，联合国的效率问题，主要是指在议程推动和国际公共产品提供方面的效率。第二，联合国的权威性问题。面对日益高涨的民粹主义浪潮和全球经济的疲弱态势，各国都在加强国内治理，提升国家治理能力，因此对全球治理进程的兴趣和参与深度都有所减退。尤其是 2008 年国际金融危机以来，美国和欧洲都处于经济复苏的艰难时期，同时国内民族主义抬头、民粹主义复兴、难民问题与恐怖主义等也使绝大部分西方国家无暇顾及全球治理问题。

此外，作为创始会员国和联合国最大供资国的美国在特朗普上台后推行"美国优先"的外交理念，并且在白宫预算办公室发布的《美国优先：让美国再次伟大的预算蓝图》中明确提到要削减对联合国与维和部队的资金支持力度，并且退出了教科文组织、人权理事会等联合国附属组织和万国邮政

---

① 李东燕：《联合国改革：现状、挑战与前景》，《当代世界》2015 年第 10 期。

联盟等国际组织。这一系列单边动作使联合国面临的预算压力和机构改革阻力愈发沉重。

不可否认，联合国机制在全球治理中所扮演的角色至关重要，联合国机制改革的成功与否，对全球治理进程有着巨大影响。但目前，联合国改革滞后所带来的负面效应十分明显，加上越来越多的成员国因国内治理的困境而对全球治理问题缺乏参与和推进的动力，使联合国推进全球治理的能力更加疲弱。

（三）联合国网络空间治理机制的停滞

随着国际治理机制效用的减退，主权国家之间的博弈逐渐白热化，具有不同价值取向和利益诉求的国家之间在构建网络空间规则的过程中矛盾重重，而联合国治理机制存在的问题使其无法成为调和这些矛盾的积极因素。

2004 年以来，联合国信息安全政府专家组共举行了五次会议，设置了全球网络安全领域的广泛议程，并致力于将现行国际法适用于国家行为体的网络行为。然而，2017 年 6 月的第五次政府专家组会议却没有达成共识，因为专家组在自卫权是否适用于网络空间以及如何就低烈度的"网络攻击"进行回应等牵涉各国国家安全利益的问题上无法达成一致。[1]

虽然联合国政府专家组在促进国际法适用于网络空间中的国家行为规范方面发挥了重要作用，但近年来政府专家组遭遇的挫折表明该机制确实存在一些问题：第一，政府专家组受成员国政治博弈的影响。政府专家组成员必须由联合国大会定期更新，这一进程可以通过政治活动、私下交易来施加影响。[2] 第二，专家组成员的专业知识积累不足和跨专业背景等因素给机制有效性带来负面影响。网络问题十分复杂，需要积累大量的专业知识之后才能就其政治和军事影响进行科学理性的讨论。但是，专家组成员频换使这样的

---

[1] 王天婵：《特朗普政府的网络空间治理政策评估》，《信息安全与通信保密》2017 年第 12 期。

[2] Alex Grigsby, "The UN GGE on Cybersecurity: What is the UN's Role?", CFR, April 15, 2015, https://www.cfr.org/blog/un-gge-cybersecurity-what-uns-role.

知识积累过程变得不现实。此外，政府专家组里的成员多来自各国的外交部门，由于不同的专业背景，这可能使网络政策的讨论中掺进其他领域的问题，如军事化和人权问题等，很难形成共识。

事实上，各方就建立网络空间的行为规范进行了诸多尝试和努力。从北约发布的《塔林手册》《塔林手册2.0》，到巴西和印度在2011年提交的关于建立联合国互联网政策委员会的联合提案，以及中国和上海合作组织成员国于2015年提交联大审议的《信息安全国际行为准则》等，都是各方寻求建立国际规则的努力。但与美国、欧洲等西方国家不同的是，以中国、印度、巴西和俄罗斯等为代表的广大发展中国家更倾向于在联合国机制下建立国际规范。之所以有这样的不同，还是基于美国及其为首的西方阵营与广大发展中国家在权力和利益上的较量。① 同时，这也是网络空间治理主体之间，即发达国家与发展中国家之间网络实力悬殊导致的。

在自身问题得不到解决，同时主权国家与国家集团又在各自领域积极推进规则制定进程的情况下，联合国治理机制面临的问题无法得到各国的重视，遑论协调合作将其解决。

（四）主权国家对联合国治理平台的冲击

在特朗普政府上台后，美国完全抛弃了通过联合国进行治理的主渠道，转而通过单边行动来维护自身的网络安全。从白宫发布的《国家安全战略》到国防部的《网络战略》，在"美国优先"原则指导下的美国网络战略基调变得更为激进，而且政策选项也更具现实主义色彩。美国选择以绝对优势的力量来赢得建立网络空间国际规则的主导权，这对全球网络空间治理与联合国来说是战略性、颠覆性的挑战。

首先，美国强调的单边行动和网络进攻力量的重要性，将使网络空间中

---

① 李传军：《网络空间全球治理的秩序变迁与模式构建》，《武汉科技大学学报》（社会科学版）2019年第1期。

零和博弈更加白热化。在特朗普政府发布的国防部《网络战略》中，不仅引入了"前置防御"（Forward Defense）的战术概念，还首次将中国和俄罗斯视作网络空间内的战略竞争对手，使美国的网络力量能够以更主动、更灵活的方式进行投射，客观上加剧了网络空间的战略竞争态势。①

其次，美国和欧洲都无意通过联合国平台制定国际规则，使联合国的效用和权威大大削减。时任白宫国土安全顾问的波舍特（Tom Bossert）在联合国政府专家组第五次会议失败后表示，"现在是考虑其他方法的时候了。我们将继续与志同道合的伙伴合作，谴责不良的网络行为，并将让我们的对手付出相应代价。如有需要，我们亦会寻求双边网络协议"②。欧洲对外关系委员会随后发表评论文章，表示"自上而下的联合国政府专家组进程似乎'寿终正寝'，应对网络攻击的国际规范和法律现在必须自下而上地建立起来"③。美国与欧洲认为联合国政府专家组无法解决网络空间立法的问题，这对以联合国机制为主的网络治理平台的效用，尤其是对建立国际规范的进程都将造成巨大的不利影响。

需要强调的是，美国在"美国优先"外交思想指导下，不断重创自二战以来建立的国际体系，试图重新建立符合美国利益的全球秩序，这对中美关系、对全球治理来说都是巨大的挑战。

五　发挥联合国在全球网络空间治理中的主导地位

2017年1月18日，习近平主席在联合国日内瓦总部的演讲中强调："中国支持多边主义的决心不会改变……中国将坚定维护以联合国为核心的国际体系，坚定维护以联合国宪章宗旨和原则为基石的国际关系基本准则，

---

① 王天禅：《美国国防部新版〈网络战略〉评析》，《信息安全与通信保密》2018年第11期。

② https://www.whitehouse.gov/the-press-office/2017/06/26/remarks-homeland-security-advisor-thomas-p-bossert-cyber-week-2017.

③ Stefan Soesanto & Fosca D'Incau, "The UN GGE is Dead: Time to Fall Forward", ECFR, Aug. 15, 2017, https://www.ecfr.eu/article/commentary_time_to_fall_forward_on_cyber_governance#.

坚定维护联合国权威和地位，坚定维护联合国在国际事务中的核心作用。"[1]中国对联合国发挥全球网络空间治理主导作用的态度是一贯的，这也是广大发展中国家有效参与网络空间治理的平台。然而，网络发达国家根据自身优势和政治偏好，一直以来对以联合国为平台的全球网络空间治理进程"不屑一顾"，坚持与"志同道合"的伙伴国家一起建章立制，把其他国家视作规则的被动接受方。作为联合国的发起国、创始会员国和安理会常任理事国，中国有义务也有必要来推动联合国全球网络空间治理进程。当前，我们可以努力的方向如下。

（一）突出联合国的核心作用

习近平主席于 2017 年 1 月 18 日在日内瓦联合国总部的演讲中强调，人类命运共同体的构建首先要遵循"主权平等"原则，尤其是在新形势下，我们要坚持主权平等，推动各国权利平等、机会平等、规则平等。[2] 同样，在网络空间治理领域，我国一向主张以尊重各国的网络主权为基本原则，反对单边行动和网络霸权主义，强调各国应在平等的前提下共同制定网络空间行为规范。然而，联合国治理机制受到以美国为首的西方国家的轻视。

在网络空间行为规范方面，北约已经相继推出《塔林手册》和《塔林手册 2.0》，对当前国际法如何适用于国家行为体的网络行为进行了探索和尝试，取得了一定成果。但北约提出的行为规范忽视了广大发展中国家的意见，其关于网络空间武装冲突的概念和低烈度冲突门槛的规定更利于网络能力较强的发达国家，并且该规则的制定完全将联合国排除在外。因此，以人类命运共同体为方向的话语体系建设迫在眉睫，而且这套话语体系的构建必须以联合国机制为核心，使各国在主权平等、权利平等、机会平等的前提下共同推进网络空间治理进程。

---

[1] 《共同构建人类命运共同体——在联合国日内瓦总部的演讲》，新华网，http：//www. xinhuanet. com/world/2017 –01/19/c_ 1120340081. htm，2017 年 1 月 19 日。

[2] 《共同构建人类命运共同体——在联合国日内瓦总部的演讲》，新华网 http：//www. xinhuanet. com/world/2017 –01/19/c_ 1120340081. htm，2017 年 1 月 19 日。

（二）开拓联合国机制下的全球网络空间治理合作

在网络空间治理进程中，没有任何国家可以置身事外。[①] 为了构建网络空间治理共识，我们可以从以下三个层面加强国际合作。

首先，加强与俄罗斯、印度、巴西等国的沟通与合作，协调立场、凝聚共识，提升广大发展中国家在全球网络空间治理中的话语权。在2016 年 6 月，中俄两国共同发布了《中俄关于协作推进信息网络空间发展的联合声明》，强调双方在共同倡导推动网络主权原则、尊重各国文化传统和社会习惯的原则，加强网络空间领域的科技合作和经济合作，维护公民合法权利，共同打击网络犯罪，建立跨境网络安全治理机制等方面的共识。中俄之间的网络空间治理合作为广大发展中国家凝聚共识、开展合作提供了蓝图，但中俄两国还应进一步开展实质性合作，积极参与新的全球空间治理制度建构，提高两国的制度性话语权，并增强两国网络空间安全的自主可控性。[②]

其次，以地区国际组织为单位推进网络空间治理进程，并积极向联合国机制靠拢。近年来，中国加快了融入网络空间国际治理体系的步伐，并且取得了良好的成效，不仅世界互联网大会的影响力稳步提升，而且在国际标准制定方面也有所突破，尤其是在上合组织和东盟国家中，中国在网络空间治理领域已有较强的议程设置能力和感召力。[③]

最后，中国应着力提升多边治理机制的影响力，提高发展中国家集团在全球网络空间治理中的话语权。联合国是最具代表性的国家间组织，中国与广大发展中国家应加强合作，共同致力于在联合国框架下进行网络空间的治理，这一方面增加了发展中国家的话语权，另一方面更有助于协调各国进行

[①] Malekos Smith, Jessica Zhanna, "No State is an Island in Cyberspace", *Journal of Law and Cyber Warfare*, Aug. 14, 2016. SSRN: https: //ssrn. com/abstract = 2822576.

[②] 单晓颖:《中俄协作网络空间治理的基础与路径分析》,《国际新闻界》2017 年第 39 期。

[③] 戴丽娜:《2017 年网络空间国际治理整体形势回顾》,《信息安全与通信保密》2018 年第 2 期。

网络空间相应法律法规的制定，尤其是事关网络主权与普世人权的争论，在联合国框架下能得到充分的讨论。[①]

（三）继续发挥联合国政府专家组的作用

目前，联合国最重要的全球网络空间治理机制是联合国政府专家组。在组建之初，政府专家组进程的成效不大。随后，专家组成员同意形成一个更广泛的进程，以界定网络空间的国家行为准则，并就建立信任措施展开具体讨论。政府专家组在 2010 年、2013 年和 2015 年分别发表了共识报告，并制定了网络安全谈判议程。尽管政府专家组最初取得了一些成果，但固有的局限性限制其作用的持续发挥。因此，可以从以下几方面推动联合国政府专家组的改革。

首先，提升专家组成员的代表性。目前，与会者事实上来自秘书长的顾问团队，而不是得到充分授权的国家代表，因此在一些事关国家利益的谈判中，该机制无法发挥有效性。此外，专家组成员数量由原来的15 人增加到 20 人，最近又增至 25 人，但大多数国家的与会代表没有话语权。

其次，提高专家组成员的专业性。在成员代表性问题解决之后，该机制仍面临专业性问题。就最近几次会议的讨论过程来看，达成协议的障碍更多是在无关的政治议题上。[②]

最后，当前一些西方观察人士对这一进程能否继续取得成功表示怀疑，并呼吁采取小范围的双边或多边模式。因此，提高联合国政府专家组的代表性和专业性刻不容缓，尤其是随着国际规则制定进入攻坚期，该机制效用的发挥直接影响网络空间建章立制的进度。需要注意的是，联合国机制的改革牵涉复杂的政治因素，我国应当首先积极维护联合国政府专家组的治理模

---

① 王天禅：《中美在全球网络空间治理中的竞争与合作》，上海国际问题研究院硕士学位论文，2017。

② Joseph Nye, "Normative Restraints on Cyber Conflict", Henry Stewart Publications, Cyber Security: A Peer-Reviewed Journal, Vol. 1. August 28, 2018.

式，其次力图在联合国内形成共识进而对现有机制进行改革，以推进其在网络空间国际立法方面发挥作用。

（四）在高政治领域设置并细化网络议题

随着国家机构、公民社会、私营部门和个人对网络空间及其相应基础设施的依赖逐渐加深，网络空间治理也逐渐从"低政治"领域向"高政治"领域演变。笔者认为，推动这一演变过程的原因有：首先，越来越多的基础设施运营和控制系统都与网络空间相连，而且信息基础设施的重要性也越来越突出，这些基础设施的有效运转关乎人员和财产的安全，以及社会经济运行的稳定。其次，网络空间各种内容的传播，对国内社会的影响日渐广泛和深刻，有些不良内容的传播对当地主流文化和国家认同造成侵蚀，甚至对国内政治和社会生态形成冲击。最后，随着信息技术的发展，网络空间出现了大量进攻性的"数字武器"，加之一些国家试图通过自身进攻性能力的建设来确保网络安全，导致近年来网络空间军事化趋势明显加快。

由此看来，网络空间领域的"高政治"议题应包括基础设施安全、内容管理和网络空间非军事化等方面。其中，各方争论最激烈的领域在网络内容监管方面；其次是网络空间军事化，包括对武装冲突的定义和现行国际法适用、军控、防扩散等问题；最后是基础设施保护，各方就该领域达成共识的可能性较大。

就联合国机制下的网络空间治理进程来说，可以从"高政治"议题中的细分问题着手，推动各方进行平等交流和合作，逐步形成共识。具体的议题设置如下。

网络空间军事化方面，可以从数字武器的军控和防扩散着手，在联合国框架内的军控和防扩散事务中加入网络军控、数字武器防扩散等内容。尤其是那些具有较强进攻性且具备实际破坏能力、能够危及人员安全和造成大规模财产损失的数字武器，要防止其流入国际犯罪组织、恐怖组织等极端团体和个人手中。

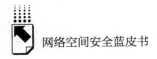

网络内容监管方面，当前各方能够达成的共识是加强对涉及未成年人的不良信息监管，加强对未成年人网络权益的保护。对此，我国可以加大与联合国儿童基金会的合作力度，推动针对未成年人网络保护全球机制的形成，加强各方在网络内容监管方面的讨论与合作，以期形成更大的共识。

信息基础设施保护在各个国家发布的战略文本和施政方针中都屡见不鲜，这不仅是国内网络安全保护的重要内容，也是国际网络空间治理进程中最有希望达成共识的领域。可以说，信息基础设施保护是网络空间规则制定最现实的切入点。作为"五常"之一的中国，可以通过与其他在该领域形成共识的大国向安理会或联合国大会提交议案，将信息基础设施保护提高到与防范金融风险、防范恐怖主义等事件同等的地位，确保非军事基础设施不论在战时还是非战时都能得到应有的保护。

六　小结

作为全球治理的重要舞台，联合国也是促进各国政府与其他利益攸关方进行交流与合作的平台。尽管当前的联合国面临内部组织机构改革与外部大国博弈带来的双重压力，但其在全球网络空间治理进程中的作用仍不可忽视，尤其是在人权问题、可持续发展、人工智能发展和数字贸易规则等方面。在国际社会多极化发展的当下，联合国无疑还是进行全球网络空间治理议题讨论和执行的最佳平台。联合国也通过推进网络空间治理进程来促进在这一领域的多边合作。习近平主席也强调，要通过积极有效的国际合作，共同构建和平、安全、开放、合作的网络空间，建立多边、民主、透明的国际互联网治理体系。因此，推进联合国进行组织机构改革，加强联合国在全球网络空间治理中的主体作用，这是我国积极参与国际事务，维护网络空间安全、开放、合作的应有之义。

B.14
后 GDPR 时代的美国数据隐私保护走向

黄道丽　胡文华*

摘　要： 当前，美国州层面的个人数据相关立法呈现出明显的增长趋势。联邦层面也开始针对隐私法相关问题展开辩论。整体来看，后 GDPR 时代美国隐私保护呈现出隐私保护力度整体提升，数据保护权利尚存争议；数据共享、出售成规范重点，多种监管方案提出；监管模式选择成重要争议的特点。

关键词： GDPR　隐私保护　数据共享　监管模式

2018 年欧盟《通用数据保护条例》（General Data Protection Regulation，GDPR）正式实施，全球范围内掀起了数据保护改革浪潮。欧盟境内成员国纷纷更新个人数据保护法，巴西、印度、越南、马来西亚等国家也开始数据保护立法。除全球性的立法改革运动外，剑桥分析事件的爆发也进一步促使数据保护与利用问题成为全球关注。在此背景下，美国作为同样引领全球隐私保护的典型国家也深受影响，立法者、学界、行业等开始深刻反思美国现行的隐私立法体系，纷纷采取举措推动相关立法进程，试图在后 GDPR 时代建立起美国隐私保护新范式。

在数据全球化深入发展的当下，一方面，美国数据隐私保护立法不仅影响着全球数据经济的发展，也是研究未来全球隐私保护立法走向的重要标

---

* 黄道丽，公安部第三研究所副研究员，西安交通大学法学博士；胡文华，硕士研究生，公安部第三研究所实习研究员。

本。另一方面，在我国将《个人信息保护法》纳入第十三届全国人大常委会立法规划、国际 GDPR 全球立法效应持续发酵之际，如何在后 GDPR 时代建立一套既符合国际最佳立法实践又符合本国国情，既能为个人权益、数据经济、国家安全等系列利益保驾护航，又能为我国在国际数据规则制定中占据话语权、主动权的《个人信息保护法》，是我国当下亟须解决的现实问题。后 GDPR 时代美国隐私保护将走向何方，其哪些具体考量对我国具有重大的研究和参考价值。本报告将介绍美国自 GDPR 实施以来数据隐私保护最新动向并分析其关注重点及主要趋势。

一 美国数据隐私保护现状

长期以来，与欧盟从人权保障视角出发为隐私或个人数据提供全面的、高水平的保护不同，美国更多的是基于经济发展的考量，反对对隐私或数据进行全面监管。此外，作为典型的判例法国家，美国一直以来缺乏联邦层面的统一的互联网隐私保护法，而主要依据联邦贸易委员会的执法。相关立法规范也主要体现在隐私保护立法中，如 1970 年的《公平信用报告法》（FCRA）、1974 年的《隐私法》、1986 年的《电子通信隐私法》（ECPA）、1996 年的《健康保险携带和责任法案》（HIPAA）、1998 年的《儿童在线隐私保护法》（COPPA）、1999 年的《金融服务现代化法》（GLBA）等，仅针对征信、金融、医疗、教育等特殊领域，或儿童、学生等特殊群体的个人数据收集、使用等问题做出了规定。21 世纪初，随着网络的飞速发展，美国国会、白宫曾先后多次提出了旨在加强互联网隐私保护的法案，如 2000 年引入国会的《消费者互联网隐私增强法案》、2011 年的《商业隐私权利法案》、2012 年奥巴马政府提出的《消费者隐私权利法案》等，但最终因国会并不主张对隐私加以全面监管而未能顺利推进。①

① Information Technology and Innovation Foundation，" A Grand Bargain on Data Privacy Legislation for America"，2019.

（一）美国数据隐私保护的现行立法框架

1. 1970年的《公平信用报告法》

该法最初颁布于 1970 年，旨在促进消费报告机构所收集的信息的准确性与公平性，同时推进相关隐私保护。这些信息被用于信用与保险报告、雇员背景调查与租户筛查。这一法案赋予了个人访问与修正个人数据的权利，从而保护了消费者的权利。它要求那些提供消费者报告的公司确保信息的准确与完整；限制这些信息的使用；要求这些机构在依据报告进行不利于当事人的措施（如拒绝贷款）时，需尽到告知的义务。之后，美国又通过《公平和准确信用交易法》（Pub. Lo. No. 108 – 159）对该法做出了修订。

2. 1974年的《隐私法》

该法专门规定了联邦政府机构收集公民个人数据时应当遵守的基本规则。"行政机关"对个人数据的采集、使用、公开和保密问题做出详细规定，以此规范联邦政府处理个人数据的行为，平衡公共利益与个人隐私权之间的矛盾。该法中的"行政机关"，包括联邦政府的行政各部、军事部门、政府公司、政府控制的公司，以及行政部门的其他机构，并包括总统执行机构在内。该法也适用于不受总统控制的独立行政机关，但国会、隶属于国会的机关和法院、州和地方政府的行政机关不适用该法。该法中的"记录"，是指包含在某一记录系统中的个人记录。个人记录是指"行政机关根据公民的姓名或其他标识而记载的一项或一组信息"。其中，"其他标识"包括别名、相片、指纹、音纹、社会保障号码、护照号码、汽车执照号码，以及其他一切能够用于识别某一特定个人的标识。个人记录涉及教育、经济活动、医疗史、工作履历以及其他一切关于个人情况的记载。《隐私法》规定了行政机关"记录"的收集、登记、公开、保存等方面应遵守的准则。

3. 1986年的《电子通信隐私法》

《电子通信隐私法》涵盖了声音通信、文本和数字化形象的传输等所有形式的数字化通信。它不仅禁止政府部门未经授权的窃听，而且禁止所有个人和企业对通信内容的窃听，同时还禁止对存贮于电脑系统中的通信信息未经授权的访问及对传输中的信息未经授权的拦截。

4. 1996年的《健康保险携带和责任法案》

该法案通过建立电子传输健康信息的标准促进健康信息系统的完善。保障个人的健康隐私信息的完整性和机密性；防止任何来自可预见的威胁、未经授权的使用和泄露；确保官员及其职员遵守这些安全措施。2001 的《健康保险携带和责任法案》修正案，目标之一就是保护病人的电子健康记录，并提出保护的具体标准。该法详细规定了行政保障措施、物理保障措施、技术保障措施及安全责任的分配问题，对于违反安全标准的实体，规定了最高可达 25 万美元的罚款和最长 10 年监禁的严厉惩罚措施。

5. 1998年的《儿童在线隐私保护法》

该法适用于美国管辖之下的自然人或单位对 13 岁以下儿童在线个人信息的收集行为。该法详细规定了网站经营者必须披露其隐私保护政策，寻求监护人同意的时间及方式。规定经营者违反儿童隐私保护应承担的责任，禁止营销 13 岁以下儿童的个人信息。但是如果经过父母同意，13 岁以下儿童可以合法提供其个人信息。为了顺应大数据的时代潮流，更好地保护儿童的隐私数据，美国联邦贸易委员会修订了该法，自 2013 年 7 月 1 日起生效。新出台的规则把个人信息范畴扩展到地理位置标记、IP 地址、个人照片或音频、网站 cookies。同时，新规则对一些使用插件或者广告获取信息的公司也同样有效。此外，考虑到 2000 年以来在线技术的发展变化，修订了运营商、个人信息针对儿童的网站或网上服务等术语的定义，并增加了征得父母的同意、对相关主体的通知、保密性和安全性以及安全港条款等要求，并引入了数据留存、删除等新术语。这些新的技术变革主要体现在手机、平板电脑、社交网络和数以百万计的其他应用上。

6. 1999年的《金融服务现代化法》

该法对金融信息的收集、使用、披露行为进行了规定，适用于金融机构，如银行、证券公司和保险公司以及其他提供金融服务或产品的机构。《金融服务现代化法》对非公开个人信息的披露行为做出了限制，并规定了金融机构应当针对其数据处理行为通知数据主体的情形，要求金融机构为数据主体提供数据不公开的选择机制。

（二）美国数据隐私保护行业自律

美国还倾向于采取行业自律政策对网络隐私权提供保护。由于网络技术发展迅速，而立法总是滞后于现实状况，采用自律政策作为立法之外的补充得到行业联盟、国会和政府部门的一致支持。总体而言，美国目前的行业自律形式有三类——建议性的行业指引、网络隐私认证、技术保护模式。

许多从事网上业务的行业联盟都发布了本行业网上隐私保护准则，如"在线隐私联盟""银行家圆桌会议""直销协会""互动服务协会"等。其中，"在线隐私联盟"最为著名，由超过 80 家的国际公司和协会组成，致力于为商业行为创造互信的良好环境和推动对个人网络隐私权的保护。它于 1998 年 6 月发布了以联邦商业委员会的建议为原则的在线隐私指引，旨在指导网络和其他电子行业进行隐私保护。不同于适用于同一行业内部的建议性行业指引，网络隐私认证适用于跨行业的联盟。它们授权那些达到其提出的隐私规则的网站张贴其隐私认证标志，以便于用户识别。美国著名的网络隐私认证组织有 TRUSTe、BBBOnLine、WebTrust 等。

技术保护模式为更好地鼓励甚至是强制推行隐私权保护提供了基本的技术支撑。最常见的一种模式是由互联网协会推出的个人隐私选择平台（P3P）。P3P 能让网站指明对个人数据使用和公布的状况，让用户选择个人数据是否被公布，以及哪些数据能被公布，并能让软件代理商代表双方达成有关数据交换的协议。在这种模式下，个人能够利用充足的信息做出明智的决定——同意或是拒绝提供本人的数据，并且能够委托软件代理商将决定付诸实践。

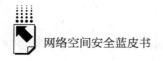

二　后 GDPR 时代美国数据隐私保护立法动向

国际上欧盟 GDPR 的实施以及全球的数据保护改革的兴起，国内 Equifax、Uber、剑桥分析等数据泄露和滥用事件的频发，让数据保护问题再次进入美国民众、立法者等的视野。当前美国各州数据隐私保护立法正在如火如荼地进行；联邦层面的隐私法也在酝酿中；立法者之外，科技巨头、行业协会等多利益导向的其他力量也在不断推进立法进程。

（一）走在前沿的州际数据保护立法

为响应消费者对数据收集、数据安全、数据隐私保护的日益关注，美国诸州已起草或颁布了相关数据保护法。在 LegiScan 网站上通过"personal data""privacy"关键词搜索可发现，2018 年下半年至今（2019 年 3 月 31 日），美国州层面的个人数据相关立法呈现出明显的增长趋势，至少百余项隐私保护提案进入了州议会审议程序。各州之间的立法提案各具特色又普遍存在交叉影响的现象，从各州数据保护提案的激增情况不难发现，美国境内正在开展一场数据保护革命。

以加利福尼亚州为例，作为美国隐私保护最为先进的州之一，2018 年 6 月加利福尼亚州率先颁布了《加州消费者隐私保护法》（CCPA）。该法在诸多方面效仿 GDPR，对隐私保护做出了诸多开创性的规定。例如，该法赋予了数据主体访问权、删除权、可携带权以及禁止个人信息出售的权利，并对数据处理的透明度做出了诸多要求。作为自下而上的隐私保护运动妥协的产物，与 GDPR 相比，CCPA 在数据保护力度方面相对弱化，但 CCPA 的出台拉开了美国数据保护革命的序幕，对其他州以及联邦立法均产生了巨大的推动作用。

加州之外，华盛顿州、纽约州、新泽西州、伊利诺伊州等也相继提出了提案。2019 年华盛顿州议员提出了《华盛顿隐私法案》（SB5376），成为继 CCPA 外的第二部综合性的数据隐私保护立法。该法案深受 GDPR 与 CCPA

的影响，CCPA 规定的数据主体权利基本被引入，此外该法还进一步引进了
GDPR 的反对自动化分析决策权。与 CCPA 建立的"选择—退出机制"不
同，《华盛顿隐私法案》在规定数据控制者进行风险评估的基础上，建立了
数据收集和出售的"选择—进入"机制。① 新泽西州先后提出了三项提案，
针对 GPS 数据、数据泄露通知等做出了规定。伊利诺伊州 HB2871 号提案对
数据经纪人登记制度做出了规定。表 1 梳理了 GDPR 实施后美国各州主要的
隐私保护法案。

表 1　GDPR 实施后美国各州主要的隐私保护法案

州	时间	法案名称（或编号）
加州	2018 年 6 月 28 日通过，2020 年 1 月 1 日实施	《加州消费者隐私保护法》
	2019 年 3 月 19 日	AB288
	2019 年 2 月 20 日	AB1035
	2019 年 2 月 21 日	AB1202
	2019 年 2 月 22 日	AB1281
	2019 年 2 月 22 日	AB1395
	2019 年 2 月 22 日	AB561
新泽西州	2019 年 1 月 17 日	No. 4902
	2019 年 2 月 14 日	No. 4974
	2019 年 2 月 25 日	AB3245
伊利诺伊州	2019 年 3 月 29 日	HB2871
华盛顿州	2019 年 1 月 18 日	SB5376
夏威夷州	2019 年 1 月 24 日	SB418
马里兰州	2019 年 2 月 11 日	SB0613
马萨诸塞州	2019 年 1 月 22 日	SD341
纽约州	2019 年	S1203
佛蒙特州	2019 年 3 月 26 日	S0110
	已通过，2019 年全面实施	No. 171

注：由于多数法案尚处审议阶段，表格中的"时间"一栏除明确"已通过"外，均指法案的提
出时间。

---

① "Comparing the Washington Privacy Act（WPA）to the California Consumer Privacy Act
（CCPA）"，http：//www. kleinmoynihan. com/comparing – the – washington – privacy – act – wpa
– to – the – california – consumer – privacy – act – ccpa/.

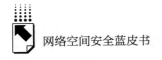

（二）争议中的联邦数据隐私法

随着加州 CCPA 的通过以及各州隐私法案的提出，是否应当建立一个联邦层面的数据隐私法、具体规则该如何设计等问题也成为联邦立法的关注重点。

在 GDPR 即将实施前夕，美国参议院发布了一项决议，鼓励企业将 GDPR 标准同样适用于美国用户。[①] 但相较于各州隐私保护改革的迅速，美国联邦层面对于隐私保护立法反应相对迟缓。在各州立法的推动以及科技巨头、民间组织的呼吁下，美国联邦层面也开始采取行动。参议院先后提出了《数据保障法案 2018》《美国数据传播法案 2019》《社交媒体隐私和消费者权利法案 2019》《数字问责制和透明度以提升隐私保护法案》等。众议院也提出了《加密法案 2018》《信息透明度和个人数据控制法案》《应用程序隐私、保护和安全法案》《数据问责和信任法案》等多项提案。两院共同提出了《数据经纪人问责制和透明度法案》。总体来看，目前美国参、众议院已有 10 余项隐私保护法案正在审议中（见表 2）。

综观各项提案，不难发现 GDPR 对其的影响，但各项提案在借鉴 GDPR 的规定方面存在的诸多差异也直接反映出了联邦国会对于美国隐私保护力度、方式等仍存在较大分歧。为寻求共识，众议院和参议院司法委员会曾多次组织听证会就美国联邦隐私法进行讨论，但针对联邦政府是否需要制定统一立法、应当赋予数据主体何种权利、如何设计救济机制等问题存在诸多争议。

（三）多利益导向的其他推进力量

立法者之外，其他利益团体在推动隐私立法改革中的作用也不可忽视。政

---

① "A Resolution Encouraging Companies to Apply Privacy Protections Included in the General Data Protection Regulation of the European Union to Citizens of the United States", https：//www. congress. gov/bill/115th - congress/senate - resolution/523/text？q = %7B%22search%22%3A%5B%22security + data%22%5D%7D&r = 5.

表 2　GDPR 实施后美国联邦主要数据隐私提案

机构	时间	法案名称	核心内容
参议院	2018 年 12 月 12 日	《数据保障法案 2018》（*Data Care Act of* 2018）	规定在线服务提供商安全保障、忠实义务
	2019 年 1 月 16 日	《美国数据传播法案 2019》（*American Data Dissemination Act of* 2019）	要求 FTC 提交隐私立法建议，建议应包含访问权、更正权及数据披露记录义务
	2019 年 1 月 17 日	《社交媒体隐私和消费者权利法案 2019》（*Social Media Privacy and Consumer Rights Act* 2019）	规定知情同意规则、隐私安全计划义务、数据泄露通知义务、访问权、撤回同意
	2019 年 2 月 27 日	《数字问责制和透明度以提升隐私保护法案》（*Digital Accountability and Transparency to Advance Privacy Act*）	最小化原则、透明度、撤回同意、访问权、删除权、数据可携权、设置隐私保护人员
	2019 年 3 月 14 日	《商业面部识别隐私法案 2019》（*Commercial Facial Recognition Privacy Act of* 2019）	知情同意
两院	参：2017 年 7 月 众：2018 年 7 月	《数据经纪人问责制和透明度法案 2018》（*Data Broker Accountability and Transparency Act of* 2018）	审查权、更正权、拒绝信息出售或共享权、数据访问或传输审计
众议院	2018 年 7 月 27 日	《应用程序隐私、保护和安全法案 2018》（*Application Privacy, Protection, and Security Act of* 2018）	知情同意、同意的撤回、数据安全保障
	2018 年 7 月 30 日	《加密法案 2018》（*Encrypt Act of* 2018）	对协助解密义务的限制
	2018 年 9 月 24 日	《信息透明度和个人数据控制法案》（*Information Transparency & Personal Data Control Act*）	要求 FTC 颁布处理敏感个人信息和行为数据的规定：透明度、非敏感个人数据的同意撤回、隐私审计
	2019 年 2 月 14 日	《数据问责和信任法案》（*Data Accountability and Trust Act*）	要求 FTC 制定隐私规则：个人信息安全管理、风险评估、访问权、更正权、删除权、数据经纪人的信息安全审计机制

注：由于多数法案尚处审议阶段，表格中的"时间"一栏除明确"已通过"外，均指法案的提出时间。

府方面，2018 年 9 月，特朗普政府正式宣布建立美国消费者隐私标准计划。根据该计划，国家标准与技术研究院（NIST）、国家电信和信息管理局（NTIA）正与公共部门和私营部门合作，制订自愿隐私框架。美国联邦贸易委员会（FTC）2018～2019 年的工作重点也主要放在数据安全、隐私保护上。2019 年 2 月美国政府问责办公室（GAO）发布报告建议制定全面的联邦隐私法。[①]

行业方面，自各州隐私保护运动以来，各州立法规范的不同为企业的合规带来了诸多难题。尤其是在加州 CCPA 严格的个人数据保护条款即将生效、各州数据保护普遍增强的情形下，各科技巨头迫切希望通过推进联邦立法建立一套统一的、综合的隐私保护规则减小未来的合规成本，同时为自身在美国这场隐私保护改革中先发制人掌握主动权。[②] 苹果、微软、Facebook 等科技巨头均明确支持建立联邦隐私法，并积极参与联邦的立法工作。此外，行业协会也在积极地推进隐私监管的现代化。2018 年 9 月美国互联网协会发布了一套隐私原则。该原则在诸多方面吸收了 GDPR 的规定，对透明度、数据主体控制权、访问权、更正权、删除权、可携带权等做出了规定。无独有偶，美国商会、商业软件联盟（BSA）也先后发布了相关原则。

三 后 GDPR 时代的美国数据隐私保护趋势及特点

欧盟 GDPR 的实施推动了美国境内一场全民性的隐私保护变革，使美国的隐私保护在后 GDPR 时代具有明显的阶段性特征。整体来看，后 GDPR 时代美国数据保护呈现以下趋势及特点。

[①] United States Government Accountability Office, "Internet Privacy Additional Federal Authority Could Enhance Consumer Protection and Provide Flexibility", 2019.

[②] Christopher DeLacy, Joel E. Roberson, Kaylee A. Bankston, "U. S. Congress Focused on Federal Privacy Legislation in Wake of California Consumer Privacy", https：//www.hklaw.com/PrivacyBlog/US – Congress – Focused – on – Federal – Privacy – Legislation – in – Wake – of – California – Consumer – Privacy – Act – 02 – 15 – 2019/? utm_ source = Mondaq&utm_ medium = syndication&utm_ campaign = inter – article – link.

（一）隐私保护力度加大，数据保护权利尚存争议

综观 GDPR 颁布实施后各州及联邦立法提案，不难发现与现行法相比，各提案在很大程度上加大了美国的数据保护力度。例如，赋予了数据主体访问权、更正权、删除权、选择退出权等诸多新权利，也对互联网服务提供商提出了更高的义务要求，包括但不限于更强的安全保障义务、风险评估义务等。

与此同时也应注意到，虽然 GDPR 在很大程度上给美国隐私保护带来了巨大冲击，但与欧盟数据保护立足于用户隐私保护最大化不同，美国主流观点仍认为，美国隐私立法的关键任务并非促进用户隐私的最大化，而是促进用户福利的最大化。这决定了美国立法者不会全盘接受 GDPR 的规定，体现在各州和各版本的联邦隐私法提案方面，表现为在何种程度上借鉴 GDPR 规定的差异化。

对数据主体的权利争议主要集中于反对自动化决策权、删除权（被遗忘权）、访问权、数据可携带权等。例如，在是否赋予数据主体反对自动化决策权方面，目前仅有华盛顿州的隐私法提案规定了数据主体享有反对自动化分析权，其他各州及联邦立法提案均未规定该项权利。在删除权方面，诸多州的提案均对删除权做出了规定，但仍有诸多反对的声音认为删除权的行使会增加企业负担，同时对人工智能等新技术、新应用的发展带来阻碍。当前美国联邦层面的《美国数据传播法案 2019》《社交媒体隐私和消费者权利法案 2019》《数据经纪人问责制和透明度法案》等多数提案中并未对删除权做出规定。在访问权方面，有观点认为访问权的不当设置会增加企业的负担，因此各法案在访问权是否设置以及如何规范方面也存在诸多不同。在数据可携带权方面，目前仅有加州 CCPA、华盛顿州的 SB5376 号法案，联邦的《数字问责制和透明度以提升隐私保护法案》借鉴了欧盟 GDPR 的规定，明确在技术可行的情况下，应允许消费者无障碍地将信息传输至其他实体。此外，与 GDPR 不同，为平衡隐私保护与企业利益，在数据收集最小化、隐私设计、隐私人员的设置方面，当前美国鲜少有法案对此做出要求。

（二）数据共享、出售成规范重点，多种监管方案提出

综观各州及联邦各项提案可以发现，美国这次数据保护改革尤其关注数据共享和出售问题，联邦层面，《数据保障法案2018》《信息透明度和个人数据控制法案》《应用程序隐私、保护和安全法案》等法案均对数据出售和共享做出了规定。《数据经纪人问责制和透明度法案》更是专门针对数据经纪人制度做出规范。州层面，加州 CCPA 以及佛蒙特州第 171 号法的一个重大变革就是对于数据出售和共享的规制。此外，夏威夷州、伊利诺伊州等新法案均对该问题做出了明确。综合来看，当前美国各法案对数据共享或出售行为的规制措施主要集中在以下几点。

强调透明度。2013 年美国政府问责办公室专门发布的《消费者隐私需要反映技术和市场变化》指出，美国隐私保护的一个重要问题在于，数据主体不知道谁掌握其数据、谁在出售其数据。[①] 为解决该问题，美国近年来尤其强调数据出售和共享的透明度，要求收集个人信息的企业应当向数据主体告知共享信息的目的、类型、第三方等信息。2018 年参、众议院提出的《数据经纪人问责制和透明度法案》专门针对数据经纪人的透明度、义务等做出了明确规定。值得注意的是，已有法案专门对数据价格的透明度做出了要求。加州 AB950 法案规定，企业应向用户披露其数据的平均商业价值（monetary value）。销售数据的，应当披露平均销售价格，并应用户要求向用户披露其数据销售的实际价格。法案还要求成立消费者数据隐私保护委员会。该委员会由学者、行业及社会团体组成，主要职责是为立法机构提供确定消费者数据价值的适当指标和方法。[②] 设置数据经纪人登记制度。"数据经纪人"是指基于出售或向第三方提供访问的目的，收集、集合、维护其用户或雇员之外的个人数据的商业实体。为规范数据经纪人的数据出售行

① United States Government Accountability Office，"Consumer Privacy Framework Needs to Reflect Changes in Technology and the Marketplace"，2013.

② "California legislature: 2019 – 2020 regular session. AB – 950 Consumer Privacy Protection"，https://leginfo. legislature. ca. gov/faces/billNavClient. xhtml? bill_ id = 201920200AB950.

为，2018 年 5 月，佛蒙特州第 171 号法全面生效，该法为数据经纪人制定了特殊规则，要求购买和销售用户数据的数据经纪人应当进行注册，并建立全面的数据安全计划。① 随后，加州及伊利诺伊州等也提出了类似法案。例如，加州 AB1202 号法案要求数据经纪人（data broker）每年向司法部部长进行登记，登记的信息包括名称、主要营业地、邮件及网站地址等，未经登记将受到禁令及民事处罚。②

强化数据出售或共享的安全保障义务。数据经纪人隐私审计制度是强化数据出售或共享的安全保障义务的重要措施。隐私审计是指通过中立的第三方对数据经纪人的隐私保护措施加以审查。《数字问责制和透明度以提升隐私保护法案》就规定了收集、使用、共享、出售敏感个人数据的运营商应当请第三方进行隐私审计，但也规定了 500 人以下的企业以及收集非敏感个人信息的豁免。《数据问责和信任法案》《数据经纪人问责制和透明度法案》等也对数据经纪人的隐私审计义务做出了要求。除隐私审计外，《数据保障法案 2018》还规定了在线服务提供商的保障义务（duty of care）和忠实义务（duty of loyalty），明确在线服务提供商不得向第三方披露、出售、共享个人数据，除非对方履行保障和忠实义务，且应采取合理的措施保障第三方履行了上述义务。

加强数据主体对信息出售控制权。保障数据主体对信息出售的控制力对于隐私保护具有重要意义。诸多法案中规定了拒绝出售的权利。例如，加州 CCPA、AB288，新泽西州的 AB3245、No. 4974、No. 4902，夏威夷州的 SB418、马里兰州的 SB0613 等均规定收集个人信息的网站应当为用户提供退出销售其个人信息的机制（选择—退出机制）。值得注意的是，目前已有部分法案针对特殊类型的个人数据的出售做出了特殊的规定。例如，纽约州 S8547 提案规定未经数据主体的书面同意，不得收集、购买、交易生物识别

---

① "Vermont Passes First Law to Crack Down on Data Brokers"，https：//techcrunch. com/2018/05/27/vermont – passes – first – first – law – to – crack – down – on – data – brokers/.

② "California legislature：2019 – 2020 Regular Session. AB – 1202 Privacy：Data Brokers"，http：//leginfo. legislature. ca. gov/faces/billTextClient. xhtml？bill_ id =201920200AB1202.

信息。加州 CCPA 规定 16 周岁以下儿童的个人信息原则上不得出售或共享除非获得数据主体的同意（选择—进入机制）。联邦参议院提出的《商业面部识别隐私法案 2019》也规定未经用户肯定明确的同意不得与第三方共享面部识别信息。

（三）隐私监管模式选择成重要争议

为提升数据保护水平，加强数据主体的控制权，欧盟 GDPR 承继并进一步加强了 95 指令建立的知情同意规则。这一做法也影响到美国此次的隐私保护改革监管模式的选择。在美国，个人数据长期以来被视为一般商品，除了针对儿童、金融、医疗等集中特殊类型的数据需要获取数据主体的同意外，一般数据的收集处理均无须遵守该规则，可自由获取、交易。随着 GDPR 的实施，有诸多隐私保护者主张效仿欧盟，建立以用户为中心的监管模式赋予用户控制权，其中一个重要措施包括建立知情同意规则。这也在部分法案中有所体现，如参议院提出的《社交媒体隐私和消费者权利法案 2019》。但这一做法也引来了诸多反对。更多的法案倾向于在 GDPR 的基础上做出相对弱化的规定，如区分敏感数据和非敏感数据，有限适用选择同意而更多采用选择退出机制等。此外，随着对美国新隐私监管的热情攀升，另一种隐私监管方法逐渐普及，即将尽职、忠诚和保密等信托义务适用于收集数据的实体。[①] 建立 "以用户为中心" 还是 "以数据控制者为中心" 的隐私保护模式已成为美国此次隐私保护改革的关注重点。

---

① Lindsey Barrett, Confiding in Con Men: U. S. Privacy Law, the GDPR, and Information Fiduciaries Seattle University Law Review (2019), Vol. 42: 1.

B.15
网络空间国际治理中非国家
行为体*的定位及作用

李　艳**

摘　要： 近年来，随着网络议题综合性与复杂性的突出，尤其是国家间网空博弈态势加剧，国家行为体的作用更加凸显。在当前重要的规则制定与实践领域，相较于国家行为体的强势作用，作为网络空间国际治理"原生力量"的非国家行为体似乎有所势弱。但实际上，作为网络空间的两大行为体——国家行为体与非国家行为体之间的合力与角力共同决定着网络空间的秩序构建与发展方向。但当前网络空间形势下，对于网络空间非国家行为体的关注度不够，相关研究也有限，这不利于对网络空间治理形势与规律的准确把握。本报告试图通过对网络空间国际治理理论与实践的梳理，分别从全球治理与网络空间力量格局两个视角，把握非国家行为体的作用以及未来发展趋势。

关键词： 非国家行为体　网络空间治理　力量格局

---

* 在学术探讨中有观点认为，政府间国际机构或组织因为具有跨国性、独立性和非国家性，将其亦作为非国家行为体。但本文为突出非国家主导性的作用，未将此类行为体纳入。

** 李艳，中国现代国际关系研究院信息与社会发展研究所副所长、副研究员，主要从事互联网治理机制与国际合作研究。

回溯互联网发展历史，非国家行为体是网络空间国际治理中的"原生力量"，近些年来，随着网络议题综合性与复杂性的突出，尤其是现阶段国家间网络空间博弈态势的加剧，国家行为体的作用更加凸显，早已不再是早期的"缺位"状态，在当前重要的规则制定与实践领域，相较于国家行为体的强势作用，非国家行为体似乎有所势弱。事实上，作为网络空间的两大行为体，国家行为体与非国家行为体之间的合力与角力，共同决定着网络空间的秩序构建与发展方向。对于网络空间国家博弈的研究与分析很多，但对于另一方，即非国家行为体定位的研究相对较少，本文试图通过对网络空间国际治理理论与实践的梳理，分别从全球治理与网络空间力量格局两个视角，把握非国家行为体的作用及其未来发展趋势。

一 全球治理视角下的非国家行为体

当前，国际社会普遍认为国际体系处在重大转型期，其中最重要的推动因素之一就是随着全球性议题重要性的突出，跨越国家主权与力量范围的国际机制的作用越来越突出，国际体系开始向后威斯特伐利亚体系转型。在权力逻辑上不再只有单一的国家权力，全球民间社会与全球市场已冲出国家权力安排的权力游戏牢笼，开始与国家一起分享权力。① "当下的信息革命将一系列跨国问题，如金融稳定性、气候变化、恐怖主义、流行病疫情和网络安全等列入全球议程，与此同时，信息革命也势必会削弱所有政府的响应能力。超越国境，处于政府管控外的跨国领域包括了形形色色的行为体……世界政治不再是各国政府的专有领域……非正式的网络型组织将削弱传统官僚体制的垄断。"② 虽然对于这种变化是否达到了"质变"、是否从根本上改变了国际体系仍有争论，但体系内部的"权力转移"已然发生是各方共识。这也是约瑟夫·奈认为的："世界政治中两个重大权力的转移，一是权力在

---

① 刘中民：《非传统安全的全球治理与国际体系转型》，《国际观察》2014年第4期。
② 约瑟夫·奈：《美国的领导力及自由主义国际秩序的未来》，《全球秩序》2018年第1期。

国家间的转移，即权力从西方国家转移到东方国家，以中国、印度为主的亚洲经济体迅速崛起；二是权力转移则表现为权力从国家到非国家行为体的扩散，这一扩散主要得益于以互联网兴起为信息技术的快速变革。"① 实践中，全球治理进程表明，在全球化、信息化大背景下，全球性治理在一定程度上打破了国家的壁垒，增加了全球互动的层次，并使多元行为体的能力获得了空前的提高，非国家行为体的影响力也随之大大增强。而究其根本，全球化进程中之所以会引发权力从国家行为体向非国家行为体转移，原因则在于相较于国家行为体，非国家行为体在应对全球性议题上尤其是网络议题上具有以下特殊优势。

一是专业性更强。在全球治理的相关领域，非国家行为体往往相较于国家行为体掌握着更加完备的信息和专业知识。比如，在粮食、气候等问题上，非国家行为体中的具体参与者基本都是相关领域的专家，他们可能来自学界，亦可能从事具体实务工作，专业划分性很强，他们的相关工作不仅来自一线，甚至是超前的，为国际社会认识和有效应对相关问题提供了大量的智力与实践支撑。政府部门虽然在传统意义上承担管理的职责，但由于机制的相对封闭与人员的相对固定，知识的更新与跟进相对滞后，反而无法成为该领域最具专业性的机构。在网络空间国际治理中，这一点亦表现得十分突出。直到现在，互联网发展初期就成立的一大批 I＊机构的作用仍然不可替代，固然是由于网络的跨国性需要一大批国际机构，但更为重要的是，涉及互联网技术架构与标准制定的技术"门槛"较高，需要更强的专业性。需要特别指出的是，虽然从整个国际体系中以及其他全球性治理议题中，从某种程度上看，权力的确是由国家行为体向非国家行为体转移，但在网络空间，非国家行为体绝对是"原生力量"，国家行为体是后来者。

二是机制灵活度大。在全球治理进程中，非国家行为体表现出更加灵活务实的特点，相较于传统国家依靠权威性施行的自上而下的、具有相当约束力的运行机制与规范模式，其更多地遵循全球治理框架下的多元主体参与、

---

① 约瑟夫·奈：《美国的领导力及自由主义国际秩序的未来》，《全球秩序》2018 年第 1 期。

自下而上的决策程序、非强制性的规则约束等运作模式，因此在组织架构上更加开放。这一特质对于全球性议题的应对至关重要，因为一旦跨国性问题产生，就不是哪一个国家单凭一己之力能够完成的，更为重要的是，往往这些议题对于单一国家主体而言均是新兴领域，没有既定经验可循。如果依靠国家间就这些问题进行广泛沟通与协商并最终形成共识会是一个相对漫长的过程。而开放性的、灵活的组织架构有助于对问题做出及时反应，形成有效的探讨或者是探索实践。在网络空间，技术发展日新月异，带来的治理问题也层出不穷，这些问题或涉及技术，或涉及标准，或涉及公共政策，单一的运作机制显然无法应对多元的治理需求，根据实际需要，灵活务实地解决问题至关重要。这也是为什么即便是在 I＊ 这样负责互联网技术与标准的国际机构里，运作模式亦是不一样，即虽然均号称是多利益相关方模式，但它们各自均有着不同的决策程序。

三是发挥作用渠道更多。实践证明，非国家主体能够借助更加广泛的影响渠道发挥作用。一方面，它可以利用其自身的独特优势施加影响，如在网络空间，跨国性 IT 企业拥有前沿性技术、庞大的消费群体、广阔的市场，长期以来的跨国经营使其天然有应对跨国性议题的经验和渠道，更遑论其雄厚的资金优势和游说能力，因此，一旦其决定要介入或参与任何领域的治理进程，影响力往往能很快凸显。另一方面，它甚至可以较易"涉及"国家行为体的领域。实践中，国家行为体往往很难介入由非国家行为体主导的机制，比如在网络空间，尤其是早期形成的技术标准制定的机构，由于其技术门槛和长期以来网络自由主义思潮影响下的反对政府介入治理的理念，在相当长一段时期内，国家行为体即政府主体的作用受到抑制，甚至即使是随着网络安全议题热度的上升，所谓政府在网络空间的回归，对于这些机制的实际影响力也仍然有限。但与之相反的是，非国家行为体对于传统由国家行为体主导的机制的渗透力度有不断强化的趋势。比如，在非国家行为体的努力下，国际非政府组织在《联合国气候变化框架公约》缔约方会议（UNFCCC-COP）中就被接纳为重要参与方，并获得一定表达立场与观点的权力。甚至一些国际规范的生成也得益于国际非政府组织的积极倡导，这些在环境保护历史进程中已经得到充分印证。在网络空间，这一点在近年来亦表现得十分明显，越来越多的 IT 巨头，基于各种考虑，不仅在技术、产业领域，更开始在网络空间行为规范领域发声，试图影响相关规则的制定进程。

正因如此，非国家行为体在规则规范制定过程的作用受到国际社会的高度关注。早在 20 世纪 90 年代，"全球治理委员会"（Commission on Global Governance）就发表了题为《天涯若比邻》（*Our Global Neighborhood*）的研究报告，提出全球治理理论的一个核心观点：全球治理是各主体共同参与和互动的过程，这一过程的重要途径是强化国际规范和国际机制，导向一个有约束力的规则规范。由此可见，在某种程度上，这是将国家行为体与非国家行为体放在一个"平等"的地位上来探讨它们对规则制定与秩序构建的作用。这对传统认为国际体系是以主权国家为基础的认知而言，是一个很大的转变或者说进步。

二 网络空间力量格局演进视角下的非国家行为体

虽然无论是从全球治理还是从网络空间治理视角看，非国家行为体的作用都十分重要，但是在任何秩序构建中，任何一方力量均受制于整体力量格局。在网络空间，所谓力量格局，是指在整个网络空间国际治理体系中发挥作用的不同"行为体"掌握资源的情况，及其各行为体间的关系，最终体现为对决策的影响力。网络空间是一个综合性强、复杂度高的空间，参与的行为体多元，对于其中任何行为体作用的评估难度均很大，总体而言呈现以下两大特点。

首先，力量格局始终处在动态变化过程中。网络空间发展有历史阶段性，不同阶段下治理的重心与特点均有所不同，这就决定发挥主导作用的主体亦必须呈现出阶段性的特点，因此，力量格局本身并非固化或一成不变。比如，在互联网基础资源管理与分配治理中，美国凭借互联网技术原生、产业以及技术社群力量等多方面因素长期发挥主导作用，但是随着其他国家对基础资源的高度重视、其他国家和地区互联网产业的进一步发展，特别是发展中国家互联网的全球接入与市场的发展，虽然美国主导影响力短期内不会有根本性变化，但不少国家和地区的产业与社群力量在决策中的影响已然有所提升，特别是 2016 年 10 月，美国政府放权 ICANN 建立新的"全球多利益相关体"机制后，随着机制的不断演进，这种力量格局的变化还会继续。

其次，力量格局整体呈现多元化的系统性架构。由于网络空间治理是"分层"的，包括物理层、逻辑层与应用层，层与层之间的治理规律与模式有着显著区别，就算是同层的议题，具体治理机制也是不一样的。虽然在不同层级或议题中，都是多行为体参与，但各行为体参与的程度和影响力大小不尽相同，基于不同治理议题呈现不同力量格局，共同构成以多元化为特点的系统性架构。正如威利·杰森在《互联网治理：保持所有主体间的平衡》① 中所言，实践证明，无论是公共部门还是私营部门，好的治理都需要相关的利益相关方共同参与。但是，对于特定治理议题中，各主体应该发挥怎么样的职能与作用应从务实的角度具体分析。他强调在互联网治理中，一方面主权与政治的重要性使国家主体必然发挥重要作用，但另一方面考虑到互联网应用作为一系列重要全球公共物品的重要性，非国家主体的力量亦不容忽视。这不是一个非此即彼的问题，而应该从务实的视角来进行解决。比如，在互联网资源与运营领域，虽然一直强调"自由"、"开放"与"平等"是互联网的"初始精神"，治理主体都应多元化，政府、私营部门以及用户均应"地位平等"地参与其中，但由于在该领域，相关资源与渠道主要掌握在私营部门手中，其主导地位不言而喻。而相应政府主体在此领域很多时候难以发挥作用，甚至"不受欢迎"。但在打击网络犯罪、网络恐怖主义以及国家行为规范等行为层，政府主体的既有资源与强力措施显然使其成为发挥主导作用的治理主体。

在整个系统性动态变化的架构中，国家行为体与非国家行为体之间的关系也从权力边界相对清晰的各有所长，逐渐转向为权力竞争。21 世纪以来，

---

① Willy Jenson, "Internet Governance: Striking the Appropriate Balance between All Stakeholders", http://www.wgig.org/docs/book/Willy_ Jensen.pdf., 2016 年 5 月 9 日。

在整个治理体系得以拓展的大背景下，国家行为体与非国家行为体真正意义上成为共同参与治理进程的各"利益相关方"。最典型的事件莫过于在联合国的推动下，国际社会开启 WSIS 进程。2005 年 6 月，WGIG 对 IG 的定义（Work Definition）为："互联网治理是各国政府、私营部门和民间社会根据各自的作用制定和实施旨在规范互联网发展和使用的共同原则、准则、规则、决策程序和方案。"① 对于这一定义，不少学者认为是确立了"多利益相关方"模式，但实际上，在当时的历史背景下，更多的是标志着国际社会对国家行为体在网络空间国际治理中的作用有所认识，正如 WGIG 在工作报告中特别强调各国政府应在与互联网发展相关的公共政策制定中扮演"最关键角色"。此外，这一表述还反映出，当时对于网络空间国际治理中各主体的权力边界还是比较明晰的，如国家行为体主要还是在与互联网发展的公共政策制定方面发挥作用。

"斯诺登事件"后，国际治理进程发生重大变化，从力量格局的角度就体现为国家与非国家行为体之间的权力边界转向模糊，甚至出现竞争与冲突倾向，二者之间的合作与竞争使网络空间整体力量格局呈现更加复杂的态势。一方面，国家行为体从利益与安全的高度，全面加大对各层级网络问题的介入力度。2013 年夏天"斯诺登事件"后，各国网络安全关切空前高涨，其结果之一就是国家主体在网络空间治理中的作为得到进一步提升。除各国政府强势作为外，各政府间国际组织亦加大行动力度，如联合国框架下的国际电信联盟（ITU）、上合组织、金砖国家、77 国集团，甚至是 G20、G7 等均在网络议题上有所作为，更不论政府主导或发挥重要影响的各项国际议程，包括"伦敦进程"和中国世界互联网大会（乌镇大会）。其关注重点不再仅限于公共政策领域，即便是传统的非国家行为体主导的技术与标准制定，亦认为任何技术都涉及经济、政治与军事等各个领域，均事关国家利益与安全。另一方面，非国家行为体亦积极寻求更广泛的影响力。从技术社群

---

① Work Group on Internet Governance, "Background Report", http：//www. itu. int/wsis/wgig/docs/wgig – background – report. doc，2006 年 9 月 21 日。

和企业的角度，普遍认为国家强势介入的政治化倾向不利于技术的发展、市场的拓展，但是迫于网络空间国家关系与政策走向改变了其一直以来的外部环境，亦试图缓解国家行为体带来的压力，营造更有利于其发展的网络空间，它们亦积极介入政策制定进程，试图影响国家行为。最典型的案例就是微软与西门子公司等 IT 企业试图对网络空间的行为准则制定进程施加影响力，提出"数字日内瓦公约"和"信息安全信任宪章"，虽然国际社会对此反应积极，但对此表态的政府部门却不约而同地表现出不希望非国家行为体过多介入国家主体事务的态度，其最终对规则进程的影响力还有待继续观察。

三 非国家行为体在网络空间的定位及影响

综上所述，对于网络空间国际治理进程中的非国家行为体作用的认知，既要认识到其作为"原生力量"的优势，更要对其影响力有客观评估。具体而言，对于非国家行为体的定位要把握以下三点：一是作为网络空间的"原生力量"，当前非国家行为体的影响力仍主要集中在技术、标准与产业领域；二是受当前网络空间国际治理阶段性重心影响，国家行为体的作用更为强势；三是随着互联网技术与应用新浪潮的涌现，非国家行为体的作用还会进一步凸显，成为未来网络空间国际治理的"有生力量"。

客观来看，现阶段网络空间，国家行为体发挥着更加明显的作用。非国家行为体的优势主要在传统技术领域，而国家行为体的影响力全面覆盖网络空间治理的各个领域。约翰·马斯亚逊早就指出，互联网治理思潮中的"排斥政府"的自由化倾向并不符合互联网发展规律，从"现实主义"角度看国家博弈仍是治理中的现实力量格局的主要构成内容。[①] 甚至有学者认为，即使是在所谓技术与标准领域，看似由私营部门等非国家行为体主导，但其背后都是国家主体力量的显现。尤其是随着网络空间安全形势的日益严

---

① John Mathiason, "Internet Governance Wars: The Realists Strike Back", First published online: 1 March 2007, http://dx.doi.org/10.1111/j.1468 - 2486.2007.00668.x 152 - 155, 2009 年 11 月 4 日。

峻，应对网络威胁、确保网络空间稳定需要提供更多的公共物品，但相较于国家行为体，大部分非国家行为体要么意愿不足，要么能力不够。比如，大型跨国 IT 企业虽然不断声称要提升"社会责任"，但究其本质仍然是"逐利"的，如果公益符合其利益自然没问题，但一旦出现冲突，则难以保障；再如，网络社群，其责任与公益意识都很强，但在现实中主要依靠自发行动与呼吁，所能提供公共物品的资源相对有限。因此，相较于其他非国家行为体，国家行为体的战略影响力在现阶段仍然是其他行为体无法超越或可以替代的。

但是鉴于当前新技术与新应用不断涌现，并以前所未有的速度迅速"落地"，围绕这些技术与应用的标准与规则的制定势必成为今后治理机制进一步完善的重要内容。鉴于这些领域技术性强、产业关联度高，尤其是与地缘政治密切相关，可以预见，非国家行为体未来作为空间巨大。如在 5G、AI 等新技术应用的深化领域，技术与标准制定者仍是主要非政府间国际机构，而在数据跨境流动与数字经济规则的制定进程中，跨国企业成为规则制定的重要推动者。以人工智能为例，2016 年，电子电气工程师学会（IEEE）提出的"全球人工智能和自主性系统伦理问题提案"，作为 IEEE 伦理标准计划的一部分，并且还出版了第一个版本的人工智能指南——《道德定义设计》。[①] 2016 年 9 月，亚马逊、谷歌、Facebook、微软和 IBM 等五大科技巨头宣布成立一家非营利组织——人工智能合作组织。2017 年 1 月，在加利福尼亚州阿西洛马举行的 Beneficial AI 会议上，近千名人工智能相关领域的专家，联合签署了著名的"阿西洛马人工智能 23 条原则"。2019 年 5 月 25 日，北京智源人工智能研究院联合北京大学、清华大学、中国科学院自动化研究所、中国科学院计算技术研究所、新一代人工智能产业技术创新战略联盟等高校、科研院所和产业联盟共同发布《人工智能北京共识》，[②] 对人工智能的研发、使用、治理三方面，提出了各个参与方应该遵循的有益于人类命运共同体构建和社会发展的 15 条原则。可以预见，这

① https：//techcrunch. com/2016/12/13/ieee – puts – out – a – first – draft – guide – for – how – tech – can – achieve – ethical – ai – design，2016 年 12 月 14 日。

② http：//www. xinhuanet. com//2019 – 05/25/c_ 1124541344. htm，2019 年 5 月 30 日。

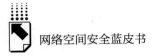

些举措都会给 AI 规则制定进程带来实际影响。在整个 AI 发展脉络中，不难看出，各国政府主要聚集各国产业战略和国内治理，而在国际规则与伦理的探讨中，非国家行为体发挥着更为积极而重要的作用。

四 小结

综上所述，网络空间力量格局阶段性的变化是较为清晰的，国家行为体与非国家行为体既有合作也有竞争，正是二者之间的各司其职与有效合力共同推动治理进程，而当前二者之间的竞争态势也将会对未来网络空间国际治理走向施加重要影响。结合网络空间国际治理发展大势来看，如果不脱离网络空间发展之应有轨迹，国家行为体发挥主导作用的态势短期内不会发生变化，但随着新技术、新应用成为治理热点，非国家行为体对未来网络空间国际秩序的影响力或得以进一步提升，"传统力量"更新升级为"有生力量"值得期待。

附　　录

Appendix

B.16
大事记

美国众议院同意《涉外情报监控法修正案》

2018 年 1 月 11 日，美国众议院以 256 票对 164 票的结果同意《涉外情报监控法修正案》（*FISA Amendments Act*）第 702 条的更新授权，延长其有效期至 2024 年。该修正案还需美国参议院进行表决，若表决通过将意味着美国国家安全局（NSA）能够继续在没有搜查令的情况下监听美国境外的外籍人士，并且收集与外国人员通信的美国公民的相关情报。目前该修正案因缺乏对被监控人群的隐私保护而遭到美国某些团体的反对。

美国众议院通过《2017 网络外交法案》

2018 年 1 月 17 日，美国众议院投票通过《2017 网络外交法案》。该法案由众议院外交事务委员会主席加州共和党人 Ed Royce、该委员会高级成员纽约州民主党人 Elliot Engel、众议院国土安全委员会主席德州共和党人 Mike McCaul 以及两个委员会的其他议员联合发起。该法案的核心内容是在国务院内创建"网络事务办公室"，负责与国际社会就网络安全政策进行接触，以取代和升级此前被美国国务卿雷克斯·蒂勒森"重建计划"取消的网络安全协调员办公室的职能。

澳大利亚将在2月实施《重要数据泄露应对方案》

自 2018 年 2 月 22 日起，澳大利亚的《重要数据泄露应对方案》（NDB）计划开始实施，由于立法旨在保护个人，每个组织都需要肩负一系列保护数据的责任。NDB 方案隶属于 1988 年《澳大利亚隐私法》（*Australian Privacy Act*），在这一方案下，若发生可能造成"严重损害"的数据泄露事件，所有受《澳大利亚隐私法》约束的机构和组织在意识到事件发生之后，应以最快速度，通知在该事件中受到影响的个人。此外，各组织应为受害者提供应对建议，告诉他们在个人信息泄露之后应该如何行动。同时，各组织机构还应通知澳大利亚信息专员（Australian Information Commissioner），现任信息专员是蒂莫西·皮尔格林（Timothy Pilgrim）。

达沃斯世界经济论坛宣布成立"全球网络安全中心"

2018 年 1 月 24 日，世界经济论坛宣布计划启动一个新的协调小组，以应对新出现的网络安全威胁，帮助来自企业和政府的领导人就各种安全问题进行合作，并分享最佳实践。这个名为"全球网络安全中心"的组织将作为一个独立的、跨国的网络威胁信息共享平台，提高数字安全性。该中心将于 3 月全面投入运营。全球网络安全中心已经得到了英国电信巨头英国电信集团、美国芯片制造商高通、俄罗斯金融机构 Sberbank 和国际刑事犯罪局等多家知名企业和执法机构的支持。

美国与乌克兰开展大规模网络安全合作

2018 年 2 月 7 日，美国众议院通过了一项旨在促进美、乌政府进一步加强网络安全合作的法案《乌克兰网络安全协作法案》。此项立法现在已提交参议院投票表决。该法案由众议员 Brendan Boyle 发起，将鼓励美国国务院采取多项措施，帮助乌克兰改善其政府和关键服务的网络安全。具体来说，该法案表示国务院应该支持乌克兰加强其政府网络和关键基础设施的网络安全，帮助基辅减少对俄罗斯技术的依赖，帮助该国改善和扩大信息共享的努力。这一法案还将引发国务院关于美国政府与乌克兰合作状况的报告，以探索新的合作领域。

工信部宣布筹建全国区块链和分布式记账
技术标准化技术委员会

2018 年 3 月 12 日，工信部发布公告表示，工信部信息化和软件服务业司就筹建全国区块链和分布式记账技术标准化技术委员会事宜开展专题研究。目前，国际标准化组织（ISO）、国际电信联盟（ITU）、万维网联盟（W3C）等国际标准化机构纷纷启动区块链标准化工作。ISO 成立了专注于区块链领域的技术委员会 TC 307（区块链与分布式记账技术技术委员会），开展基础、身份认证、智能合约等重点方向的标准化工作。我国以参与国（P 成员）身份参加相关标准化活动，取得了积极进展。为尽快推动形成完备的区块链标准体系，做好 ISO/TC 307 技术对口工作，信息化和软件服务业司指导中国电子技术标准化研究院提出全国区块链和分布式记账技术标准化技术委员会组建方案。下一步，信息化和软件服务业司将积极推动相关工作，加快推动标委会成立，更好地服务区块链技术产业发展。

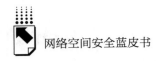

特朗普下令禁止博通收购高通

2018年2月12日，美国总统特朗普发出命令，称出于国家安全考虑，禁止芯片生产商博通收购高通，为这项原本有望成为科技行业有史以来最大规模并购案的交易画下句点。这是美国历任总统第五次基于美国外国投资委员会（CFIUS）的反对禁止一项交易，也是特朗普上任以来叫停的第二宗交易。这项总统令称，"禁止博通对高通的收购提案，其他类似的合并、收购或接管，无论直接或间接生效，也将被禁止"。白宫签署的该总统令称有"可靠的证据"让特朗普相信，博通一旦掌控高通，"其行动有可能损害到美国的国家安全"。3月14日，博通宣布，公司已放弃1170亿美元收购高通的要约，并撤回在高通2018年度股东大会上的独立董事提名。

美国宣布对俄罗斯施加新一轮制裁

2018年3月15日，美国财政部宣布对5家俄罗斯实体和19名个人进行制裁，理由是这些实体或个人曾参与干扰2016年美国总统大选等网络攻击活动。美国财政部当天在一份声明中表示，俄罗斯黑客多次对美国政府部门的网络系统发动攻击，干扰2016年美国总统大选，多次对美国的能源、航空、水利等关键性基础设施进行网络攻击。美国财政部下属的外国资产管理局决定对参与上述活动的5家实体和19名个人进行制裁。美国将冻结被制裁对象在美国司法管辖范围内的财产和权益，并禁止美国公民与之交易往来。根据声明，俄罗斯公司"互联网研究所"此次被列入制裁名单。该公司此前已被特别检察官米勒起诉，原因是该公司刻意隐藏官方背景，在社交媒体上发布不实消息影响舆论。此外，多名参与"NotPetya"网络攻击的俄罗斯黑客也被列入制裁名单。

美国提出"AI 新法案"

2018 年 3 月 20 日，美国众议院军事委员会新兴威胁与能力小组委员会主席伊莉斯·斯特凡尼克提出《2018 人工智能国家安全委员会法案》。这项法案提出成立独立的"人工智能国家安全委员会"，负责审查 AI（人工智能）进展，确定美国的 AI 需求以及提出相关建议，以组织美国联邦政府应对 AI 威胁。斯特凡尼克认为，人工智能国家安全委员会将解决并确定美国在 AI 方面的国家安全需求。此外，该委员会还将研究如何让美国保持技术优势，加大对 AI 的投资，制定数据标准，并鼓励数据共享。这项法案还旨在宣传 AI 和机器学习的道德伦理问题，并根据武装冲突法和国际人道主义法确定并了解 AI 进步所带来的风险。

特朗普正式签署 *Ray Baum Act*

2018 年 3 月 23 日，美国总统特朗普签署了一项 1.3 万亿美元的 5G 法案 *Ray Baum Act*。该法案名字取自上个月刚刚去世的前能源与商务办公室主任 Ray Baum。这一法案的通过确定了将会有更多用于 5G 的频谱，同时也为无线频谱拍卖制扫清了障碍，并且是 28 年来对联邦通信委员会（FCC）的首次重新授权。联邦通信委员会主席 Ajit Pai 称，法案的签订有助于美国引领世界 5G 技术。这一技术将带来更快、更灵敏的网络，它将能在自动驾驶汽车、远程医疗、联网设备（物联网）等创新应用中得到广泛使用。

美国《澄清域外合法使用数据法案》解析

2018 年 3 月 23 日，美国总统特朗普正式签署了《澄清域外合法使用数据法案》（*Clarify Lawful Overseas Use of Data Act*，*Cloud Act*）。该法案更新了执法人员查看存储在互联网上的电子邮件、文档和其他通信内容的规则，使

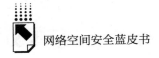
执法机构更容易访问存储在国外的数据，也将促进部分他国政府向美国境内组织直接发出调取数据的命令。

马来西亚通过《反假新闻法》

2018 年 4 月 2 日，马来西亚通过了《反假新闻法》，对在社交媒体或数字出版物上传播虚假新闻的公民将处以最高 50 万林吉特（约合人民币 81 万元）的罚款和最高 6 年的监禁。法律将虚假新闻定义为"新闻、信息、数据和报告的全部或部分是假的"，包括文字、视频和音频等内容形式。虚假新闻相关案件将交由独立的法庭审理，被惩罚的违规者甚至也包括杜撰关于马来西亚国家或人民虚假消息的非马来西亚人。

公安部拟规定：窃取个人信息即使不构成犯罪也将面临处罚

2018 年 4 月 6 日，公安部就《公安机关互联网安全监督检查规定（征求意见稿）》公开征求意见。意见稿拟规定，互联网服务提供者窃取、非法出售、非法提供个人信息，即使不构成犯罪，没有违法所得，也将被处以最高 100 万元的罚款。规定适用于公安机关依法对互联网服务提供者和联网使用单位履行法律、行政法规和部门规章规定的网络安全责任义务情况进行的安全监督检查。

美国对中兴禁售

2018 年 4 月 16 日，美国商务部宣布，未来七年将禁止美国公司向中兴通讯销售零部件、商品、软件和技术。这是自 3 月 22 日中美贸易冲突以来，美国对中国贸易措施的进一步升级，反映出美国正加紧对中国高科技领域发展的遏制趋势。短期来看，此次事件对中、美的相关企业都是不利的，主要受益者是欧洲等同领域其他竞争对手。长期来看，这符合美国保持其高科技产业优势的长远利益，特别是在 5G 技术产业布局的关键时期，美国对中国在技术供应链的制裁措施，不仅给中兴造成致命性打击，也在国际上给华为、联想等企业带来巨大的负面影响，造成全球战略布局的被动局面，进而延缓中国在高技术领域的发展进程。通过此次事件可以看出，未来中美战略竞争将在网信领域重点展开，而综合运用国家政产学研等多层面力量资源、加快国家关键技术自主创新，是实现高技术领域战略突围的最有效途径。

埃及《网络犯罪法（草案）》旨在对社交媒体进行监控

2018 年 4 月 16 日埃及通信和信息技术委员会通过的《网络犯罪法（草案）》，旨在对社交媒体进行监控，并限制假新闻的传播，尤其是煽动暴力的新闻。该草案规定，在网上发布恐怖主义活动信息的人将受到制裁，如果再犯，相关网站将被关闭。此外，该法案还将打击黑客、伪造电子邮件和信用卡盗窃等行为。违反《网络犯罪法（草案）》的处罚措施包括屏蔽网站、取消许可证，以及对犯罪分子处以最低 1 个月监禁、最高死刑的处罚。埃及人权组织"保护记者委员会"（CPJ）认为，《网络犯罪法（草案）》对公民言论自由施加了限制。

英国禁止电信行业使用中兴的设备和服务

2018 年 4 月 16 日，在中兴收到美国商务部禁令的同一天，英国国家网络安全中心（National Cyber Security Centre，NCSC）也对电信行业发出警告，禁止其使用中兴的设备及服务。NCSC 称，此番主要针对的是中兴的基础设施，而非智能手机产品。据了解，中兴是全球第四大电信设备供应商，又是英国主要的通信基础设施供应商，市场份额是华为的一半。英国国家网络安全中心表示，华为设备在英国电信网络中已有相当高的占有率，再增加一个中国品牌（指中兴）将使这种依赖局面无法缓解。

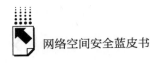
欧盟推出"Cloud Act"提案　允许跨境调取犯罪数据

2018年4月17日，欧盟对外公布了"电子证据"提案（E-Evidence Proposals），将允许执法机构向在欧洲运营的企业直接调取其存储在欧盟境外的数据。根据提案，在线服务供应商将被要求在10天内回应当局的要求，紧急情况下在6小时内回复。这比现有用于索取数据的欧洲调查令的120天期限要快得多。欧盟的立法不局限于欧盟公民，只要是与欧盟的具体调查相关，执法机构可以调取任何国家公民的个人数据，前提是侦查所涉及的犯罪的最低刑罚为3年监禁。知情人士透露，颁布这样激进的立法，目的就是在与美国进行相关议题的双边谈判中，增加自己的筹码。

美发布《美国联邦信息和通信技术中源自中国的供应链漏洞》

2018年4月19日，美中经济与安全评估委员会（US China Economic and Security Review Commission）发布《美国联邦信息和通信技术中源自中国的供应链漏洞》（*Supply Chain Vulnerabilities from China in U. S. Federal Information and Communications Technology*），强调美国政府需要制定一项供应链风险管理的国家战略，以应对联邦信息通信技术中的商业供应链漏洞，包括与中国有关的采购。报告认为，"中国成为全球信息通信技术（ICT）供应链关键节点不是偶然的，中国政府将ICT行业视为'战略行业'，投入了大量国有资本，长期以来一直执行鼓励ICT发展的政策"。该报告不仅分析了联邦ICT供应链中与中国相关的企业背景，还梳理了自1986年以来的相关国家政策和法规，指出中国不是美国的盟友，也不会在短期内成为美国的盟友。该报告认为有证据表明，中国政府与企业联合"一再涉及窃取与滥用知识产权，以及施行国家主导的经济间谍活动"。报告称中国政府通过企业实现国家目标，而企业则通过帮助政府实现战略目标以换取政府支持。

政府的支持有多种形式，包括优惠贷款、政府招标优先权，有时还包括在受保护产业拥有寡头或垄断地位。中兴、华为和联想被认为是具有部分上述特点的中国 ICT 企业。此报告建议制定具有前瞻性的 ICT 供应链风险管理的国家战略及其配套支持政策，而不是被动应对那些已经对美国国家安全、经济竞争力或公民隐私造成损害的事件。

北约组织"2018锁盾"网络防御演习

2018 年 4 月 23 ~ 26 日，由北约网络合作防御卓越中心（NATO Cooperative Cyber Defence Centre of Excellence，CCDCOE）主办的 2018 "锁盾"（Locked Shields）演习将在爱沙尼亚首都塔林举行。来自 30 个国家的 1000 多名网络专家参与，演习涉及约 4000 个虚拟化系统和超过 2500 次网络攻击。除了保护基础设施，防御者还必须解决取证、法律和媒体挑战。在演习中，虚构国的一个大型互联网提供商和军事空军基地遭遇了协调性网络攻击，电网、4G 网络、无人机和其他关键设施组件遭到严重破坏。CCDCOE 表示，为解决北约成员国目前最担心的威胁，这场演习将重点放在保护关键服务和关键基础设施上，为参与者提供在最复杂、最激烈的环境中练习解决网络事件的机会。最终，来自北约的团队取得了胜利。法国和捷克团队分别排在第二和第三位。此外，值得关注的是，本次演习以俄罗斯为"目标"；澳大利亚和葡萄牙分别于 4 月 23 日和 24 日加入了 CCDCOE，同时，挪威和日本也计划加入。

埃及议会通过法案规范网约车

2018 年 5 月 7 日，埃及议会通过了一项规范优步和 Careem 等公司网约车服务的法律。该法律规定，提供拼车服务的公司在获得 5 年可更新执照后才可运营。车主必须缴纳年费并获得特殊许可证才能与这些公司合作。此外，该法案要求公司将用户数据保留 180 天，并根据法律向有需要

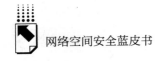

的部门提供此类数据。这项新法案受到了这两家公司的欢迎，而在早些时候，由于该国出租车司机提起的一场诉讼，两家公司的服务曾被一家埃及法院暂停。

美国网络司令部"网络整合中心"落成

2018 年 5 月 8 日，负责整合美国及盟国网络行动的联合作战机构网络整合中心（Integrated Cyber Center，ICC）正式落成，位于美国马里兰州米德堡（NSA 总部所在地）。ICC 是美国联邦政府为美国间谍和网络战士打击外国网络威胁配备的新物理基础设施，将于 2018 年 8 月全面运作。中心将更好地同步和协调 NSA、网络司令部、美国其他政府机构及盟国伙伴之间的网络行动，集中组织不同机构和军事部门的资源，以实现美国的国家安全目标。美国网络司令部与太平洋司令部及欧洲司令部同级，执行任务可直接向国防部部长报告。国防部副部长帕特里克·沙纳汉（Patrick Shanahan）表示，网络司令部升级为联合司令部，说明美国在网络作战领域已经成熟。

美国众议院通过法案，帮助小企业防范黑客

2018 年 5 月 8 日，美国众议院通过了一项法案，旨在帮助小型企业更好地防范数字威胁。该法案由众议院小型企业委员会（House Small Business Committee）主席提出，将为全国小企业发展中心的员工接受网络安全培训扫清障碍。具体来说，该法案将要求小企业管理局（Small Business Administration）建立一个"网络咨询认证计划"（Cyber Counseling Certification Program），为接受联邦资助的小企业中心的员工提供网络安全培训。这一想法是为了确保这些小企业发展中心能够为需要网络安全知识的小企业提供帮助。法案还规定，小企业管理局将支付与网络安全培训相关的费用，但一年的费用不会超过 35 万美元。

中国网络社会组织联合会成立

2018 年 5 月 9 日，中国网络社会组织联合会成立大会在北京召开。该联合会是我国首个由网络社会组织自愿结成的全国性、联合性、枢纽型社会组织，由 10 家全国性网络社会组织发起成立，国家网信办为业务主管单位。会上，全国人大社会建设委员会副主任委员、中央网信办原副主任任贤良当选为会长。阿里巴巴集团董事局主席马云、腾讯董事会主席兼首席执行官马化腾、百度董事长兼首席执行官李彦宏、京东董事局主席兼首席执行官刘强东以及 360 集团董事长兼首席执行官周鸿祎等当选为副会长。任贤良表示，联合会的成立标志着网络社会工作迈上了新台阶，网络综合治理体系建设取得新突破，互联网行业管理取得新成效。据了解，中国网络社会组织联合会首批会员单位总共有 300 家，包括全国性网络社会组织 23 家、地方网络社会组织 277 家。

美国白宫成立人工智能特别委员会

2018 年 5 月 10 日，在美国白宫举办的一场由人工智能领域专家参与的科技峰会上，白宫科技政策办公室副主任迈克尔·克拉希欧斯（Michael Kratsios）宣布将组建人工智能特别委员会（Select Committee on Artificial Intelligence）。委员会由政府各部门人工智能领域的领先研究者组成，受国家科学与技术委员会（National Science and Technology Council）管理。该委员会主要负责向白宫提供有关人工智能研究与发展方面的建议，同时将帮助政府、私企和独立研究者建立合作伙伴关系。委员会的目标之一是确定人工智能技术对美国的优先级，以及对该技术的投资力度。迈克尔表示，美国已经是世界上人工智能研究与发展领域最先进的国家，现在的任务是让美国在人工智能领域继续保持领先地位。

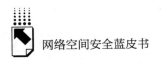

美国国土安全部发布网络安全战略

2018 年 5 月 15 日，美国国土安全部（DHS）发布了新的网络安全战略，以应对来自国家黑客和网络犯罪分子的不断演变及日益增长的威胁。美国国土安全部部长 Kirstjen Nielsen 在国会就 2019 财年预算申请作证时公布了这一战略。Nielsen 表示："这一战略建立在减轻系统性风险和加强集体防御的基础上，将为我们保护美国网络和支持各级政府、私营部门提高关键基础设施的安全性和弹性提供方法。"这份 35 页的战略提出了 DHS 管理网络安全风险的五大支柱，以限制和应对美国数字系统面临的威胁，包括风险识别、减少关键基础设施脆弱性、降低网络犯罪活动威胁、缓解网络事件影响、支持实现网络安全成果。

加拿大核试验室宣布设立国家网络安全创新中心

2018 年 5 月 17 日，加拿大核试验室（Canadian Nuclear Laboratories，CNL）宣布将在加拿大新不伦瑞克省设立国家网络安全创新中心。该中心关注关键基础设施中的漏洞，并为 CNL 提供能力全面模拟操作设施，测试整个操作安全系统如何响应大规模网络攻击和简单的软件升级。由此，CNL 将帮助客户在其安全系统出现问题之前发现漏洞，从而避免设施运行中断的情况。CNL 总裁兼首席执行官马克·列辛斯基（Mark Lesinski）表示，工业控制系统的安全已成为包括核能在内的所有行业的主要优先事项，为了确保这些系统的完整性和安全性，组织必须能够访问最先进的设施，以便在受控环境中对其进行测试。

《2018 年互联网趋势报告》发布

2018 年 5 月 31 日，"互联网女皇"玛丽·米克尔（Mary Meeker）在美国加利福尼亚州举办的 Code 大会上发布了《2018 年互联网趋势报告》。报告内容涵盖用户统计数据、市场竞争情况和未来发展趋势等。报告显示，全球互联网用户规模已达 36 亿，超过全球总人口的 50%。报告主要观点包括：科技公司正面临着"隐私矛盾"，电子商务销售额依然保持增速态势，大型科技公司在更多领域展开竞争，在移动支付的普及率上中国继续引领全球等。同时，报告认为中美之间的差距越来越小。在世界 20 强互联网企业排行中，包括阿里巴巴、腾讯、蚂蚁金服、百度、小米、滴滴、京东、美团点评、今日头条在内的 9 家中国互联网企业进入榜单，美国有 11 家。而在五年前，中国只有 2 家，美国则有 9 家。

美法案欲将国土安全部网络中心作为应对工控系统网络威胁的牵头机构

2018 年 6 月 6 日，美国众议院国土安全委员会提出第 5733 号法案，旨在将国土安全部（DHS）的国家网络安全与通信集成中心（NCCIC）确立为处理工业控制系统数字威胁的牵头机构。目前，NCCIC 是处理工业控制系统漏洞的主要机构，可为私营部门提供持续性的技术支持以协助减小网络安全风险。美国此举目的是加强本国工业网络基础设施的建设，防止网络攻击造成基础工业体系瘫痪。其中，政府将在工业网络中建立灵活的防御和修复机制，以保障基础工业体系正常运作，协助工业企业的安全发展。

欧盟计划巨资打造"数字欧洲"

2018 年 6 月 6 日，欧盟委员会公布了 2021～2027 年欧盟长期预算草案里的一系列提议，包括新设"数字欧洲"项目以投资超级计算机、人工智能等领域。欧盟委员会提议，设立欧盟首个"数字欧洲"项目并向其拨款 92 亿欧元。其中，27 亿欧元将用于超级计算机及数据处理领域。"数字欧洲"项目还包括向人工智能领域投入 25 亿欧元，促进人工智能技术在欧盟经济和社会领域的广泛运用，使政府和民营企业都能受益。此外，该项目还计划向网络安全领域拨款20亿欧元，数字技术培训推广、电子政务等也将获得预算拨款。

国际互联网协会发布《IPv6部署状况2018》

2018年6月6日，国际互联网协会发布了《IPv6部署状况2018》。报告指出，IPv6在全球各地的部署继续增加。目前，全球超过25%的Internet网络宣布采用IPv6连接。谷歌的报告表明，有49个国家在IPv6上传送了超过5%的业务量（2017年为37个国家），达到这一水平的国家越来越多；有24个国家在IPv6上传送了超过15%的业务量。比利时是全球第一个通过IPv6向主要内容提供商提供流量超过50%的国家。此外，全球近一半的IPv6用户都在印度，据估计，印度有2.7亿用户使用IPv6接入互联网。报告指出，IPv6已经从"创新技术"和"早期应用"阶段，发展到规模部署阶段。

越南国会表决通过《网络安全法》

2018年6月12日，越南第十四届国会第五次会议以86.86%高票通过《网络安全法》。该法设7章43条，对在网络空间内，就维护国家安全和社会秩序，以及各有关机构、组织和个人的行为责任做出规定。根据规定，在越南境内提供互联网相关服务的国内外企业，需将用户信息数据存储库设在越南境内，相关外国企业需在越南设立办事处。在越南境内提供互联网相关服务的国内外企业需验证用户注册信息，并应公安部门调查要求提供相关信息。该法对利用网络空间煽动反对国家、歪曲历史、破坏民族团结、诽谤宗教、散布虚假和有伤风化的信息等行为做出了具体规定。

美国正式废除网络中立规则

2018 年 6 月 12 日，美国联邦通信委员会（FCC）此前通过的推翻网络中立规则的决定已正式生效。网络中立是指互联网服务提供商（ISP）必须保持统一的开放性，同等对待来自各方的所有内容、流量和应用接入等，防止其从商业利益出发控制传输数据的优先级，从而保证网络信息传播的中立性和无歧视。据悉，2015 年奥巴马政府时期的 FCC 投票通过了网络中立规则，向互联网服务提供商提出"史上最严"三条禁令，即禁止封堵、禁止对网络流量进行干预和调控、禁止付费优先。但在 2017 年 12 月，FCC 又通过投票推翻了这一规则。FCC 现任主席阿杰特·派伊长期以来一直反对网络中立，认为该规则不利于市场竞争，阻碍社会的创新。

美国发布《中国的经济侵略如何威胁美国和世界的技术和知识产权》

2018 年 6 月 19 日，白宫贸易和制造业政策办公室（OTMP）发布了题为"中国的经济侵略如何威胁美国和世界的技术和知识产权"的报告，认为中国的政策威胁着美国的经济和国家安全。分析指出，中国的经济侵略有六种表现：①保护中国本土市场；②扩展中国的全球市场；③在全球范围保护和控制核心自然资源；④控制了传统制造业；⑤从其他国家获取关键技术和知识产权；⑥发展新兴高科技行业。报告称，最后两种表现威胁美国的经济和知识产权。报告还指出，中国获取美国技术和知识产权的途径包括物理方式和网络方式窃取、迫使技术转移、逃避美国出口控制、控制原材料出口、对美国高科技领域的投资。

5G 第一阶段标准正式出台，商用进入全面冲刺阶段

2018 年 6 月中旬，第三代合作伙伴项目（3GPP）举行全体会议，正式

批准冻结第五代移动通信技术标准（5G NR）独立组网功能。而 5G 非独立组网标准已于上年 12 月冻结，至此，第一阶段全功能完整版 5G 标准正式出台，5G 商用进入全面冲刺阶段。按照工信部规划部署，我国将于 2019 年上半年开展 5G 商用基站建设，下半年生产出第一批 5G 手机，于 2020 年实现 5G 商用。中国信息通信研究院发布的《5G 经济社会影响白皮书》预测，到 2030 年 5G 有望带动我国直接经济产出 6.3 万亿元，经济增加值 2.9 万亿元。

欧盟将组建"网络快速响应部队"应对网络攻击

2018 年 6 月 25 日，立陶宛等欧盟六国签署《意向声明》（*Declaration of Intent*），表示将成立"网络快速响应部队"，以应对网络攻击。这一倡议是欧盟"永久结构化合作"框架（简称 PESCO，是欧盟在安全和防务领域加强合作的全新、具有约束力的框架）中的 17 个项目之一。首批签署该声明的欧盟成员国包括立陶宛、克罗地亚、爱沙尼亚、荷兰、罗马尼亚和西班牙，此外芬兰、法国和波兰预计将在年底参与该项目。根据这一声明，"网络快速响应部队"将会集来自参与国的专家，争取到 2019 年实现初始作战能力。尽管协议的最终细节仍在讨论之中，但立陶宛国防部的预计，第一批欧盟"网络快速响应小组"将在 2018 年秋天参加立陶宛的网络安全演习。

美国推进《网络外交法案》

2018 年 6 月 26 日，对外关系委员会通过《网络外交法案》（HR 3776）。该法案若在国会最终通过，将重启国务院网络空间办公室，并将其更名为"网络空间和数字经济办公室"。该办公室负责领导美国国务院的网络空间外交工作，旨在加强美国与国际盟友的合作，与盟国建立信息共享和外交协作关系，提高美国在数字经济领域应对网络攻击的能力，营造安全、可靠和开放的互联网环境，进而维护国家安全并推动美国经济发展。参议院对外关系委员会在审议过程中对原提案进行了修改，包括：将办公室的正式名称修改为网络空间和数字经济办公室；将政治事务副部长的任命年限由无限期修改成 4 年；并且要求在 HR 3776 颁布后，总统必须在 60 天内向国会做出报告，并制定国际网络协议。

美国拟立法启动"国家量子计划"

2018 年 6 月 27 日，为了加速量子研究，确保美国成为该技术的全球领导者，美国众议员拉马·史密斯（Lamar Smith）提出"国家量子计划"（National Quantum Initiative Program）法案，得到了 STT 委员会的一致通过。该法案主要内容有：①制定 10 年"国家量子行动计划"，以加速美国的量子科学发展；②成立"国家量子协调办公室"，负责监督机构间协调、提供战略规划支持，同时作为利益相关方的中心联络点，开展宣传并促进私营部门对联邦量子研究的商业化；③授权美国能源部（DOE）、美国国家标准与技术研究院（NIST）和美国国家科学基金会（NSF）2019～2023 年投入 12.75 亿美元进行量子研究；④成立量子信息科学小组委员会和国家量子计划咨询委员会。

加州通过数据隐私法案，增强用户对信息控制权

2018 年 6 月 28 日，加利福尼亚州州长批准了第 375 号议事法案（AB - 375），将《消费者隐私法 2018》（*The California Consumer Privacy Act of 2018*）添加进民法典。《消费者隐私法 2018》将于 2020 年 1 月 1 日生效。届时，消费者可以要求企业披露以下信息：①其所收集的关于消费者个人信息的类别和特定细节；②信息从何种来源获得；③收集或出售这些信息的商业目的；④这些信息与哪些类别的第三方分享。此外，消费者还有权请求删除个人信息，选择拒绝其个人信息被出售，而 16 岁以下消费者的个人信息将被

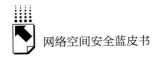
禁止出售，除非按规定获得其同意（13 岁以下则由其父母行使权利）。该法被认为是到目前为止全美最严厉的数据隐私法案，堪比欧盟的《通用数据保护条例》（GDPR）。

马耳他通过三项法案将区块链技术监管纳入法律

2018 年 7 月 5 日，马耳他议会通过了三项法案，将区块链技术的监管框架纳入法律。这些法案包括《马耳他数字创新管理局法案》、《创新技术安排和服务法案》和《虚拟金融资产法案》。马耳他总理办公室金融服务、数字经济和创新部部长西尔维奥·斯图布里（Silvio Schembri）在推特上表示，马耳他是为区块链提供确定性的法律保障的先驱。2018 年 5 月，马耳他运输部部长宣布与英国区块链初创公司 Omnitude 合作，利用分布式账本技术改善马耳他公共交通服务。此外，马耳他博彩管理局发布了一份文件，其中包含游戏行业区块链和加密货币应用的指导方针与标准应用。

欧洲议会批准网络安全认证计划

2018 年 7 月 10 日，欧洲议会议员投票通过了《网络安全法（草案）》（*Cybersecurity Act*）。该草案主要内容包括为欧盟消费者提供更安全的智能设备和连接（物联网）设备；加强建设欧洲网络安全机构；最大限度地降低信息安全和网络系统的风险和威胁；提高网络弹性。此外，该草案拟为特定的信息和通信技术（ICT）流程、产品和服务建立欧盟网络安全认证框架。认证供欧盟成员国自愿采纳，但在特定情况下也需要进行强制性认证。该认证将包括以下内容：①服务、功能和数据的保密性、完整性、可获得性和隐私性；②服务、功能和数据只能被授权人员和/或授权系统和程序访问和使用；③已建立程序以查明所有已知的漏洞并处理任何新的漏洞等。认证结果共有三个等级：基本（Basic）、较好（Substantial）和高级（High）。

美国公布《联邦数据战略》十项原则

2018 年 7 月 10 日，美国发布了《联邦数据战略》的"十项原则"，并公开征询意见。该战略是根据白宫 2018 年 3 月公布的"美国总统管理事务日程"（President's Management Agenda）中的相关要求制定的。其旨在提升美国利用数据资产的能力，以促进经济增长和提高政府效率。该战略预计于 2019 年 1 月完成，其中第一步就是在 2018 年 7 月制定战略的原则草案（Draft Principles）。目前拟订的十项原则主要涵盖数据管理、数据质量和持续优化三个方面。其中，数据管理，即数据安全、隐私、透明度以及评估"联邦数据实践对公众的影响"被列为主要原则。此外，这些原则还指出，应说明获取、使用和传播数据的目的；全面记录数据的处理过程和使用数据的产品；尽可能利用已有来源的数据，只在必要时获取新的数据；创建并传播具有一致性、私密性、可复用性和互操作性的数据，确保数据的质量和价值等。

联合国数字合作高级别小组成立，马云等任联合主席

2018 年 7 月 12 日，联合国秘书长安东尼奥·古特雷斯（António Guterres）在纽约总部宣布，成立联合国数字合作高级别小组。Bill & Melinda Gates 基金会的联合创始人梅琳达·盖茨（Melinda Gates）和阿里巴巴集团董事局主席马云是该小组的联合主席。古特雷斯表示，该小组的成立将有助于政策制定者、技术专家、企业家、民间社会行动者和社会科学家参与其中并分享他们的解决方案。小组成员将于 2018 年 9 月联合国大会召开期间在纽约举行会晤，随后将于 2019 年 1 月在瑞士日内瓦进行第二次会晤，并与民间组织代表以及国际电信联盟展开磋商。

欧盟和日本就个人数据转移达成协议，将共建安全数据流

2018 年 7 月 17 日，欧盟和日本签署了一项个人数据转移协议。根据该

协议，双方企业可把在对方当地获得的个人数据灵活转到区域外，从而有助于减轻双方企业遭到 GDPR 等数据保护法律法规制裁的风险和负担，推动双方企业更加便捷地开展国际业务。欧盟和日本个人数据转移协议的达成标志着继美欧之外又一个重要的"个人数据安全流动地区"的诞生，这一协议也是对《欧日经济伙伴关系协定》的补充，预计该协议在双方经过各自内部程序后，最快于 2018 年秋天实施。

美众议院通过 CFIUS 改革最终法案

2018 年 7 月 26 日，美国众议院以 359 票对 54 票通过《外国投资风险评估现代化法案》（FIRRMA），拟大幅扩大美国外国投资委员会（CFIUS）的审查权限，加强对少数股权投资的国家安全审查。该法案属于 2019 财年《国防授权法案》的一部分，其将设立另一个跨部门出口管控程序，以界定"关键和基础技术"。这将是美国逾十年来针对外国投资法案的首次大规模修订。白宫对此表示支持，称 FIRRMA 既保护美国国家安全又坚持了美国长期的投资开放政策。法案通过后将涉及个人数据、关键技术、基础设施等领域的投资，以及靠近敏感领域的地产投资等。法案还要求 CFIUS 在两年内向国会提交中国在美投资状况，包括绿地投资、并购投资与对投资模式的分析，即投资量、投资类型、投资行业等，以及这些投资模式如何与中国产业政策相联系。

印度发布《2018 个人数据保护法（草案）》

2018 年 7 月 28 日，印度"BN Srikrishna"数据保护委员会向电子和信息技术部（MEITY）提交了《2018 年个人数据保护法（草案）》。该草案共有 15 章，列出了数据保护的义务、处理个人和敏感个人数据的依据、数据处理的主要权利、管理印度境外数据传输的规定以及提出建立印度数据保护局。草案将个人数据定义为个人直接或间接可识别的数据，该定义拓展了数据的内涵，但没有提及特定形式的数据属性。草案还限制了跨境的数据传输，规定在印度境内存放所有个人数据的镜像，对违规企业实行从 5 亿卢比或全球总营业额的 2% 到 15 亿卢比或全球总营业额的 4% 不等的经济处罚。草案将在进入内阁批准之前进行进一步的议会审查。

白宫确定人工智能、量子计算、5G 宽带和国家安全技术为2020年首要研发优先事项

2018 年 7 月 31 日，白宫科技政策办公室于当日向美国各联邦机构领导人发布《2020 财年政府研发预算优先事项》（*FY 2020 Administration Research and Development Budget Priorities*）备忘录，将人工智能、量子计算、5G 无线网络、自主和无人系统、国家安全技术列为特朗普政府制定 2020 财年预算时的首要研发优先事项。美国官员表示，人工智能和量子计算的研发对国家安全和经济竞争力至关重要。此外，备忘录还提到，白宫希望各联邦机构大力投资太空探索、先进制造、清洁能源、医疗保健和农业等领域。值得注意的是，国家安全再次成为政府的研发重点，白宫呼吁增加对军事、边境技术和网络安全的投资以增强国防力量。

美国调整《出口管理条例》，新增44家中国企业

2018 年 8 月 1 日，美国商务部产业安全局（Bureau of Industry and Security，BIS）调整美国《出口管理条例》（EAR）第 744 条附录 4 的实体（Entity List），增加 44 家中国法人实体（8 家实体和 36 家附属机构）。其中，中国电子科技集团、河北远东通信等 17 家企业及其附属机构被指"非法采购商品和技术以用于中国的军事最终用途（military end-use）"，中国航天科工二院、中国电子科技集团第十四研究所等 27 家机构被指"存在不可接受的风险，将美国物品使用于中国的军事最终用途"。此次修改决定由来自商务部、国务院、国防部、能源部和财政部的代表组成的"最终用户评审委员会"根

据 EAR 第 744 条第 11 款 "违背美国国家安全或对外政策利益的实体所适用的许可证要求" 的规定做出。美方对列示企业进行涉及 ERA 物品的出口（exports）、再出口（reexports）以及美国国内转让（transfers）时均需许可证，并且执行推定否认的许可证再审核政策，如果无法证明出口物品不会用于提升中国军事能力，则会被拒绝出口。修改后的 EAR 自 8 月 1 日起生效。

美国2019财年《国防授权法案》对明确网络战政策做出规定

2018 年 8 月 1 日，美国国会通过了 2019 财年《国防授权法案》（NDAA），待美国总统特朗普签字后将正式生效。该法案包含了美国的网络战政策，指出美国应当采用一切国家力量工具，包括使用进攻性网络能力，以遏制可能的网络攻击，并在必要时做出回应。这项政策适用于故意制造伤害、严重破坏民主社会或政府管理的正常运行、威胁武装力量或其依赖的关键基础设施、造成堪比武装进攻的后果、危害美国重大利益的网络攻击。当网络攻击或恶意网络活动经过或者依赖于某个第三方国家的网络或基础设施时，美国应当通知并激励该国政府采取行动排除威胁。如果该国政府无能力或者不愿意采取行动，美国保留单方面行动的权利。

世界银行发行首支全球区块链债券

2018 年 8 月 10 日，世界银行发布消息称，已授权澳大利亚联邦银行作为其全球首次发行的区块链债券的唯一 "安排行"。此债券又被称为 bond-i，即区块链运营的新型债券，澳大利亚联邦银行将通过区块链技术对该债券进行创建、分配、转移和管理。目前，世界银行和澳大利亚联邦银行正在使用 "以太坊" 区块链实现该项目。美国微软公司将对该区块链平台的架构、安全和适应能力进行独立的审查。得到世界银行的授权后，澳大利亚联邦银行将成为世界首个完全使用区块链进行债券交易的金融机构。

巴西总统签署数据保护法案

2018 年 8 月 14 日，巴西总统米歇尔·特梅尔（Michel Temer）签署《巴西数据保护法案》，使其正式成为法律。该法律旨在为个人和企业的在线数据提供保护，并且防止在未经用户授权的情况下，将包括姓名、电话号码和地址在内的信息用作商业用途。法律适用于在巴西收集和处理数据的任何公共或私人组织，并将在 18 个月后正式生效实施。针对巴西国民议会和参议院经济事务委员通过的原始文本，总统在正式签署前进行了部分否决，否决了的原始文本包括：①建立一个新的政府机构——国家数据保护局；②暂停或禁止某些情况下的数据处理活动；③公共行为者对于公开披露政府机构之间数据传输的要求。

特朗普简化奥巴马时代的网络行动规则，便于实施攻击性网络行动

2018 年 8 月 15 日，美国总统特朗普签署文件，推翻奥巴马政府时期出台的《第 20 号总统政策指令》（*Presidential Policy Directive* 20，PPD – 20）。此举被认为放松了美国网络行动限制，可能让美国能更快地发动网络攻击。PPD – 20 于 2012 年 10 月签署，是一份与网络行动有关的秘密指令，确立了美国进行网络行动的准则和流程，以实现《网络空间国际战略》的目标。PPD – 20 确定了开展进攻性网络影响行动（Offensive Cyber Effects Operations）的要求，但其规则被认为较为严苛和烦琐，政府在实际启动时面临较大制约。

英国信息专员办公室发布首份科技战略

2018 年 8 月 14 日，英国信息专员办公室（ICO）发布了首份战略文件——《2018 ~ 2021 年科技战略》，概述了未来三年将如何应对快速变化的新

技术给数据和隐私保护带来的挑战。ICO 是英国最主要的信息监管机构，该文件旨在提高 ICO 的整体技术专长和理解能力。ICO 将对员工进行技术方面的培训，并确保企业和公众随时了解新的数据保护风险。同时，ICO 在其计划中确定了 2018～2019 年度的三个重点领域，包括网络安全、人工智能、网络和跨设备跟踪，并将为每个领域制订行动计划。此外，ICO 还计划推出一个"监管沙箱"，让各机构在该组织的协助和指导下开发创新工具和服务。

澳大利亚禁止华为、中兴参与5G 建设

2018 年 8 月 23 日，澳大利亚政府向澳电信运营商发布联合声明《致澳大利亚运营商的 5G 安全指南》，宣布在其上年发布的《电信行业安全改革法》中新增四项措施，以明确电信运营商的网络安全责任。澳政府还在声明中指出："政府认为允许可能受制于外国政府指令的供应商参与 5G 相关建设，会让澳运营商无法充分保护 5G 网络不受到未授权的接入和干涉。"虽然声明中没有明确点名华为，但华为已经证实，澳大利亚政府告知其已被禁止参与澳 5G 网络建设。此外，中兴通讯也被澳大利亚政府禁止提供支持该国新电信网络的设备。

美国防部称未来五年将投资20亿美元发展人工智能

2018 年 9 月 7 日，美国国防高级研究计划局（DARPA）宣布，五角大楼计划在未来五年将花费超过 20 亿美元来推动人工智能技术的发展。DARPA 称，新资金将主要用于"下一代人工智能"（AI Next）计划，以实现"第三波人工智能①"发展。在此阶段，AI 能够进行类似人类的交流和上下文推理，并具有解释自身决策原因的能力，其能力远远超过当今最

---

① 第一波人工智能技术（Firstwave AI）指其能够遵循清晰的逻辑规则；第二波人工智能技术（Second wave AI）指其可使用统计学习来获得特定类型问题的答案；第三波人工智能技术（Thirdwave AI）指其不仅能进行决策，还能解释为什么会做出此决策。

先进的机器学习。此外，新计划还将寻求利用现有技术来解决"当前最严峻的安全挑战"，并提高 AI 工具运作的透明度及 AI 相关的伦理和价值观。

国际电信联盟发布《ITU 国家网络安全战略指南》

2018 年 9 月 12 日，在南非德班举行的"电信世界 2018"会议上，国际电信联盟与联合国、私企、学术界等共同发布了《ITU 国家网络安全战略指南》（以下简称《指南》）。《指南》包含多个层次的指导性原则和建议，旨在帮助国家制定和实施国家网络安全战略。《指南》认为，一个"全面、多利益攸关方、战略主导的网络安全计划"包含以下 10 个要素：政府最高层的网络安全责任、国家网络安全协调者、国家网络安全重点、法律措施、国家网络安全框架、计算机事件响应小组、网络安全意识和教育、公私行业网络安全伙伴关系、网络安全技能和培训、国际合作。

欧盟通过最新《版权法指令》，"链接税"条款和"上传过滤器"条款备受争议

2018 年 9 月 12 日，欧洲议会通过备受争议的《版权法指令》，争议主要与法案的第 11 条和第 13 条有关。第 11 条规定，新闻出版物的出版者对于数字化使用其新闻出版物享有权利。此权利包括复制权和向公众的传播权，权利的期限为 20 年，这意味着诸如谷歌、Facebook 等平台在提供新闻聚合服务时需向出版商支付费用，因此该条又被称为"链接税"条款。第 13 条被称为"上传过滤器"条款，该条要求科技公司部署"有效的内容识别"技术，过滤受版权保护的内容。这意味着平台将需要主动对用户上传的内容进行审查。法案支持者认为创意产业的从业者因数字平台上的知识产权内容分享而减少了收入，法案有助于维护创作者版权利益以及恢复内容创作热情；反对者则认为法案不利于在线内容的多样性，有碍互联网发展进程。

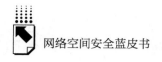

特朗普发布其上任后首份《国家网络战略》

2018 年 9 月 20 日，特朗普发布其上任后的首份《国家网络战略》，概述了美国网络安全的 4 项支柱、10 项目标与 42 项优先行动。该战略主要是建立在"保护联邦政府与关键基础设施网络安全"的第 13800 总统令基础上，并回应了 2017 年底颁布的"国家安全战略"，凸显了网络安全在美国国家安全中的重要地位，具体包括：①保护美国人民、国土及美国人的生活方式，主要目标是管控网络安全风险，提升国家信息与信息系统的安全与韧性；②促进美国的繁荣，主要目标是维护美国在科技生态系统和网络空间发展中的影响力；③以实力求和平，主要目标是识别、反击、破坏、降级和制止网络空间中破坏稳定和违背国家利益的行为，同时保持美国在网络空间中的优势；④扩大美国影响力，主要目标是保持互联网的长期开放性、互操作性、安全性和可靠性。

"东盟－日本网络安全能力建设中心"在泰国落成，
将为东盟国家培训网络安全人员

2018 年 9 月 14 日，"东盟－日本网络安全能力建设中心"在泰国数字经济和社会部电子商务发展办公室（Electronic Transaction Development Agency）落成。该中心将使用由日本方面提供的课程项目，为东盟成员国的政府机构和关键基础设施运营机构培训网络安全人员。电子商务发展办公室主任素襄卡娜（Surangkana）表示，2019 年将有约 1000 名网络安全人员在该中心接受培训，培训项目预计需耗资 1.75 亿泰铢。培训课程主要包括：①网络技术；②电子取证；③恶意软件分析。该中心的启动，将推进东盟地区事件报告框架（Incident Reporting Framework）的标准化进程以及东盟计算机应急响应小组（ASEAN-CERT）的建立。

白宫《量子信息科学国家战略概要》要求14个部门
分工协作发展量子信息科学

2018 年 9 月 24 日，由白宫科学技术政策办公室量子信息科学委员会撰写的《量子信息科学国家战略概要》（*National Strategic Overview For Quantum Information Science*，以下简称《概要》），于当日发布。《概要》指出量子信息科学是下一代技术革命，通过发展量子信息科学，美国可以提升其工业基础、创造就业机会、获得经济和国家安全的益处。为此，《概要》提出六条建议，以确保美国在下一代技术革命中保持领先地位：①选择一条"科学优先"的量子信息科学发展路径；②面向未来培养量子科学顶尖人才；③促进量子产业形成；④为研发提供关键基础设施；⑤维护国家安全和经济增长；⑥促进国际合作。《概要》还确定了量子感应、量子计算、量子网络、量子材料 4 项基础科学任务，以及支撑技术、未来应用、风险管理 3 项技术开发任务，并要求美国国防部、国务院、国家科学基金会、国家情报总监办公室等多个政府机构，国防部、宇航局等 14 个部门对上述 7 项任务分工协作。相关政府机构必须在 2019 年第一季度提交详细的执行计划。

美国商务部提出消费者数据隐私保护提案

2018 年 9 月 25 日，美国商务部下属的国家通信和信息管理局正在就一项旨在强化美国消费者数据隐私保护的提案公开征求意见。该机构表示，提案的目的是提高企业在收集和使用用户信息方面的透明度，让用户对其数据有更多的控制权，减少企业存储的个人数据量，并增加企业保护这些数据的责任。此次意见征询中涉及的具体问题包括：①组织应该如何以透明化方式对用户的个人信息进行收集、使用、共享以及存储；②用户应该有能力控制其提供给组织的个人信息；③应该以与隐私风险范围成比例的方式合理地对个人数据的收集、使用、存储与共享水平进行控制；④组织应采用安全保护

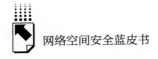

措施以保护其收集、存储、使用或共享的数据；⑤用户应该有能力合理地访问及修正他们提供的个人数据；⑥组织应采取措施以管理与个人数据泄露或恶意使用相关的风险；⑦组织应对其系统收集、保有或使用的个人数据负起保护责任。

美国发布首个物联网安全法律

2018 年 9 月 28 日，美国加利福尼亚州通过第 327 号参议院法案（SB – 327），在加州《民法典》中增加了一个题为"联网设备安全"的条款，规定生产的联网设备或智能设备应当具备"可靠的安全性"。"可靠的安全性"要求保护设备自身安全并且防止其中的信息被未授权访问、损毁、使用、篡改或泄露。此外，如果为联网设备设计验证措施需满足以下条件之一，才可被认为是"可靠的安全特性"：①每台设备的出厂密码是独一无二的；②在首次授权用户访问设备时，要求用户创建新的验证措施。该法案被视为美国首个物联网安全法律，将于 2020 年 1 月 1 日生效。

欧盟议会通过《非个人数据自由流动框架条例》

2018 年 10 月 4 日，欧洲议会通过《非个人数据自由流动框架条例》。该框架条例将于 11 月 6 日交由欧盟理事会批准。框架条例包括以下内容：①禁止国家设置"非个人数据须在特定成员国存储和处理"的要求。其中，"非个人数据"包括由机器产生的数据或商业数据，以及用于大数据分析的数据集、用于指导精确耕作的数据、维修工业机器所需的数据。②数据本地化仅限于公共安全的目的，且必须通知欧盟委员会并在网上公开。③经授权的机关，出于侦查和审计等目的，可以访问在另一个成员国内处理的数据。④要求制定实施细则，方便市场主体切换云服务提供商以及将数据传回自己的系统。⑤当数据集既含有个人数据，也含有非个人数据时，自由流动规则适用于非个人数据部分；若个人数据和非个人数据无法分割时，适用《一般数据保护条例》（GDPR）。

美国财政部发布关于《2018年外国投资风险评估现代化法案》试点计划的暂行规定

2018年10月10日，美国外国投资委员会（CFIUS）主席单位——美国财政部发布了关于实施《2018年外国投资风险评估现代化法案》（FIRRMA）试点计划的暂行规定，以保护美国核心技术，并为FIRRMA的最终实施提供参考。暂行规定主要实施FIRRMA两方面的内容：一是扩大CFIUS的交易审查范围，允许其审查外国投资者对美国企业不构成实际控制的投资，包括：①使外国投资者能够接触美国特定行业非公开的重要技术信息的投资；②使外国投资者成为美国企业决策机构的成员或列席人员的投资；③使外国投资者以其他方式参与美国企业关于核心技术的使用、开发、获取或发布的实质性决策的投资。二是就特定交易类型实施强制申报制度。暂行规定要求特定类型交易的投资方必须至少在预期的交易完成日45日之前，向CFIUS提交申报，否则可能面临民事罚款。

特朗普要求制定频谱战略以加速5G商业开发

2018年10月25日消息，特朗普签署一份总统备忘录，要求各行政部门和机构提交中期的频谱再利用计划以及长期的国家频谱战略，并且设立"频谱战略任务工作组"。其中，国家频谱战略包括立法、法规或政策建议，目标是：①增加可供所有用户使用的频谱；②建立频谱管理的标准、执行机制等；③发展高级的技术、方法和工具；④促进频谱使用评估；⑤提高美国竞争力。而"频谱战略任务工作组"将在咨询联邦通信委员会的基础上，协调实施该备忘录的指令。此前，有媒体报道，联邦通信委员会决定为"非牌照设备"（WiFi路由器、婴儿监视器、健身设备等）开放6GHz频段（5.925G~7.125GHz），以满足日益增多的联网设备需求。同时，联邦通信委员会还修改了3.5GHz频段牌照规则，有助于加快5G商用部署。

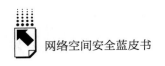

美国国土安全部将成立首个 ICT 供应链风险管理工作组

2018 年 10 月 30 日，美国国土安全部宣布将在未来几周内组建首个信息和通信技术（ICT）供应链风险管理工作组，旨在减少美国信息通信领域供应链面临的网络安全风险。该工作组将重点关注政府、行业供应链的安全，并对深藏于供应链体系中危害各级承包商的黑客犯罪和国家黑客行为予以打击。工作组由国土安全部"国家网络风险管理中心"提供资金，由私营企业的领导担任主席。

美国商务部宣布禁止向中国福建晋华集成电路公司出口

2018 年 10 月 29 日，美国商务部宣布对福建晋华集成电路有限公司实施禁售令，禁止美国企业向后者出售零部件、软件和技术产品。福建晋华主要生产随机存取存储芯片，是"中国制造 2025"计划中的核心企业。美国商务部表示，晋华生产新存储芯片的能力，威胁到美国军用系统芯片供应商的生存能力，对美国构成"重大风险"。

加拿大《个人信息保护与电子文件法》要求
公司必须告知信息泄露事件

2018 年 11 月 1 日，加拿大《个人信息保护与电子文件法》（PIPEDA）正式生效，规定了公司应如何在商业活动中处理个人信息，并且要求在收集、使用或披露个人信息时必须获得其同意。若发生个人信息数据泄露时，公司必须及时通知用户，否则将面临行政处罚，每次违规的罚款额最高可达 10 万加元（约合人民币 53 万元）。根据 PIPEDA，加拿大隐私专员办公室发布了公司报告信息泄露事件的具体要求：①向隐私专员办公室报告任何具有"重大损害的现实风险"的安保违规事件；②将具有"重大损害的现实风险"的安保违规事件告知给受影响的个人；③保存影响个人信息安全的安保违规事件记录；④上述记录保存 2 年。

美国商务部拟控制14类新兴技术出口

2018 年 11 月 19 日，美国商务部工业安全局发布公告，对拟进行出口控制的 14 类新兴技术的界定标准征求公众意见。这 14 类新兴技术包括：①生物技术；②人工智能和机器学习技术；③定位、导航和定时技术；④微处理器技术；⑤高级计算技术；⑥数据分析技术；⑦量子信息和传感技术；⑧物流技术；⑨增材制造；⑩机器人；⑪脑机接口；⑫高超声速；⑬高级材料；⑭高级监控技术。此前，美国商务部工业安全局经授权，通过《出口管理条例》（CFR730 – 774）对军民两用品和低敏感度军用品的出口实施管控。目前，某些新兴的技术尚未列入该条例中的《商品控制清单》（CFR774）。工业安全局此次征求公众意见，评估 14 类新兴技术的国家安全影响，以便控制其出口。征询意见截至 12 月 19 日。除了新兴技术之外，商务部未来还将发布一份关于基础技术出口控制的征询意见公告。

美、俄、法竞相制定新的全球网络规范

2018 年 11 月 9 日，联合国裁军和国际安全委员会批准了美国和俄罗斯各自提出的决议草案，建立负责制定全球网络行为规则的工作组。美国的提案呼吁联合国秘书长在 2019 年建立一个由世界各地专家组成的工作组，继续研究现有和潜在的信息和通信技术威胁。俄罗斯的提案要求在 2019 年建立工作组，针对国家网络活动，制定自愿和非约束性规范，并且特别提到各国在其宪法特权范围内，拥有打击虚假新闻（可视为他国干涉内政）传播的权利和义务。两国均质疑对方提案的有效性。目前，139 个国家投票通过了美国的提案草案，同时 109 个国家投票支持俄罗斯提案。此外，法国也积极加入了网络空间全球治理的进程中。在 11 月 12 日举行的联合国互联网治理论坛开幕式

上，法国总统马克龙在巴黎主持发起了"巴黎呼吁网络空间的信任和安全"的倡议，试图启动陷入僵局的全球谈判。目前已有51个国家、93个民间团体和218家公司签署了承诺书，中国、俄罗斯和美国并未签署。

美中经济与安全评估委员会向国会提交2018年度报告

2018年11月14日，美中经济与安全评估委员会（US China Economic and Security Review Commission）向国会提交了2018年度报告。报告分为中美经贸关系、中美安全关系、中国的世界外交以及中国高新技术发展四个领域，并就此提出了26项建议措施。在第四章中，报告首先强调了物联网、5G网络对于军事、经济和社会的重要性，并认为中国试图在这一行业对美国领先地位提出挑战。报告提出，国会应指示美国国家电信和信息管理局、联邦通信委员会特别关注中国制造的设备及服务可能会带来的不正当竞争、隐私安全、国家安全等威胁，同时讨论是否需要新的法定权限来确保美国5G网络的速度和安全，并确保美国在新兴技术行业的地位。

特朗普签署法案成立网络安全和基础设施安全局

2018年11月16日，美国总统特朗普签署了《2018年网络安全和基础设施安全局法案》（*Cybersecurity and Infrastructure Security Agency Act of 2018*），将美国国土安全部的原网络安全部门国家保护与计划司重组为网络安全和基础设施安全局（Cybersecurity and Infrastructure Security Agency，CISA），并将该机构提升到与国土安全部下属的其他机构，如联邦紧急事务管理局（FEMA）同等的地位。CISA的设立旨在保护联邦网络和关键基础设施免受网络威胁，职责包括：①负责网络安全和关键基础设施安全项目、运营和相关政策；②与非联邦和联邦实体进行协调；③执行国土安全部关于化工设施反恐标准的职责。

法国通过"虚假新闻法",赋予法官删除假新闻权力

2018 年 11 月 20 日,法国议会通过《关于打击信息操纵的法律提案》,赋予法官下令立即删除选举期间虚假新闻的权力。根据该法案,在选举日的前三个月内,竞选者和政党可以诉诸法官,请求删除虚假信息。若外国控制或影响的电视频道故意传播可能影响投票诚意的虚假信息,法国最高视听委员会(CSA)有权中止该外国电视频道。此外,传媒平台必须向用户提供关于其个人数据如何被使用的信息,以及必须公开披露其用于推广某些特定信息的资金。违法者可能面临监禁 1 年和罚款 7.5 万欧元的处罚。

澳大利亚通过全球首部反加密法

2018 年 12 月 6 日,澳大利亚议会通过《协助获取法案》(*Assistance and Access Bill*)。该法案是全球首部反加密立法,旨在强制科技巨头帮助澳大利亚政府解码私人消息应用中的加密。科技公司或可被要求解密 WhatsApp、Telegram 和 Signal 等平台上的通信记录,甚至插入代码以协助获取数据。澳大利亚是"五眼联盟"(Five Eyes)中第一个通过此类法案的成员,"五眼联盟"国家曾在 2018 年 9 月表示,科技公司应在反加密方面自愿发挥作用,否则将面临法律强制要求。

欧盟委员会提出《可信人工智能伦理指南(草案)》

2018 年 12 月 18 日,欧盟委员会的人工智能高级专家组(AI HLEG)发布《可信人工智能伦理指南(草案)》,强调"可信人工智能"(Trustworthy AI)的理念,即在开发、部署和使用人工智能时应确保实现伦理目标和技术稳健性目标。该草案还重点提出:①通过技术性措施如将伦理和规则融入设计过程等,以及非技术性措施包括监管、教育等,实现可信人工智能的目标。

②根据可追责任、数据治理、为所有人设计、人力监督、无歧视、增强人的自主性、尊重隐私、稳健性、安全性、透明性 10 项具体要求，评估可信人工智能的实现程度。该专家组将于 2019 年 3 月发布《可信人工智能伦理指南》的正式版文档，并且在 2019 年 5 月发布《可信人工智能的政策和投资建议》。

英国发布新的自动驾驶技术网络安全标准

2018 年 12 月 19 日，英国标准协会（BSI）发布新的自动驾驶技术网络安全标准，旨在为自动驾驶技术的研发机构设定业内标准。该标准由英国标准协会与捷豹、路虎、福特、宾利等汽车行业领先企业及英国国家网络安全中心共同合作完成，并获得英国运输部门资金支持。

美国《政府数据开放法案》将向公众开放政府数据

2018 年 12 月 24 日，美国参、众两院通过了《政府数据开放法案》（*Open Government Data Act*），该法案要求政府机构：①在 1 年内建立一个综合的、机器可读的机构数据清单；②向行政管理和预算局（OMB）提交数据清单和实时更新，并加入联邦数据目录；③加强政府各机构首席数据官的地位；④在政府机构的战略计划中增加"拟使用或收集的数据及其方法"；⑤建立联邦首席数据官委员会；⑥建立新的项目评估的职业序列和职业路径。

权威报告·一手数据·特色资源

皮书数据库
ANNUAL REPORT(YEARBOOK) DATABASE

当代中国经济与社会发展高端智库平台

所获荣誉

- 2016年，入选"'十三五'国家重点电子出版物出版规划骨干工程"
- 2015年，荣获"搜索中国正能量 点赞2015""创新中国科技创新奖"
- 2013年，荣获"中国出版政府奖·网络出版物奖"提名奖
- 连续多年荣获中国数字出版博览会"数字出版·优秀品牌"奖

成为会员

通过网址www.pishu.com.cn访问皮书数据库网站或下载皮书数据库APP，进行手机号码验证或邮箱验证即可成为皮书数据库会员。

会员福利

- 已注册用户购书后可免费获赠100元皮书数据库充值卡。刮开充值卡涂层获取充值密码，登录并进入"会员中心"—"在线充值"—"充值卡充值"，充值成功即可购买和查看数据库内容。
- 会员福利最终解释权归社会科学文献出版社所有。

数据库服务热线：400-008-6695
数据库服务QQ：2475522410
数据库服务邮箱：database@ssap.cn
图书销售热线：010-59367070/7028
图书服务QQ：1265056568
图书服务邮箱：duzhe@ssap.cn

社会科学文献出版社 皮书系列
SOCIAL SCIENCES ACADEMIC PRESS (CHINA)
卡号：**938593569312**
密码：

S 基本子库
SUB DATABASE

中国社会发展数据库（下设 12 个子库）

全面整合国内外中国社会发展研究成果，汇聚独家统计数据、深度分析报告，涉及社会、人口、政治、教育、法律等 12 个领域，为了解中国社会发展动态、跟踪社会核心热点、分析社会发展趋势提供一站式资源搜索和数据分析与挖掘服务。

中国经济发展数据库（下设 12 个子库）

基于"皮书系列"中涉及中国经济发展的研究资料构建，内容涵盖宏观经济、农业经济、工业经济、产业经济等 12 个重点经济领域，为实时掌控经济运行态势、把握经济发展规律、洞察经济形势、进行经济决策提供参考和依据。

中国行业发展数据库（下设 17 个子库）

以中国国民经济行业分类为依据，覆盖金融业、旅游、医疗卫生、交通运输、能源矿产等 100 多个行业，跟踪分析国民经济相关行业市场运行状况和政策导向，汇集行业发展前沿资讯，为投资、从业及各种经济决策提供理论基础和实践指导。

中国区域发展数据库（下设 6 个子库）

对中国特定区域内的经济、社会、文化等领域现状与发展情况进行深度分析和预测，研究层级至县及县以下行政区，涉及地区、区域经济体、城市、农村等不同维度。为地方经济社会宏观态势研究、发展经验研究、案例分析提供数据服务。

中国文化传媒数据库（下设 18 个子库）

汇聚文化传媒领域专家观点、热点资讯，梳理国内外中国文化发展相关学术研究成果、一手统计数据，涵盖文化产业、新闻传播、电影娱乐、文学艺术、群众文化等 18 个重点研究领域。为文化传媒研究提供相关数据、研究报告和综合分析服务。

世界经济与国际关系数据库（下设 6 个子库）

立足"皮书系列"世界经济、国际关系相关学术资源，整合世界经济、国际政治、世界文化与科技、全球性问题、国际组织与国际法、区域研究 6 大领域研究成果，为世界经济与国际关系研究提供全方位数据分析，为决策和形势研判提供参考。

法律声明

"皮书系列"（含蓝皮书、绿皮书、黄皮书）之品牌由社会科学文献出版社最早使用并持续至今，现已被中国图书市场所熟知。"皮书系列"的相关商标已在中华人民共和国国家工商行政管理总局商标局注册，如 LOGO（ ▓ ）、皮书、Pishu、经济蓝皮书、社会蓝皮书等。"皮书系列"图书的注册商标专用权及封面设计、版式设计的著作权均为社会科学文献出版社所有。未经社会科学文献出版社书面授权许可，任何使用与"皮书系列"图书注册商标、封面设计、版式设计相同或者近似的文字、图形或其组合的行为均系侵权行为。

经作者授权，本书的专有出版权及信息网络传播权等为社会科学文献出版社享有。未经社会科学文献出版社书面授权许可，任何就本书内容的复制、发行或以数字形式进行网络传播的行为均系侵权行为。

社会科学文献出版社将通过法律途径追究上述侵权行为的法律责任，维护自身合法权益。

欢迎社会各界人士对侵犯社会科学文献出版社上述权利的侵权行为进行举报。电话：010-59367121，电子邮箱：fawubu@ssap.cn。

社会科学文献出版社